U0146893

中文版
Flash CS5
基础培训教程

数字艺术教育研究室 编著

人民邮电出版社
北 京

图书在版编目（ＣＩＰ）数据

中文版Flash CS5基础培训教程 / 数字艺术教育研究
室编著. -- 北京：人民邮电出版社，2010.7
ISBN 978-7-115-23179-6

Ⅰ. ①中… Ⅱ. ①数… Ⅲ. ①动画—设计—图形软件
，Flash CS5—教材 Ⅳ. ①TP391.41

中国版本图书馆CIP数据核字(2010)第108988号

内 容 提 要

本书全面系统地介绍了 Flash CS5 的基本操作方法和网页动画的制作技巧，包括 Flash CS5 基础入门、图形的绘制与编辑、对象的编辑与修饰、文本的编辑、外部素材的应用、元件和库、基本动画的制作、层与高级动画、声音素材的导入和编辑、动作脚本应用基础、制作交互式动画、组件与行为、商业案例实训等内容。

本书内容均以课堂案例为主线，通过对各案例的实际操作，学生可以快速上手，熟悉软件功能和艺术设计思路。书中的软件功能解析部分使学生能够深入学习软件功能。课堂练习和课后习题，可以拓展学生的实际应用能力，提高学生的软件使用技巧。商业案例实训，可以帮助学生快速地掌握商业动画的设计理念和设计元素，顺利达到实战水平。

本书适合作为院校和培训机构艺术专业课程的教材，也可作为 Flash CS5 自学人员的参考用书。

中文版 Flash CS5 基础培训教程

◆ 编　著　数字艺术教育研究室
　　责任编辑　孟　飞

◆ 人民邮电出版社出版发行　　北京市崇文区夕照寺街 14 号
　　邮编　100061　电子函件　315@ptpress.com.cn
　　网址　http://www.ptpress.com.cn
　　中国铁道出版社印刷厂印刷

◆ 开本：787×1092　1/16
　　印张：18.75
　　字数：480 千字　　　　　　　　2010 年 7 月第 1 版
　　印数：1 – 5 000 册　　　　　　2010 年 7 月北京第 1 次印刷

ISBN 978-7-115-23179-6

定价：35.00 元（附光盘）

读者服务热线：(010)67132692　印装质量热线：(010)67129223
反盗版热线：(010)67171154

前　言

　　Flash CS5 是由 Adobe 公司开发的网页动画制作软件。它功能强大、易学易用，深受网页制作爱好者和动画设计人员的喜爱，已经成为这一领域最流行的软件之一。目前，我国很多院校和培训机构的艺术专业，都将"Flash"列为一门重要的专业课程。为了帮助院校和培训机构的教师能够比较全面、系统地讲授这门课程，使学生能够熟练地使用 Flash CS5 来进行动画设计，数字艺术培训研究室组织院校从事 Flash 教学的教师和专业网页动画设计公司经验丰富的设计师共同编写了本书。

　　我们对本书的编写体系做了精心的设计，按照"课堂案例 – 软件功能解析 – 课堂练习 – 课后习题"这一思路进行编排，力求通过课堂案例演练使学生快速熟悉软件功能和动画设计思路；力求通过软件功能解析使学生深入学习软件功能和制作特色；力求通过课堂练习和课后习题，拓展学生的实际应用能力。在内容编写方面，我们力求通俗易懂，细致全面；在文字叙述方面，我们注意言简意赅、重点突出；在案例选取方面，我们强调案例的针对性和实用性。

　　本书配套光盘中包含了书中所有案例的素材及效果文件。另外，为方便教师教学，本书配备了详尽的课堂练习和课后习题的操作步骤以及 PPT 课件、习题答案、教学大纲等丰富的教学资源，任课教师可到人民邮电出版社教学服务与资源网（www.ptpedu.com.cn）免费下载使用。

　　下载地址：

　　http://www.ptpedu.com.cn/Pt_Edu_Res_Files/file/res_files_esp/jsj/23179/23179-tech.rar

　　本书的参考学时为 65 学时，其中实践环节为 24 学时，各章的参考学时参见下面的学时分配表。

章　节	课程内容	学 时 分 配	
		讲　授	实　训
第 1 章	Flash CS5 基础入门	2	
第 2 章	图形的绘制与编辑	3	2
第 3 章	对象的编辑与修饰	3	1
第 4 章	文本的编辑	3	1
第 5 章	外部素材的应用	2	1
第 6 章	元件和库	3	1
第 7 章	基本动画的制作	4	2
第 8 章	层与高级动画	4	2
第 9 章	声音素材的导入和编辑	2	1
第 10 章	动作脚本应用基础	3	2
第 11 章	制作交互式动画	3	3
第 12 章	组件与行为	3	2
第 13 章	商业案例实训	6	6
课 时 总 计		41	24

　　本书由数字艺术培训研究室组织编写，参与本书编写工作的人员有吕娜、葛润平、陈东生、周世宾、刘尧、周亚宁、张敏娜、王世宏、孟庆岩、谢立群、黄小龙、高宏、尹国琴、崔桂青等。

　　由于时间仓促，加之水平有限，书中难免存在错误和不妥之处，敬请广大读者批评指正。

编　者

2010 年 5 月

目　录

第1章
Flash CS5 基础入门

本章将详细讲解 Flash CS5 的基本知识和基本操作。读者通过学习要对 Flash CS5 有初步的认识和了解，并能够掌握软件的基本操作方法和技巧，为以后的学习打下一个坚实的基础。

课堂学习目标

- Flash CS5 的操作界面
- Flash CS5 的文件操作
- Flash CS5 的系统配置

1.1 Flash CS5 的操作界面

Flash CS5 的操作界面由以下几部分组成：菜单栏、主工具栏、工具箱、时间轴、场景和舞台、属性面板以及浮动面板，如图 1-1 所示。下面将一一介绍。

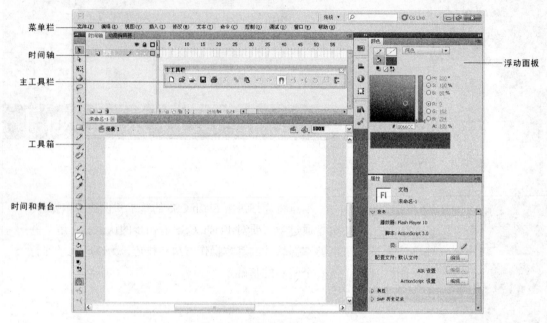

图 1-1

1.1.1 菜单栏

Flash CS5 的菜单栏依次分为："文件"菜单、"编辑"菜单、"视图"菜单、"插入"菜单、"修改"菜单、"文本"菜单、"命令"菜单、"控制"菜单、"调试"菜单、"窗口"菜单及"帮助"菜单，如图 1-2 所示。

文件(F)	编辑(E)	视图(V)	插入(I)	修改(M)	文本(T)	命令(C)	控制(O)	调试(D)	窗口(W)	帮助(H)

图 1-2

"文件"菜单：主要功能是创建、打开、保存、打印、输出动画，以及导入外部图形、图像、声音、动画文件，以便在当前动画中进行使用。

"编辑"菜单：主要功能是对舞台上的对象以及帧进行选择、复制、粘贴，以及自定义面板、设置参数等。

"视图"菜单：主要功能是进行环境设置。

"插入"菜单：主要功能是向动画中插入对象。

"修改"菜单：主要功能是修改动画中的对象。

"文本"菜单：主要功能是修改文字的外观、对齐以及对文字进行拼写检查等。

"命令"菜单：主要功能是保存、查找、运行命令。

"控制"菜单：主要功能是测试播放动画。

"调试"菜单：主要功能是对动画进行调试。

"窗口"菜单：主要功能是控制各功能面板是否显示以及面板的布局设置。

"帮助"菜单：主要功能是提供 Flash CS5 在线帮助信息和支持站点的信息，包括教程和 ActionScript 帮助。

1.1.2 主工具栏

为方便使用，Flash CS5 将一些常用命令以按钮的形式组织在一起，置于操作界面的上方。主工具栏依次分为："新建"按钮、"打开"按钮、"转到 Bridge"按钮、"保存"按钮、"打印"按钮、"剪切"按钮、"复制"按钮、"粘贴"按钮、"撤销"按钮、"重做"按钮、"对齐对象"按钮、"平滑"按钮、"伸直"按钮、"旋转与倾斜"按钮、"缩放"按钮以及"对齐"按钮，如图 1-3 所示。

选择"窗口 > 工具栏 > 主工具栏"命令，可以调出主工具栏，还可以通过鼠标拖动改变工具栏的位置。

图 1-3

"新建"按钮：新建一个 Flash 文件。

"打开"按钮：打开一个已存在的 Flash 文件。

"转到 Bridge"按钮：用于打开文件浏览窗口，从中可以对文件进行浏览和选择。

"保存"按钮：保存当前正在编辑的文件，不退出编辑状态。

"打印"按钮：将当前编辑的内容送至打印机输出。

"剪切"按钮：将选中的内容剪切到系统剪贴板中。

"复制"按钮：将选中的内容复制到系统剪贴板中。

"粘贴"按钮：将剪贴板中的内容粘贴到选定的位置。

"撤销"按钮：取消前面的操作。

"重做"按钮：还原被取消的操作。

"对齐对象"按钮：选择此按钮进入贴紧状态，用于绘图时调整对象准确定位；设置动画路径时能自动粘连。

"平滑"按钮：使曲线或图形的外观更光滑。

"伸直"按钮：使曲线或图形的外观更平直。

"旋转与倾斜"按钮：改变舞台对象的旋转角度和倾斜变形。

"缩放"按钮：改变舞台中对象的大小。

"对齐"按钮：调整舞台中多个选中对象的对齐方式。

1.1.3 工具箱

工具箱提供了图形绘制和编辑的各种工具，分为"工具"、"查看"、"颜色"、"选项"4 个功能区，如图 1-4 所示。选择"窗口 > 工具"命令，可以调出主工具箱。

1. "工具"区：

提供选择、创建、编辑图形的工具。

"选择"工具：选择和移动舞台上的对象，改变对象的大小和形状等。

"部分"选取工具：用来抓取、选择、移动和改变形状路径。

"任意变形"工具：对舞台上选定的对象进行缩放、扭曲、旋转变形。

"渐变变形"工具：对舞台上选定对象的填充渐变色变形。

"3D 旋转"工具：可以在 3D 空间中旋转影片剪辑实例。在使用该工具选择影片剪辑后，3D 旋转控件出现在选定对象之上。x 轴为红色、y 轴为绿色、z 轴为蓝色。使用橙色的自由旋转控件可同时绕 x 和 y 轴旋转。

"3D 平移"工具：可以在 3D 空间中移动影片剪辑实例。在使用该工具选择影片剪辑后，影片剪辑的 x、y 和 z 3 个轴将显示在舞台上对象的顶部。x 轴为红色、y 轴为绿色，而 z 轴为黑色。应用此工具可以将影片剪辑分别沿着 x、y 或 z 轴进行平移。

图 1-4

"套索"工具：在舞台上选择不规则的区域或多个对象。

"钢笔"工具：绘制直线和光滑的曲线，调整直线长度、角度及曲线曲率等。

"文本"工具：创建、编辑字符对象和文本窗体。

"线条"工具：绘制直线段。

"矩形"工具：绘制矩形向量色块或图形。

"椭圆"工具：绘制椭圆形、圆形向量色块或图形。

"基本矩形"工具：绘制基本矩形，此工具用于绘制图元对象。图元对象是允许用户在属性面板中调整其特征的形状。可以在创建形状之后，精确地控制形状的大小、边角半径以及其他属性，而无需从头开始绘制。

"基本椭圆"工具：绘制基本椭圆形，此工具用于绘制图元对象。图元对象是允许用户在属性面板中调整其特征的形状。可以在创建形状之后，精确地控制形状的开始角度、结束角度、内径以及其他属性，而无需从头开始绘制。

"多角星形"工具：绘制等比例的多边形（单击矩形工具，将弹出多角星形工具）。

"铅笔"工具：绘制任意形状的向量图形。

"刷子"工具：绘制任意形状的色块向量图形。

"喷涂刷"工具：可以一次性地将形状图案"刷"到舞台上。默认情况下，喷涂刷使用当前选定的填充颜色喷射粒子点。也可以使用喷涂刷工具将影片剪辑或图形元件作为图案应用。

"Deco"工具：可以对舞台上的选定对象应用效果。在选择 Deco 工具后，可以从属性面板中选择要应用的效果样式。

"骨骼"工具：可以向影片剪辑、图形和按钮实例添加 IK 骨骼。

"绑定"工具：可以编辑单个骨骼和形状控制点之间的连接。

"颜料桶"工具：改变色块的色彩。

"墨水瓶"工具：改变向量线段、曲线、图形边框线的色彩。

"吸管"工具：将舞台图形的属性赋予当前绘图工具。

"橡皮擦"工具 ：擦除舞台上的图形。

2．"查看"区：

改变舞台画面以便更好地观察。

"手形"工具 ：移动舞台画面以便更好地观察。

"缩放"工具 ：改变舞台画面的显示比例。

3．"颜色"区：

选择绘制、编辑图形的笔触颜色和填充色。

"笔触颜色"按钮 ：选择图形边框和线条的颜色。

"填充色"按钮 ：选择图形要填充区域的颜色。

"黑白"按钮 ：系统默认的颜色。

"交换颜色"按钮 ：可将笔触颜色和填充色进行交换。

4．"选项"区：

不同工具有不同的选项，通过"选项"区为当前选择的工具进行属性选择。

1.1.4　时间轴

时间轴用于组织和控制文件内容在一定时间内播放。按照功能的不同，时间轴窗口分为左右两部分，分别为层控制区、时间线控制区，如图 1-5 所示。时间轴的主要组件是层、帧和播放头。

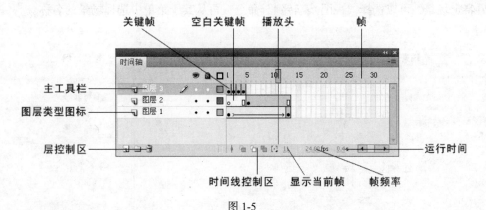

图 1-5

1．层控制区

层控制区位于时间轴的左侧。层就像堆叠在一起的多张幻灯胶片一样，每个层都包含一个显示在舞台中的不同图像。在层控制区中，可以显示舞台上正在编辑作品的所有层的名称、类型、状态，并可以通过工具按钮对层进行操作。

"新建图层"按钮 ：增加新层。

"新建文件夹"按钮 ：增加新的图层文件夹。

"删除"按钮 ：删除选定层。

"显示或隐藏所有图层"按钮 ：控制选定层的显示/隐藏状态。

"锁定或解除锁定所有图层"按钮 ：控制选定层的锁定/解锁状态。

"将所有图层显示为轮廓"按钮 ：控制选定层的显示图形外框/显示图形状态。

2. 时间线控制区

时间线控制区位于时间轴的右侧，由帧、播放头和多个按钮及信息栏组成。与胶片一样，Flash 文档也将时间长度分为帧。每个层中包含的帧显示在该层名右侧的一行中。时间轴顶部的时间轴标题指示帧编号。播放头指示舞台中当前显示的帧。信息栏显示当前帧编号、动画播放速率以及到当前帧为止的运行时间等信息。时间线控制区按钮的基本功能如下。

"帧居中"按钮📷：将当前帧显示到控制区窗口中间。

"绘图纸外观"按钮🗊：在时间线上设置一个连续的显示帧区域，区域内的帧所包含的内容同时显示在舞台上。

"绘图纸外观轮廓"按钮🗊：在时间线上设置一个连续的显示帧区域，除当前帧外，区域内的帧所包含的内容仅显示图形外框。

"编辑多个帧"按钮🗊：在时间线上设置一个连续的显示帧区域，区域内的帧所包含的内容可同时显示和编辑。

"修改绘图纸标记"按钮💠：单击该按钮会显示一个多帧显示选项菜单，定义 2 帧、5 帧或全部帧内容。

1.1.5 场景和舞台

场景是所有动画元素的最大活动空间，如图 1-6 所示。像多幕剧一样，场景可以不止一个。要查看特定场景，可以选择"视图 > 转到"命令，再从其子菜单中选择场景的名称。

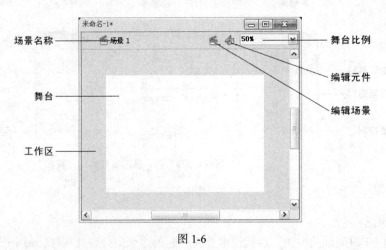

图 1-6

场景也就是常说的舞台，是编辑和播放动画的矩形区域。在舞台上可以放置、编辑向量插图、文本框、按钮、导入的位图图形、视频剪辑等对象。舞台包括大小、颜色等设置。

在舞台上可以显示网格和标尺，帮助制作者准确定位。显示网格的方法是选择"视图 > 网格 > 显示网格"命令，如图 1-7 所示。显示标尺的方法是选择"视图 > 标尺"命令，如图 1-8 所示。

在制作动画时，还常常需要辅助线来作为舞台上不同对象的对齐标准。需要时可以从标尺上向舞台拖动鼠标以产生蓝色的辅助线，如图 1-9 所示，它在动画播放时并不显示。不需要辅助线时，从舞台上向标尺方向拖动辅助线来进行删除。还可以通过"视图 > 辅助线 > 显示辅助线"

命令，显示出辅助线。通过"视图 > 辅助线 > 编辑辅助线"命令，修改辅助线的颜色等属性。

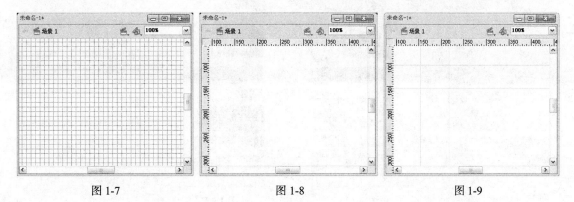

图 1-7　　　　　　　　　　　图 1-8　　　　　　　　　　　图 1-9

1.1.6　属性面板

对于正在使用的工具或资源，使用"属性"面板，可以很容易地查看和更改它们的属性，从而简化文档的创建过程。当选定单个对象时，如文本、组件、形状、位图、视频、组、帧等，"属性"面板可以显示相应的信息和设置，如图 1-10 所示。当选定了两个或多个不同类型的对象时，"属性"面板会显示选定对象的总数，如图 1-11 所示。

图 1-10　　　　　　　　　　　　　　　图 1-11

1.1.7　浮动面板

使用面板可以查看、组合和更改资源。但屏幕的大小有限，为了尽量使工作区最大，Flash 提供了许多种自定义工作区的方式，如可以通过"窗口"菜单显示、隐藏面板，还可以通过拖动面板左上方的面板名称，将面板从组合中拖曳出来，也可以利用它将独立的面板添加到面板组合中，如图 1-12、图 1-13 所示。

图 1-12

图 1-13

1.2 Flash CS5 的文件操作

1.2.1 新建文件

新建文件是使用 Flash CS5 进行设计的第一步。

选择"文件 > 新建"命令，弹出"新建文档"对话框，如图 1-14 所示。在对话框中，可以创建 Flash 文档，设置 Flash 影片的媒体和结构。创建基于窗体的 Flash 应用程序，应用于 Internet；也可以创建用于控制影片的外部动作脚本文件等。选择完成后，单击"确定"按钮，即可完成新建文件的任务，如图 1-15 所示。

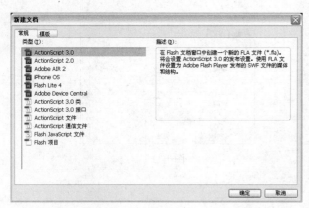
图 1-14

图 1-15

1.2.2 保存文件

编辑和制作完动画后，就需要将动画文件进行保存。

通过"文件 > 保存"、"另存为"、"另存为模板"等命令可以将文件保存在磁盘上，如图 1-16

所示。当设计好作品进行第一次存储时，选择"保存"命令，弹出"另存为"对话框，如图 1-17 所示，在对话框中，输入文件名，选择保存类型，单击"保存"按钮，即可将动画保存。

图 1-16　　　　　　　　　　　　　　　　　　图 1-17

提示　　当对已经保存过的动画文件进行了各种编辑操作后，选择"保存"命令，将不弹出"另存为"对话框，计算机直接保留最终确认的结果，并覆盖原始文件。因此，在未确定要放弃原始文件之前，应慎用此命令。

若既要保留修改过的文件，又不想放弃原文件，可以选择"文件 > 另存为"命令，弹出"另存为"对话框，在对话框中，可以为更改过的文件重新命名、选择路径、设定保存类型，然后进行保存。这样原文件保留不变。

1.2.3　打开文件

如果要修改已完成的动画文件，必须先将其打开。

选择"文件 > 打开"命令，弹出"打开"对话框，在对话框中搜索路径和文件，确认文件类型和名称，如图 1-18 所示。然后单击"打开"按钮，或直接双击文件，即可打开所指定的动画文件，如图 1-19 所示。

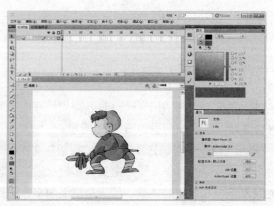

图 1-18　　　　　　　　　　　　　　　　　　图 1-19

技巧　在"打开"对话框中，也可以一次同时打开多个文件，只要在文件列表中将所需的几个文件选中，并单击"打开"按钮，系统就将逐个打开这些文件，以免多次反复调用"打开"对话框。在"打开"对话框中，按住 Ctrl 键的同时，用鼠标单击可以选择不连续的文件。按住 Shift 键，用鼠标单击可以选择连续的文件。

1.3　Flash CS5 的系统配置

应用 Flash 软件制作动画时，可以使用系统默认的配置，也可根据需要自己设定首选参数面板中的数值以及浮动面板的位置。

1.3.1　首选参数面板

应用首选参数面板可以自定义一些常规操作的参数选项。

参数面板依次分为："常规"选项卡、"ActionScript"选项卡、"自动套用格式"选项卡、"剪贴板"选项卡、"绘画"选项卡、"文本"选项卡、"警告"选项卡、"PSD 文件导入器"选项卡以及"AI 文件导入器"选项卡，如图 1-20 所示。选择"编辑 > 首选参数"命令或按 Ctrl+U 键，可以调出"首选参数"对话框。

图 1-20

1．常规选项卡

常规选项卡如图 1-20 所示。

"启动时"选项：用于启动 Flash 应用程序时，对首先打开的文档进行选择，其下拉列表如图 1-21 所示。

"撤消"选项：在该选项下方的"层极"文本框中输入数值，可以对影片编辑中的操作步骤的撤消／重做次数进行设置。输入数值的范围为 2~300 之间的整数。使用撤消级越多，占用的系统内存就越多，可能影响进行速度。

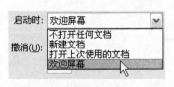

图 1-21

"工作区"选项：若要在选择"控制"＞"测试影片"时在应用程序窗口中打开一个新的文档

选项卡，请选择"在选项卡中打开测试影片"选项。默认情况是在其自己的窗口中打开测试影片。若要在单击处于图标模式中的面板的外部时使这些面板自动折叠，请选择"自动折叠图标面板"选项。

"选择"选项：用于设置如何在影片编辑中使用 Shift 键处理对多个元件的选择。

"时间轴"选项：用于设置时间轴在被拖出原窗口位置后的停放方式，以及时间轴中的帧进行选择和命令锚记的设置。

"加亮颜色"选项：用于设置舞台中独立对象被选取时的轮廓颜色。

"Version Cue"选项：选择此选项以启用 Version Cue。

"打印"选项：该选项只有在 Windows 操作系统中才能使用。选中"禁用 PostScript"复选框，可以在打印时禁用 PostScript 输出。

2．ActionScript 选项卡

ActionScript 选项卡如图 1-22 所示，主要用于设置动作面板中动作脚本的外观。

3．自动套用格式选项卡

自动套用格式选项卡如图 1-23 所示。可以任意选择首选参数中的选项，并在"预览"窗口中查看效果。

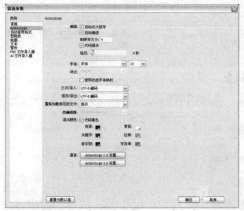

图 1-22

图 1-23

4．剪贴板选项卡

用于设置在对影片编辑中的图形或文本进行剪贴操作时的属性选项，如图 1-24 所示。

"位图"选项组：该选项只有 Windows 操作系统中才能使用。当剪贴对象是位图时，可以对位图图像的"颜色深度"和"分辨率"等选项进行选择。在"大小限制"文本框中输入数值，可以指定将位图图像放在剪贴板上时所使用的内存量，通常对较大或高分辨率的位图图像进行剪贴时，需要设置较大的数值。

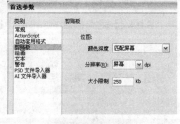

图 1-24

如果计算机的内存有限，可以选择"无"不应用剪贴。勾选项"平滑"复选框，可以对剪贴位图应用消除锯齿的功能。

"FreeHand"选项：选中"保持为块"复选框，可以使粘贴到 FreeHand 程序中的文本保持可以被继续编辑的属性。

5. 绘画选项卡

绘画选项卡如图 1-25 所示。

可以指定钢笔工具指针外观的首选参数用于在画线段时进行预览，或者查看选定锚记点的外观。并且还可以通过绘画设置来指定对齐、平滑和伸直行为，更改每个选项的"容差"设置，也可以打开或关闭每个选项。一般在默认状态下为正常 。

6. 文本选项卡

用于设置 Flash 编辑过程中使用到"字体映射默认设置"、"垂直文本"、"输入方法"等功能时的基本属性，如图 1-26 所示。

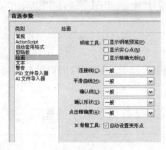

图 1-25　　　　　　　　　　图 1-26

"字体映射默认设置"选项：用于设置在 Flash 中打开文档时替换缺失字体所使用的字体。

"样式"选项：用于设置字体的样式。

"字体映射对话框"复选框：勾选此复选框，将显示缺少的字体。

"垂直文本"选项组：对使用文字工具进行垂直文本编辑时的排列方向、文本流向及字距微调属性进行设置。

"输入方法"选项组：选择输入语言的类型。

"字体菜单"选项组：用于设置字体的显示状态。

7. 警告选项卡

警告选项卡如图 1-27 所示，主要用于设置是否对在操作过程中发生的一些异常提出警告。

8. PSD 文件导入器选项卡

PSD 文件导入器选项卡如图 1-28 所示，主要用于导入 Photoshop 图像时的一些设置。

9. AI 文件导入器选项卡

AI 文件导入器选项卡如图 1-29 所示，主要用于导入 Illustrator 文件时的一些设置。

图 1-27　　　　　　　　　　图 1-28　　　　　　　　　　图 1-29

1.3.2　设置浮动面板

Flash 中的浮动面板用于快速设置文档中对象的属性。可以应用系统默认的面板布局；可以根据需要随意地显示或隐藏面板，调整面板的大小。

1．系统默认的面板布局

选择"窗口 > 工作区布局 > 传统"命令，操作界面中将显示传统的面板布局。

2．自定义面板布局

将需要设置的面板调出到操作界面中，效果如图 1-30 所示。

将鼠标放置在面板名称上，移动面板放置在操作界面的右侧，效果如图 1-31 所示。

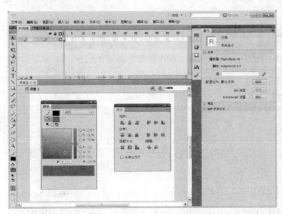　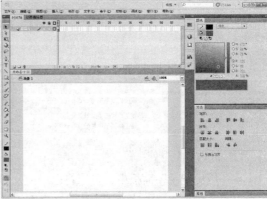

图 1-30　　　　　　　　　　　　　　　　　　图 1-31

1.3.3　历史记录面板

历史记录面板用于将文档新建或打开以后进行操作的步骤一一进行记录，便于制作者查看操作的步骤过程。在面板中可以有选择的撤消一个或多个操作步骤，还可将面板中的步骤应用于同一对象或文档中的不同对象。系统默认的状态下，历史记录面板可以撤消 100 次的操作步骤，还可以根据自身需要在"首选参数"面板（可在操作界面的"编辑"菜单中选择"首选参数"面板）中设置不同的撤消步骤数，数值的范围为 2~300。

 历史记录面板中的步骤顺序是按照操作过程——对应记录下的，不能进行重新排列。

选择"窗口 > 其他面板 > 历史记录"命令或按 Ctrl+F10 键，弹出"历史记录"面板，如图 1-32 所示。在文档中进行一些操作后，"历史记录"面板将这些操作按顺序进行记录，如图 1-33 所示。其中滑块 所在位置就是当前进行操作的步骤。

将滑块移动到绘制过程中的某一个操作步骤时，该步骤下方的操作步骤将显示为灰色，如图 1-34 所示。这时，再进行新的步骤操作，原来为灰色部分的操作将被新的操作步骤所替代，如图 1-35 所示。在"历史记录"面板中，已经被撤消的步骤将无法重新找回。

图 1-32   图 1-33   图 1-34   图 1-35

　　"历史记录"面板可以显示操作对象的一些数据。在面板中单击鼠标右键，在弹出式菜单中选择"视图 > 在面板中显示变量"命令，如图 1-36 所示。这时，在面板中显示出操作对象的具体参数，如图 1-37 所示。

图 1-36   图 1-37

　　在"历史记录"面板中，可以将已经应用过的操作步骤进行清除。在面板中单击鼠标右键，在弹出式菜单中选择"清除历史记录"命令，如图 1-38 所示，弹出提示对话框，如图 1-39 所示，单击"是"按钮，面板中的所有操作步骤将会被清除，如图 1-40 所示。清除历史记录后，将无法找回被清除的记录。

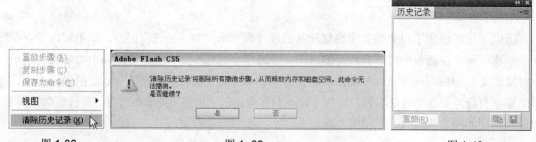

图 1-38   图 1- 39   图 1-40

第2章
图形的绘制与编辑

本章将介绍 Flash CS5 绘制图形的功能和编辑图形的技巧，还讲解了多种选择图形的方法以及设置图形色彩的技巧。读者通过学习，要掌握绘制图形、编辑图形的方法和技巧，能要独立绘制出所需的各种图形效果并对其进行编辑，为进一步学习 Flash CS5 打下坚实的基础。

课堂学习目标

- 基本线条与图形的绘制
- 图形的绘制与选择
- 图形的编辑
- 图形的色彩

2.1　基本线条与图形的绘制

在 Flash CS5 中创造的充满活力的设计作品都是由基本图形组成的，Flash CS5 提供了各种工具来绘制线条和图形。

命令介绍

线条工具：可以绘制不同颜色、宽度、线型的直线。

铅笔工具：可以像使用真实中的铅笔一样绘制出任意的线条和形状。

椭圆工具：可以绘制出不同样式的椭圆形和圆形。

刷子工具：可以像现实生活中的刷子涂色一样创建出刷子般的绘画效果，如书法效果就可使用刷子工具实现。

2.1.1　课堂案例——绘制圣诞树

【案例学习目标】使用不同的绘图工具绘制图形并组合成图像效果。

【案例知识要点】使用线条工具、颜料桶工具、椭圆工具来完成图形的绘制，如图 2-1 所示。

【效果所在位置】光盘/Ch02/效果/绘制圣诞树.fla。

图 2-1

1.　绘制雪地背景

（1）选择"文件 > 新建"命令，弹出"新建文档"对话框，单击"确定"按钮，进入新建文档舞台窗口。按 Ctrl+F3 组合键，弹出文档"属性"面板，将"背景"选项设为深蓝色（#000066），如图 2-2 所示。在"时间轴"面板中将"图层 1"重新命名为"白色雪地"。

（2）选择"铅笔"工具，选中工具箱下方的"平滑"按钮。在铅笔工具"属性"面板中将"笔触颜色"选项设为白色，"笔触高度"选项设为 4，如图 2-3 所示。

（3）在舞台窗口的中间位置绘制出一条曲线。按住 Shift 键的同时，在曲线的下方绘制出 3 条直线，使曲线与直线形成闭合区域，效果如图 2-4 所示。选择"颜料桶"工具，在工具箱中将填充色设为白色，在闭合的区域中间单击鼠标填充颜色，效果如图 2-5 所示。

图 2-2

图 2-3

图 2-4　　　　　　图 2-5

2．绘制圣诞树

（1）在"时间轴"面板中单击"锁定/解除锁定所有图层"按钮 🔒 下方的小黑圆点，"白色雪地"图层上显示出一个锁状图标 🔒，表示"白色雪地"图层被锁定（被锁定的图层不能进行编辑）。单击"时间轴"面板下方的"新建图层"按钮 🔲，创建新图层并将其命名为"圣诞树"，如图 2-6 所示。选择"线条"工具 ＼，在工具箱中将笔触颜色设为绿色（#33CC66），在场景中绘制出圣诞树的外边线，效果如图 2-7 所示。

（2）选择"选择"工具 ▸，将光标放在圣诞树左上方边线的中心部位，光标下方出现圆弧形状 ▸，这表明可以将该直线转换为弧线，在直线的中心部位按住鼠标并向下拖曳，直线变为弧线，效果如图 2-8 所示。用相同的方法把圣诞树边线上的所有直线转换为弧线，效果如图 2-9 所示。用相同的方法再绘制出一棵小圣诞树，效果如图 2-10 所示。

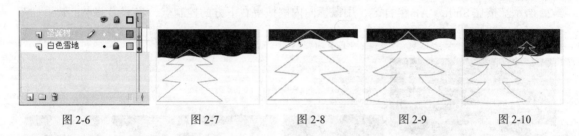

图 2-6　　　　　　图 2-7　　　　　　图 2-8　　　　　　图 2-9　　　　　　图 2-10

（3）选择"颜料桶"工具 🪣，在工具箱中将填充色设为绿色（#33CC66），用鼠标单击圣诞树的边线内部填充颜色，效果如图 2-11 所示。选择"椭圆"工具 ◯，在工具箱中将"笔触颜色"设为无，将"填充色"设为黄色（#FFFF33），如图 2-12 所示。按住 Shift 键的同时，在舞台窗口的左上方绘制出一个圆形作为月亮，效果如图 2-13 所示。

图 2-11　　　　　　　　图 2-12　　　　　　　　图 2-13

3．绘制雪花

（1）在"圣诞树"图层中单击"锁定/解除锁定所有图层"按钮 🔒 下方的小黑圆点，锁定"圣诞树"图层。单击"时间轴"面板下方的"新建图层"按钮 🔲，创建新图层并将其命名为"雪花"，如图 2-14 所示。

（2）选择"刷子"工具 ✏，在工具箱中将填充色设为褐色（#996633），在工具箱下方的"刷子大小"选项中将笔刷设为第 6

图 2-14

个，将"刷子形状"选项设为圆形，如图 2-15 所示。在舞台窗口的右侧绘制出栅栏，效果如图 2-16 所示。将填充色设为黄色（#FFFF66），在工具箱下方的"刷子大小"选项中将笔刷设为第 8 个，将"刷子形状"选项设为水平椭圆形，如图 2-17 所示。在前面的大圣诞树上绘制出一些黄色的装饰彩带，效果如图 2-18 所示。

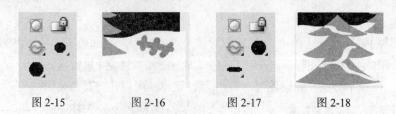

图 2-15 　　　　图 2-16 　　　　图 2-17 　　　　图 2-18

（3）在工具箱下方的"刷子大小"选项中将笔刷设为第 5 个，在后面的小圣诞树上同样绘制出彩带，效果如图 2-19 所示。选择"椭圆"工具 ，在工具箱中将笔触颜色设为无，将填充色设为白色，按住 Shift 键的同时，在场景中绘制出一个小圆形，效果如图 2-20 所示。

（4）按住 Alt 键，用鼠标选中圆形并向其下方拖曳，可复制当前选中的圆形，效果如图 2-21 所示。选中复制出的圆形，选择"任意变形"工具 ，在圆形的周围出现 8 个控制点，效果如图 2-22 所示。按住 Shift + Alt 组合键，用鼠标向内侧拖曳右下方的控制点，将圆形缩小，效果如图 2-23 所示。

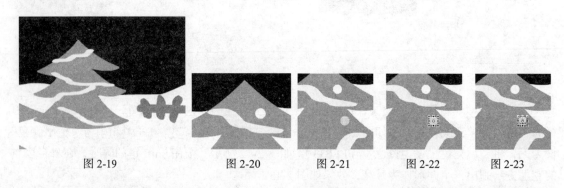

图 2-19 　　　　　　图 2-20 　　　　图 2-21 　　　　图 2-22 　　　　图 2-23

（5）在场景中的任意地方单击，控制点消失，圆形缩小，效果如图 2-24 所示。用相同的方法复制出多个圆形并改变它们的大小，效果如图 2-25 所示。圣诞树绘制完成，按 Ctrl+Enter 组合键即可查看效果。

图 2-24 　　　　　　　　　图 2-25

2.1.2　线条工具

选择"线条"工具 ，在舞台上单击鼠标，按住鼠标不放并向右拖动到需要的位置，绘制出一条直线，松开鼠标，直线效果如图 2-26 所示。可以在直线工具"属性"面板中设置不同的线条颜色、线条粗细、线条类型，如图 2-27 所示。

设置不同的线条属性后，绘制的线条如图 2-28 所示。

图 2-26　　　　　　图 2-27　　　　　　　　　图 2-28

提示　　选择"线条"工具时，如果按住 Shift 键的同时拖曳鼠标绘制，则限制线条只能在 45°或 45° 的倍数方向绘制直线。无法为线条工具设置填充属性。

2.1.3　铅笔工具

选择"铅笔"工具 ，在舞台上单击鼠标，按住鼠标不放，在舞台上随意绘制出线条，松开鼠标，线条效果如图 2-29 所示。如果想要绘制出平滑或伸直线条和形状，可以在工具箱下方的选项区域中为铅笔工具选择一种绘画模式，如图 2-30 所示。

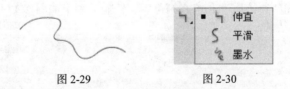

图 2-29　　　　　　　　　　图 2-30

"直线化"选项：可以绘制直线，并将接近三角形、椭圆、圆形、矩形和正方形的形状转换为这些常见的几何形状。"平滑"选项：可以绘制平滑曲线。"墨水"选项：可以绘制不用修改的手绘线条。

可以在铅笔工具"属性"面板中设置不同的线条颜色、线条粗细、线条类型，如图 2-31 所示。设置不同的线条属性后，绘制的图形如图 2-32 所示。

图 2-31　　　　　　　　　　图 2-32

单击属性面板样式选项右侧的"编辑笔触样式"按钮 ，弹出"笔触样式"对话框，如图 2-33 所示，在对话框中可以自定义笔触样式。

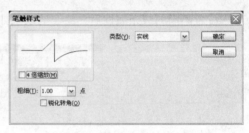

图 2-33

"4 倍缩放"选项：可以放大 4 倍预览设置不同选项后所产生的效果。

"粗细"选项：可以设置线条的粗细。

"锐化转角"选项：勾选此选项可以使线条的转折效果变得明显。

"类型"选项：可以在下拉列表中选择线条的类型。

提示 选择"铅笔"工具时，如果按住 Shift 键的同时拖曳鼠标绘制，则可将线条限制为垂直或水平方向。

2.1.4 椭圆工具

选择"椭圆"工具 ，在舞台上单击鼠标，按住鼠标不放，向需要的位置拖曳鼠标，绘制出椭圆图形，松开鼠标，图形效果如图 2-34 所示。按住 Shift 键的同时绘制图形，可以绘制出圆形，效果如图 2-35 所示。

可以在椭圆工具"属性"面板中设置不同的边框颜色、边框粗细、边框线型和填充颜色，如图 2-36 所示。设置不同的边框属性和填充颜色后，绘制的图形如图 2-37 所示。

图 2-34　　　　　图 2-35　　　　　　图 2-36　　　　　图 2-37

2.1.5 刷子工具

选择"刷子"工具 ，在舞台上单击鼠标，按住鼠标不放，随意绘制出笔触，松开鼠标，图形效果如图 2-38 所示。可以在刷子工具"属性"面板中设置不同的笔触颜色和平滑度，如图 2-39 所示。

图 2-38　　　　　　　　　　　　　　图 2-39

在工具箱的下方应用"刷子大小"选项 、"刷子形状"选项 ⬤，可以设置刷子的大小与形状。设置不同的刷子形状后所绘制的笔触效果如图 2-40 所示。

图 2-40

系统在工具箱的下方提供了 5 种刷子的模式可供选择，如图 2-41 所示。

"标准绘画"模式：会在同一层的线条和填充上以覆盖的方式涂色。

"颜料填充"模式：对填充区域和空白区域涂色，其他部分（如边框线）不受影响。

"后面绘画"模式：在舞台上同一层的空白区域涂色，但不影响原有的线条和填充。

"颜料选择"模式：在选定的区域内进行涂色，未被选中的区域不能够涂色。

"内部绘画"模式：在内部填充上绘图，但不影响线条。如果在空白区域中开始涂色，该填充不会影响任何现有填充区域。

应用不同模式绘制出的效果如图 2-42 所示。

标准绘画　　颜料填充　　后面绘画　　颜料选择　　内部绘画

图 2-41　　　　　　　　　　　　　　图 2-42

"锁定填充"按钮 ：先为刷子选择放射性渐变色彩，当没有选择此按钮时，用刷子绘制线条，每个线条都有自己完整的渐变过程，线条与线条之间不会互相影响，如图 2-43 所示。当选择此按钮时，颜色的渐变过程形成一个固定的区域，在这个区域内，刷子绘制到的地方，就会显示出相应的色彩，如图 2-44 所示。

图 2-43　　　　　　　图 2-44

在使用刷子工具涂色时，可以使用导入的位图作为填充。

导入花图片，效果如图 2-45 所示。选择"窗口 > 颜色"命令，弹出"颜色"面板，将"颜色类型"选项设为"位图填充"，用刚才导入的位图作为填充图案，如图 2-46 所示。选择"刷子"工具 ，在窗口中随意绘制一些笔触，效果如图 2-47 所示。

图 2-45

图 2-46

图 2-47

2.2　图形的绘制与选择

应用绘制工具可以绘制多变的图形与路径。若要在舞台上修改图形对象，则需要先选择对象，再对其进行修改。

命令介绍

矩形工具：可以绘制出不同样式的矩形。

钢笔工具：可以绘制精确的路径。如在创建直线或曲线的过程中，可以先绘制直线或曲线，再调整直线段的角度、长度以及曲线段的斜率。

选择工具：可以完成选择、移动、复制、调整向量线条和色块的功能，是使用频率较高的一种工具。

套索工具：可以按需要在对象上选取任意一部分不规则的图形。

2.2.1　课堂案例——绘制淑女堂标志

【案例学习目标】使用不同的绘图工具绘制标志图形。

【案例知识要点】使用矩形工具、钢笔工具、套索工具、铅笔工具、线条工具、椭圆工具来完成标志的绘制，如图 2-48 所示。

【效果所在位置】光盘/Ch02/效果/绘制淑女堂标志.fla。

1．绘制标志图形

（1）选择"文件 > 新建"命令，弹出"新建文档"对话框，
图 2-48

单击"确定"按钮，进入新建文档舞台窗口。按 Ctrl+F3 组合键，弹出文档"属性"面板，单击"大小"选项后面的按钮，在弹出的对话框中将舞台窗口的宽度设为 450，高度设为 300。

（2）按 Ctrl+L 组合键，调出"库"面板。在"库"面板下方单击"新建元件"按钮 ，弹出"创建新元件"对话框，在"名称"选项的文本框中输入"标志"，在"类型"选项的下拉列表中选择"图形"选项，单击"确定"按钮，新建一个图形元件"标志"，如图 2-49 所示，舞台窗口也随之转换为图形元件的舞台窗口。

（3）将"图层1"重新命名为"椭圆形"。选择"椭圆"工具，在工具箱中将笔触颜色设为无，填充色设为深粉色（#FB1F8D），在舞台窗口中绘制出一个椭圆形，选中图形，在形状"属性"面板中将"宽"选项设为280，"高"选项设为120，效果如图2-50所示。

图 2-49 　　　　　　　　　图 2-50

2．添加并编辑文字

（1）单击"时间轴"面板下方的"新建图层"按钮，创建新图层并将其命名为"文字"。选择"文本"工具，在文字"属性"面板中进行设置，在舞台窗口中输入大小为 50、字体为"方正准圆简体"的黑色文字"淑女堂"，效果如图2-51所示。选中文字，按2次Ctrl+B组合键，将文字打散。框选中"女、堂"2个字，将其向右移动，将文字的间距扩大，效果如图2-52所示。

淑女堂　　　　　淑 女 堂

图 2-51 　　　　　　　　　图 2-52

（2）删除"淑"字左侧的上、下2个点，将中间的点向左移动一些。选择"套索"工具，圈选中"又"字右下角的笔画，如图2-53所示，按Delete键，将其删除，效果如图2-54所示。用"套索"工具圈选中"女"字的下半部分，如图2-55所示，按Delete键，将其删除，效果如图2-56所示。

图 2-53　　　　图 2-54　　　　图 2-55　　　　图 2-56

（3）删除文字上多余的笔画后效果如图2-57所示。单击"时间轴"面板下方的"新建图层"按钮，创建新图层并将其命名为"修改笔画"。选择"钢笔"工具，选择钢笔工具"属性"面板，将笔触颜色设为黑色，在"笔触高度"选项的数值框中输入3.75，如图2-58所示。

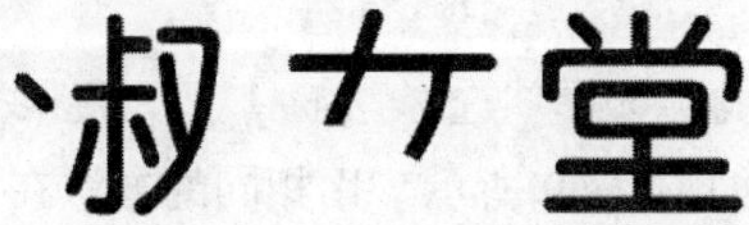

图 2-57　　　　　　　　　图 2-58

（4）用鼠标在"又"字的"撇"上单击，设置起始点，在字下方的空白处单击鼠标，设置第2个节点，按住鼠标不放，向旁边拖曳出控制手柄，调节控制手柄来改变路径的弯度，效果如图2-59所示。松开鼠标，绘制出一条曲线，效果如图2-60所示。在第2个节点的右侧单击鼠标，设置第3个节点，松开鼠标，效果如图2-61所示。

图 2-59   图 2-60   图 2-61

（5）在"女"字的下方单击鼠标，设置第4个节点，按住鼠标不放，向旁边拖曳出控制手柄，调节控制手柄来改变路径的弯度，效果如图2-62所示。松开鼠标，"淑、女"2个字被连接起来，效果如图2-63所示。选择"选择"工具 ，绘制曲线上的路径消失，查看绘制效果。

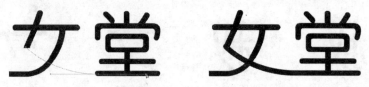

图 2-62    图 2-63

（6）选择"钢笔"工具 ，在"女"字的左侧的边线上单击设置起始点，再单击"堂"字下方的横线，设置第2个节点，按住鼠标不放，向旁边拖曳出控制手柄，调节控制手柄来改变路径的弯度，效果如图2-64所示。松开鼠标，绘制出一条曲线，效果如图2-65所示。

图 2-64   图 2-65

（7）选择"铅笔"工具 ，在工具箱下方的"选项"选项组的下拉菜单中选择"平滑"选项，如图2-66所示。在"女"字的左边绘制出一条弯曲的螺旋状曲线，效果如图2-67所示。用相同的方法在"女"字的右侧也绘制一条曲线，效果如图2-68所示。

图 2-66   图 2-67   图 2-68

（8）在"淑"字的左下方绘制一条螺旋状曲线，选择"选择"工具 ，将鼠标放在曲线上，光标变为 ，拖动曲线来修改曲线的弧度，效果如图2-69所示。用相同的方法在"堂"字的右下方绘制螺旋状曲线，效果如图2-70所示。

图 2-69   图 2-70

3. 导入图形元件

（1）选择"文件 > 导入 > 导入到舞台"命令，在弹出的"导入"对话框中选择"Ch02 > 素材 > 绘制淑女堂标志 > 01"文件，单击"打开"按钮，01 图形被导入到舞台窗口中，将 01 放置在"淑"字的左上方来作为"淑"字上方的点，效果如图 2-71 所示。选中 01 图形，多次按 Ctrl+B 组合键，将其打散。圈选中所有的文字图形及变形曲线，将其放置在深粉色椭圆形的中心位置，效果如图 2-72 所示。使文字图形及变形曲线保持被选中状态。

图 2-71   图 2-72

（2）在工具箱中将笔触颜色设为白色，填充色设为白色，将文字图形及变形曲线的颜色更改为白色，如图 2-73 所示；图形效果如图 2-74 所示。取消对文字图形及变形曲线的选择。选择"文件 > 导入 > 导入到库"命令，在弹出的"导入到库"对话框中选择"Ch02 > 素材 > 绘制淑女堂标志 > 02"文件，单击"打开"按钮，文件被导入到"库"面板中，如图 2-75 所示。

（3）单击"时间轴"面板下方的"新建图层"按钮 ，创建新图层并将其命名为"花纹"。选择"选择"工具 ，将"库"面板中的图形元件"01"拖曳到舞台窗口的中心位置，效果如图 2-76 所示。

图 2-73   图 2-74   图 2-75   图 2-76

4. 绘制背景图形

（1）单击舞台窗口左上方的"场景 1"图标 ，进入"场景 1"的舞台窗口。选择"矩形"工具 ，在矩形工具"属性"面板中将笔触颜色设为黑色，将填充色设为无，在"笔触高度"选

项的数值框中输入 1，如图 2-77 所示。

（2）在舞台窗口中绘制出一个和白色背景一样大的矩形框。选择"选择"工具 ，圈选中矩形框，在形状"属性"面板中，将"宽"选项设为 450，"高"选项设为 300，将"X"、"Y"选项分别设为 0，如图 2-78 所示。选择"线条"工具 ，按住 Shift 键的同时，在矩形框中从上到下绘制出一条垂直线段，效果如图 2-79 所示。

  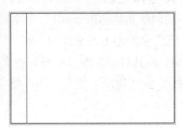

图 2-77 图 2-78 图 2-79

（3）用相同的方法再绘制出多条垂直线段，效果如图 2-80 所示。选择"颜料桶"工具 ，在工具箱中将填充色设为淡粉色（#FDE1F0）。用鼠标单击矩形框中间的区域，每隔一个矩形框，填充上粉色，效果如图 2-81 所示。选择"选择"工具 ，在舞台窗口中双击任意一条黑色线段，所有的黑色线段将被选中，按 Delete 键，删除选中的黑色线段，效果如图 2-82 所示。

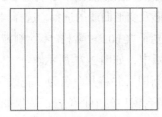 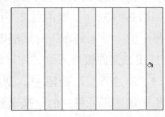 

图 2-80 图 2-81 图 2-82

（4）将"库"面板中的图形元件"标志"拖曳到舞台窗口的中心位置，效果如图 2-83 所示。按 Ctrl+T 组合键，弹出"变形"面板，单击"约束"按钮 ，将"宽度"选项设为 128，"高度"选项也随之转换为 128，如图 2-84 所示，按 Enter 键，标志图形被扩大，效果如图 2-85 所示。淑女堂标志绘制完成，按 Ctrl+Enter 组合键即可查看效果。

图 2-83 图 2-84 图 2-85

2.2.2 矩形工具

选择"矩形"工具 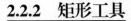，在舞台上单击鼠标，按住鼠标不放，向需要的位置拖曳鼠标，绘制出矩形图形，松开鼠标，矩形图形效果如图 2-86 所示。按住 Shift 键的同时绘制图形，可以绘制出正方形，如图 2-87 所示。

可以在矩形工具"属性"面板中设置不同的边框颜色、边框粗细、边框线型和填充颜色，如图 2-88 所示。设置不同的边框属性和填充颜色后，绘制的图形如图 2-89 所示。

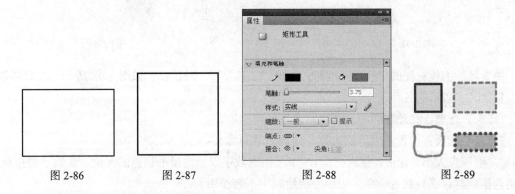

图 2-86   图 2-87   图 2-88   图 2-89

可以应用矩形工具绘制圆角矩形。选择"属性"面板，在"矩形边角半径"选项的数值框中输入需要的数值，如图 2-90 所示。输入的数值不同，绘制出的圆角矩形也相对地不同，效果如图 2-91 所示。

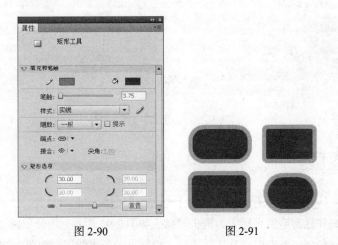

图 2-90   图 2-91

2.2.3 多角星形工具

应用多角星形工具可以绘制出不同样式的多边形和星形。选择"多角星形"工具 ⬡，在舞台上单击鼠标，按住鼠标不放，向需要的位置拖曳鼠标，绘制出多边形，松开鼠标，多边形效果如图 2-92 所示。

可以在多角星形工具"属性"面板中设置不同的边框颜色、边框粗细、边框线型和填充颜色，如图 2-93 所示。设置不同的边框属性和填充颜色后，绘制的图形如图 2-94 所示。

图 2-92   图 2-93   图 2-94

单击属性面板右侧的"选项"按钮，弹出"工具设置"对话框，如图 2-95 所示，在对话框中可以自定义多边形的各种属性。

"样式"选项：在此选项中选择绘制多边形或星形。

"边数"选项：设置多边形的边数。其选取范围为 3 ~ 32。

"星形顶点大小"选项：输入一个 0 ~ 1 之间的数字以指定星形顶点的深度。此数字越接近 0，创建的顶点就越深。此选项在多边形形状绘制中不起作用。

设置不同数值后，绘制出的多边形和星形也相对地不同，如图 2-96 所示。

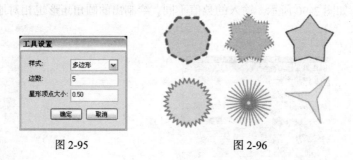

图 2-95   图 2-96

2.2.4　钢笔工具

选择"钢笔"工具，将鼠标放置在舞台上想要绘制曲线的起始位置，然后按住鼠标不放。此时出现第一个锚点，并且钢笔尖光标变为箭头形状，如图 2-97 所示。松开鼠标，将鼠标放置在想要绘制的第二个锚点的位置，单击鼠标并按住不放，绘制出一条直线段，如图 2-98 所示。将鼠标向其他方向拖曳，直线转换为曲线，如图 2-99 所示。松开鼠标，一条曲线绘制完成，如图 2-100 所示。

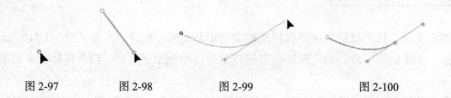

图 2-97   图 2-98   图 2-99   图 2-100

用相同的方法可以绘制出多条曲线段组合而成的不同样式的曲线，如图 2-101 所示。

在绘制线段时，如果按住 Shift 键，再进行绘制，绘制出的线段将被限制为倾斜 45°的倍数，如图 2-102 所示。

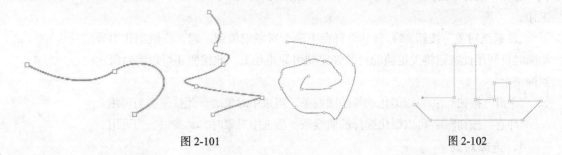

图 2-101　　　　　　　　　　　　　　　　　　　图 2-102

在绘制线段时，"钢笔"工具 的光标会产生不同的变化，其表示的含义也不同。

增加节点：当光标变为带加号时 ，如图 2-103 所示，在线段上单击鼠标就会增加一个节点，这样有助于更精确地调整线段。增加节点前后效果对照如图 2-104 所示。

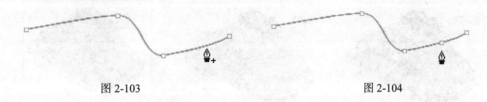

图 2-103　　　　　　　　　　　　　　　　　　　图 2-104

删除节点：当光标变为带减号时 ，如图 2-105 所示，在线段上单击节点，就会将这个节点删除。删除节点前后效果对照如图 2-106 所示。

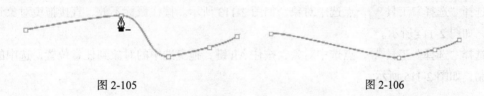

图 2-105　　　　　　　　　　　　　　　　　　　图 2-106

转换节点：当光标变为带折线时 ，如图 2-107 所示，在线段上单击节点，就会将这个节点从曲线节点转换为直线节点。转换节点前后效果对照如图 2-108 所示。

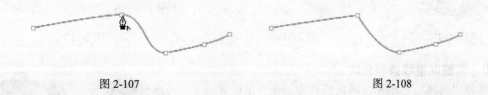

图 2-107　　　　　　　　　　　　　　　　　　　图 2-108

提示　　当选择钢笔工具绘画时，若在用铅笔、刷子、线条、椭圆或矩形工具创建的对象上单击，就可以调整对象的节点，以改变这些线条的形状。

2.2.5 选择工具

选择"选择"工具，工具箱下方出现如图 2-109 所示的按钮，利用这些按钮可以完成以下工作。

"贴紧至对象"按钮：自动将舞台上两个对象定位到一起，一般制作引导层动画时可利用此按钮将关键帧的对象锁定到引导路径上。此按钮还可以将对象定位到网格上。

图 2-109

"平滑"按钮：可以柔化选择的曲线条。当选中对象时，此按钮变为可用。

"伸直"按钮：可以锐化选择的曲线条。当选中对象时，此按钮变为可用。

1．选择对象

选择"选择"工具，在舞台中的对象上单击鼠标进行点选，如图 2-110 所示。按住 Shift 键，再点选对象，可以同时选中多个对象，如图 2-111 所示。在舞台中拖曳出一个矩形可以框选对象，如图 2-112 所示。

图 2-110 　　　　图 2-111 　　　　图 2-112

2．移动和复制对象

选择"选择"工具，点选中对象，如图 2-113 所示。按住鼠标不放，直接拖曳对象到任意位置，如图 2-114 所示。

选择"选择"工具，点选中对象，按住 Alt 键，拖曳选中的对象到任意位置，选中的对象被复制，如图 2-115 所示。

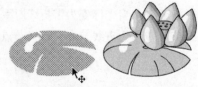

图 2-113 　　　　图 2-114 　　　　图 2-115

3．调整向量线条和色块

选择"选择"工具，将鼠标移至对象，鼠标下方出现圆弧，如图 2-116 所示。拖动鼠标，对选中的线条和色块进行调整，如图 2-117 所示。

图 2-116 　　　　图 2-117

2.2.6　部分选取工具

选择"部分选取"工具 ⒧，在对象的外边线上单击，对象上出现多个节点，如图 2-118 所示。拖动节点来调整控制线的长度和斜率，从而改变对象的曲线形状，如图 2-119 所示。

图 2-118　　　　　　　　　　　　　图 2-119

 提示　若想增加图形上的节点，可选择"钢笔"工具 ⒧ 在图形上单击来增加节点。

在改变对象的形状时，"部分选取"工具 ⒧ 的光标会产生不同的变化，其表示的含义也不同。

带黑色方块的光标 ⒧：当鼠标放置在节点以外的线段上时，光标变为 ⒧，如图 2-120 所示。这时，可以移动对象到其他位置，如图 2-121、图 2-122 所示。

图 2-120　　　　　　　　　　　图 2-121　　　　　　　　　　　图 2-122

带白色方块的光标 ⒧：当鼠标放置在节点上时，光标变为 ⒧，如图 2-123 所示。这时，可以移动单个的节点到其他位置，如图 2-124、图 2-125 所示。

图 2-123　　　　　　　　　　　图 2-124　　　　　　　　　　　图 2-125

变为小箭头的光标 ⒧：当鼠标放置在节点调节手柄的尽头时，光标变为 ⒧，如图 2-126 所示。这时，可以调节与该节点相连的线段的弯曲度，如图 2-127、图 2-128 所示。

图 2-126   图 2-127   图 2-128

> **提示**　在调整节点的手柄时，调整一个手柄，另一个相对的手柄也会随之发生变化。如果只想调整其中的一个手柄，按住 Alt 键，再进行调整即可。

可以将直线节点转换为曲线节点，并进行弯曲度调节。选择"部分选取"工具，在对象的外边线上单击，对象上显示出节点，如图 2-129 所示。用鼠标单击要转换的节点，节点从空心变为实心，表示可编辑，如图 2-130 所示。

按住 Alt 键，用鼠标将节点向外拖曳，节点增加出两个可调节手柄，如图 2-131 所示。应用调节手柄可调节线段的弯曲度，如图 2-132 所示。

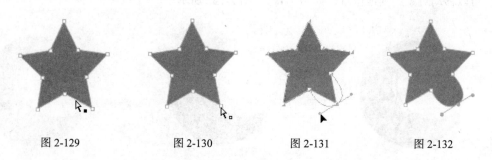

图 2-129   图 2-130   图 2-131   图 2-132

2.2.7　套索工具

选择"套索"工具，在场景中导入一幅位图，按 Ctrl+B 组合键，将位图进行分离。用鼠标在位图上任意勾选想要的区域，形成一个封闭的选区，如图 2-133 所示。松开鼠标，选区中的图像被选中，如图 2-134 所示。

图 2-133

图 2-134

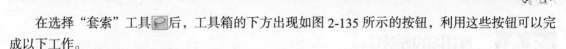

　　在选择"套索"工具后，工具箱的下方出现如图 2-135 所示的按钮，利用这些按钮可以完成以下工作。

　　"魔术棒"按钮：以点选的方式选择颜色相似的位图图形。

　　选中"魔术棒"按钮，将光标放在位图上，光标变为，在要选择的位图上单击鼠标，如图 2-136 所示。与点取点颜色相近的图像区域被选中，如图 2-137 所示。

　　　图 2-135　　　　　　　　　图 2-136　　　　　　　　　图 2-137

　　"魔术棒属性"按钮：可以用来设置魔术棒的属性，应用不同的属性，魔术棒选取的图像区域大小各不相同。

　　单击"魔术棒属性"按钮，弹出"魔术棒设置"对话框，如图 2-138 所示。

图 2-138

　　在"魔术棒设置"对话框中设置不同数值后，所产生的不同效果如图 2-139 所示。

　（a）阈值为 10 时选取图像的区域　　　（b）阈值为 60 时选取图像的区域

图 2-139

　　"多边形模式"按钮：可以用鼠标精确地勾画想要选中的图像。

　　选中"多边形模式"按钮，在图像上单击鼠标，确定第一个定位点，松开鼠标并将鼠标移至下一个定位点，再单击鼠标，用相同的方法直到勾画出想要的图像，并使选取区域形成一个封闭的状态，如图 2-140 所示。双击鼠标，选区中的图像被选中，如图 2-141 所示。

　　　　图 2-140　　　　　　　　　　　　图 2-141

2.3 图形的编辑

图形的编辑工具可以改变图形的色彩、线条、形态等属性，可以创建充满变化的图形效果。

命令介绍

颜料桶工具：可以修改向量图形的填充色。

橡皮擦工具：用于擦除舞台上无用的向量图形边框和填充色。

任意变形工具：可以改变选中图形的大小，还可旋转图形。

2.3.1 课堂案例——绘制可爱小鸡

【案例学习目标】使用图形编辑工具对图形进行编辑，并应用选择工具将其组合成图像。

【案例知识要点】使用矩形工具绘制背景，使用铅笔工具绘制小鸡头部图形，使用椭圆工具和线条工具绘制小鸡的眼睛，如图2-142 所示。

【效果所在位置】光盘/Ch02/效果/绘制可爱小鸡.fla。

图 2-142

1．绘制小鸡头部

（1）选择"文件 > 新建"命令，弹出"新建文档"对话框，单击"确定"按钮，进入新建文档舞台窗口。按 Ctrl+F3 组合键，弹出文档"属性"面板，单击"大小"选项后面的按钮，在弹出的菜单中将舞台的宽度设为 400，高度设为 400，将背景颜色设为橘黄色（#00CCFF）。

（2）将"图层 1"重新命名为"背景"，选择"矩形"工具，在工具箱中将笔触颜色设为无，填充色设为红色（#FF0000），绘制出多个与舞台窗口高度相同的矩形，效果如图 2-143 所示。

（3）单击"时间轴"面板下方的"新建图层"按钮，创建新图层并将其命名为"头"。选择"铅笔"工具，在工具箱下方的"铅笔模式"选项组的下拉菜单中选择"平滑"选项，如图 2-144 所示。在铅笔"属性"面板中进行设置，如图 2-145 所示。在舞台窗口中绘制出头部的轮廓，如图 2-146 所示。

图 2-143

图 2-144

图 2-145

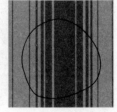

图 2-146

（4）选择"颜料桶"工具，在工具箱中将填充色设为土黄色（#BFA100），在边线内部单击鼠标填充颜色，效果如图 2-147 所示。选择"铅笔"工具，在铅笔"属性"面板中进行设置，如图 2-148 所示。用相同的方法继续绘制其他轮廓，效果如图 2-149 所示。

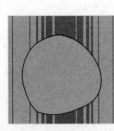

图 2-147　　　　　　　图 2-148　　　　　　　图 2-149

（5）选择"颜料桶"工具，将填充色设为黄色（#FFCC00），在工具箱的下方选中"封闭大空隙"选项，如图 2-150 所示。分别在轮廓线内部单击，如图 2-151 所示。用相同的方法将其他轮廓填充为草绿色（#CCB300），效果如图 2-152 所示。选择"选择"工具，选中多余的边线，按 Delete 键将其删除，效果如图 2-153 所示。

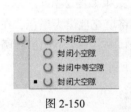
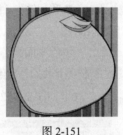

图 2-150　　　　　　　图 2-151　　　　　　　图 2-152　　　　　　　图 2-153

2．绘制小鸡五官

（1）单击"时间轴"面板下方的"新建图层"按钮，创建新图层并将其命名为"五官"。选择"椭圆"工具，在椭圆"属性"面板中将笔触颜色设为黑色，填充色设为灰色（#CCCCCC），如图 2-154 所示。按住 Shift 键的同时，在舞台窗口中绘制出一个圆形，效果如图 2-155 所示。

图 2-154　　　　　　　图 2-155

（2）选择"线条"工具，分别在圆形的左侧绘制 3 条斜线，效果如图 2-156 所示。选择"椭圆"工具，将笔触颜色设为无，填充色设为黑色，选择"窗口 > 颜色"命令，调出"颜色"面板，在"Alpha"选项中将其值设为 30%，如图 2-157 所示，按住 Shift 键的同时，在舞台窗口中绘制出一个半透明圆形，效果如图 2-158 所示。

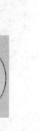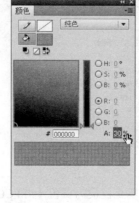

图 2-156　　　　　　　　图 2-157　　　　　　　　图 2-158

（3）用相同的方法，再次绘制白色圆形和黑色圆形，效果如图 2-159 所示。选中"五官"图层，将图层中的图形全部选中，按 Ctrl+G 组合键，对其进行组合。选中眼睛，按住 Alt 键的同时，向右拖曳眼睛图形，将其进行复制。选择"修改 > 变形 > 水平翻转"命令，将复制出的图形进行水平翻转。选择"任意变形"工具，调整复制出的眼睛图形的大小，效果如图 2-160 所示。

（4）选择"椭圆"工具，按 Shift+F9 组合键，调出"颜色"面板，将填充色设为黑色，在"Alpha"选项中将其值设为 20%，如图 2-161 所示。在眼睛图形的下方绘制出一个半透明的椭圆形，选择"任意变形"工具，将其旋转到适当的角度，效果如图 2-162 所示。

图 2-159　　　　　　　图 2-160　　　　　　　图 2-161　　　　　　　图 2-162

（5）选择"椭圆"工具，在工具箱的下方将填充色设为黑色，在舞台窗口中绘制椭圆形，选择"任意变形"工具，将其旋转到适当的角度，并放置在刚才绘制的半透明图形的上方，效果如图 2-163 所示。选择"线条"工具，在工具箱中将"笔触颜色"设为橘红色（#FF6600），在舞台窗口中绘制三角形边线，效果如图 2-164 所示。

（6）选择"选择"工具，将鼠标放置在三角形边线的下方，鼠标下方出现圆弧，这表明可以将直线转换为弧线，如图 2-165 所示，在直线的中心部位按住鼠标并向左下方拖曳，直线转换为弧线，效果如图 2-166 所示。用相同的方法把另两条直线转换为弧线，效果如图 2-167 所示。

图 2-163　　　　　　图 2-164　　　　　　图 2-165　　　　　　图 2-166　　　　　　图 2-167

（7）选择"颜料桶"工具 ，在工具箱中将填充色设为橘红色（#FF6600），用鼠标单击边线内部填充颜色，效果如图 2-168 所示。选中图形，拖曳到适当的位置，小鸡的鼻子绘制完成，效果如图 2-169 所示。选择"铅笔"工具 ，在铅笔"属性"面板中进行设置，如图 2-170 所示。在鼻子的下方绘制出一条曲线，效果如图 2-171 所示。

图 2-168　　　　　　图 2-169　　　　　　　　图 2-170　　　　　　　　图 2-171

3．绘制翅膀和脚图形

（1）单击"时间轴"面板下方的"新建图层"按钮 ，创建新图层并将其命名为"翅膀"，如图 2-172 所示。选择"铅笔"工具 ，将笔触颜色设为棕色（#7F0000），用相同的方法绘制出翅膀的边线效果，如图 2-173 所示。

（2）选择"颜料桶"工具 ，将"填充色"设为黄色（#FFCC00），在翅膀的边线内部单击鼠标填充颜色，效果如图 2-174 所示。

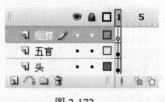 

图 2-172　　　　　　　图 2-173　　　　　　图 2-174

（3）选择"橡皮擦"工具 ，在工具箱下方的"擦除模式"选项中选择"擦除线条"，如图 2-175 所示。擦除翅膀图形多余的边线，如图 2-176 所示，擦除图形的线条部分，不影响填充部分，效果如图 2-177 所示。跟据上面的绘制方法绘制翅膀图形的高光部分，先绘制图形边线，填充图形边线内部为浅黄色（#FFFF75），选择"选择"工具 ，选中多余的边线后进行删除，效果如图 2-178 所示。

图 2-175　　　　　　图 2-176　　　　　　图 2-177　　　　　　图 2-178

（4）单击"时间轴"面板下方的"新建图层"按钮，创建新图层并将其命名为"脚"。选择"椭圆"工具，选择椭圆工具"属性"面板，将"笔触颜色"设为棕色（#7F0000），"填充颜色"设为黄色（#FFCC00），如图 2-179 所示。在舞台窗口中分别绘制 3 个椭圆形，选择"任意变形"工具，分别调整图形到适当的位置，效果如图 2-180 所示。

（5）在"时间轴"面板中，拖曳"脚"图层到"头"图层的下方，如图 2-181 所示，舞台窗口中的效果如图 2-182 所示。

图 2-179　　　　　　图 2-180　　　　　　图 2-181　　　　　　图 2-182

4．绘制云彩图形并添加文字

（1）选择"椭圆"工具，选择椭圆工具"属性"面板，将笔触颜色设为黑色，将填充色设为无，在"笔触高度"选项的数值框中输入 3。按住 Shift 键的同时，在舞台窗口中绘制出一个圆环，如图 2-183 所示。

（2）选择"椭圆"工具，将笔触颜色设为无，填充色设为白色，按住 Shift 键的同时，在黑色圆环的上方绘制出一个白色圆形，效果如图 2-184 所示。用相同的方法绘制图形，制作出如图 2-185 所示的云彩效果。将云彩图形全部选中，按 Ctrl+G 组合键，对其进行组合。按住 Alt 键的同时，向右拖曳云彩图形，将其进行复制，并调整复制出的图形的大小，效果如图 2-186 所示。

图 2-183　　　　　　图 2-184　　　　　　图 2-185　　　　　　图 2-186

（3）单击"时间轴"面板下方的"新建图层"按钮，创建新图层并将其命名为"文字"。选择"文本"工具，在文字"属性"面板中将文字字体设为"文鼎霹雳体"，文字大小设置为 94，文字颜色设置为黑色。在舞台窗口中输入需要的黑色字母，效果如图 2-187 所示。

（4）选中字母，按 Ctrl+B 组合键将其分离，如图 2-188 所示。选择"任意变形"工具，分别调整字母到适当的角度，效果如图 2-189 所示。

图 2-187

图 2-188

图 2-189

（5）将三个字母全部选中，选择"窗口 > 变形"命令，调出"变形"面板，单击"重制选区和变形"按钮，复制文字，选择文字"属性"面板，将文本颜色设为黄色（#FFCC00），选择"任意变形"工具，调整复制出的文字大小，效果如图 2-190 所示。可爱小鸡的效果绘制完成，按 Ctrl+Enter 组合键，即可查看效果，如图 2-191 所示。

图 2-190

图 2-191

2.3.2 墨水瓶工具

使用墨水瓶工具可以修改向量图形的边线。

导入运动员图形，如图 2-192 所示。选择"墨水瓶"工具，在"属性"面板中设置笔触颜色、笔触高度以及笔触样式，如图 2-193 所示。

图 2-192

图 2-193

这时，光标变为，在图形上单击鼠标，为图形增加设置好的边线，如图 2-194 所示。在"属性"面板中设置不同的属性，所绘制的边线效果也不同，如图 2-195 所示。

图 2-194

图 2-195

2.3.3 颜料桶工具

绘制苹果线框图形，如图 2-196 所示。选择"颜料桶"工具，在"属性"面板中设置填充颜色，如图 2-197 所示。在苹果的线框内单击鼠标，线框内被填充颜色，如图 2-198 所示。

系统在工具箱的下方设置了 4 种填充模式可供选择，如图 2-199 所示。

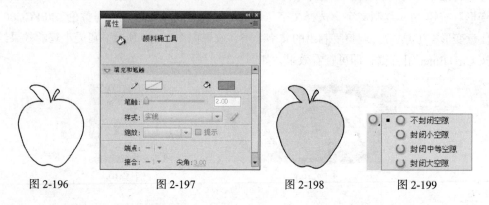

图 2-196　　　　　图 2-197　　　　　图 2-198　　　　　图 2-199

"不封闭空隙"模式：选择此模式时，只有在完全封闭的区域颜色才能被填充。

"封闭小空隙"模式：选择此模式时，当边线上存在小空隙时，允许填充颜色。

"封闭中等空隙"模式：选择此模式时，当边线上存在中等空隙时，允许填充颜色。

"封闭大空隙"模式：选择此模式时，当边线上存在大空隙时，允许填充颜色。当选择"封闭大空隙"模式时，无论空隙是小空隙还是中等空隙，也都可以填充颜色。

根据线框空隙的大小，应用不同的模式进行填充，效果如图 2-200 所示。

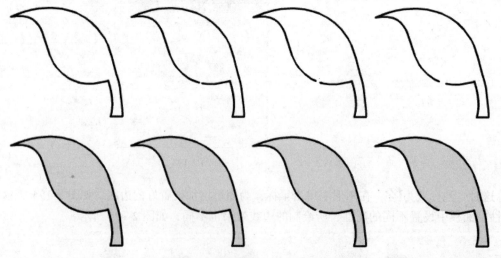

（a）不封闭空隙模式　　（b）封闭小空隙模式　　（c）封闭中等空隙模式　　（d）封闭大空隙模式

图 2-200

"锁定填充"按钮：可以对填充颜色进行锁定，锁定后填充颜色不能被更改。

没有选择此按钮时，填充颜色可以根据需要进行变更，如图 2-201 所示。

选择此按钮时，鼠标放置在填充颜色上，光标变为 ，填充颜色被锁定，不能随意变更，如图 2-202 所示。

图 2-201   图 2-202

2.3.4 滴管工具

使用滴管工具可以吸取向量图形的线型和色彩，然后利用颜料桶工具，可以快速修改其他向量图形内部的填充色。利用墨水瓶工具，可以快速修改其他向量图形的边框颜色及线型。

1. 吸取填充色

选择"滴管"工具 ，将光标放在左边图形的填充色上，光标变为 ，在填充色上单击鼠标，吸取填充色样本，如图 2-203 所示。

单击后，光标变为 ，表示填充色被锁定。在工具箱的下方，取消对"锁定填充"按钮 的选取，光标变为 ，在右边图形的填充色上单击鼠标，图形的颜色被修改，如图 2-204 所示。

图 2-203   图 2-204

2. 吸取边框属性

选择"滴管"工具 ，将鼠标放在左边图形的外边框上，光标变为 ，在外边框上单击鼠标，吸取边框样本，如图 2-205 所示。单击后，光标变为 ，在右边图形的外边框上单击鼠标，线条的颜色和样式被修改，如图 2-206 所示。

图 2-205   图 2-206

3. 吸取位图图案

滴管工具可以吸取外部引入的位图图案。导入瓷碗图片，如图 2-207 所示。按 Ctrl+B 组合键，将位图分离。绘制一个矩形图形，如图 2-208 所示。

选择"滴管"工具 ，将鼠标放在位图上，光标变为 ，单击鼠标，吸取图案样本，如图 2-209 所示。单击后，光标变为 ，在矩形图形上单击鼠标，图案被填充，如图 2-210 所示。

图 2-207

图 2-208

图 2-209

图 2-210

选择"渐变变形"工具 ，单击被填充图案样本的矩形，出现控制点，如图 2-211 所示。按住 Shift 键，将左下方的控制点向中心拖曳，如图 2-212 所示。填充图案变小，如图 2-213 所示。

图 2-211

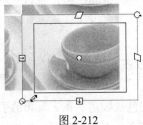
图 2-212

图 2-213

4．吸取文字属性

滴管工具还可以吸取文字的属性，如颜色、字体、字型、大小等。选择要修改的目标文字，如图 2-214 所示。

图 2-214

选择"滴管"工具 ，将鼠标放在源文字上，光标变为 ，如图 2-215 所示。

图 2-215

在源文字上单击鼠标，源文字的文字属性被应用到了目标文字上，如图 2-216 所示。

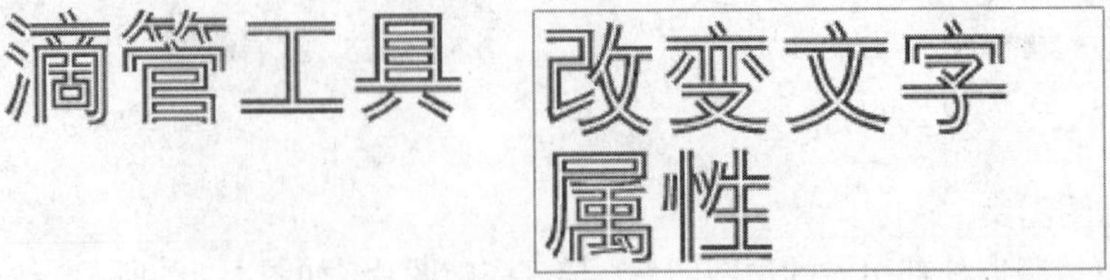

改变文字
属性

图 2-216

2.3.5　橡皮擦工具

选择"橡皮擦"工具，在图形上想要删除的地方按下鼠标并拖动鼠标，图形被擦除，如图 2-217 所示。在工具箱下方的"橡皮擦形状"按钮的下拉菜单中，可以选择橡皮擦的形状与大小。

如果想得到特殊的擦除效果，系统在工具箱的下方设置了 5 种擦除模式可供选择，如图 2-218 所示。

图 2-217　　　　　　　　　　　图 2-218

"标准擦除"模式：擦除同一层的线条和填充。选择此模式擦除图形的前后对照效果如图 2-219、图 2-220 所示。

"擦除填色"模式：仅擦除填充区域，其他部分（如边框线）不受影响。选择此模式擦除图形的前后对照效果如图 2-221、图 2-222 所示。

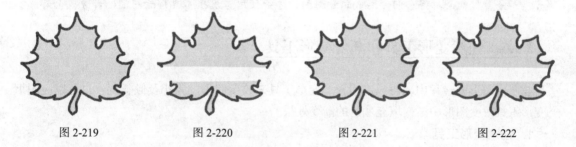

图 2-219　　　　　　图 2-220　　　　　　图 2-221　　　　　　图 2-222

"擦除线条"模式：仅擦除图形的线条部分，但不影响其填充部分。选择此模式擦除图形的前后对照效果如图 2-223、图 2-224 所示。

"擦除所选填充"模式：仅擦除已经选择的填充部分，但不影响其他未被选择的部分（如果场景中没有任何填充被选择，那么擦除命令无效）。选择此模式擦除图形的前后对照效果如图 2-225、图 2-226 所示。

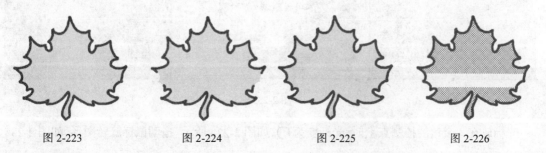

图 2-223　　　　　　图 2-224　　　　　　图 2-225　　　　　　图 2-226

"内部擦除"模式：仅擦除起点所在的填充区域部分，但不影响线条填充区域外的部分。选择

此模式擦除图形的前后对照效果如图 2-227、图 2-228
所示。

　　要想快速删除舞台上的所有对象，双击"橡皮擦"
工具　即可。

　　要想删除向量图形上的线段或填充区域，可以选
择"橡皮擦"工具　，再选中工具箱中的"水龙头"
按钮　，然后单击舞台上想要删除的线段或填充区域
即可，如图 2-229、图 2-230 所示。

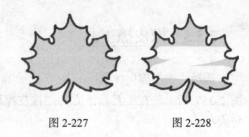

图 2-227　　　　　　　图 2-228

图 2-229　　　　　　　　　　　　　图 2-230

提示　因为导入的位图和文字不是向量图形，不能擦除它们的部分或全部，所以，必须先选择
"修改 > 分离"命令，将它们分离成向量图形，才能使用橡皮擦工具擦除它们的部分或全部。

2.3.6　任意变形工具和渐变变形工具

　　在制作图形的过程中，可以应用任意变形工具来改变图形的大小及倾斜度，也可以应用填
充变形工具改变图形中渐变填充颜色的渐变效果。

1．任意变形工具

　　选中图形，按 Ctrl+B 组合键，将其打散。选择"任意变形"工具　，在图形的周围出现控
制点，如图 2-231 所示。拖动控制点改变图形的大小，如图 2-232、图 2-233 所示（按住 Shift 键，
再拖动控制点，可成比例地拖动图形）。

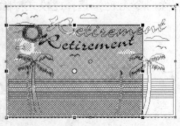

图 2-231　　　　　　　　　图 2-232　　　　　　　　　图 2-233

　　光标放在 4 个角的控制点上时，光标变为　，如图 2-234 所示。拖动鼠标旋转图形，如图 2-235、
图 2-236 所示。

图 2-234　　　　　　　　　　图 2-235　　　　　　　　　　图 2-236

系统在工具箱的下方设置了 4 种变形模式可供选择，如图 2-237 所示。

"旋转与倾斜" ⟳模式：选中图形，选择"旋转与倾斜"模式，将鼠标放在图形上方中间的控制点上，光标变为 ⇌，按住鼠标不放，向右水平拖曳控制点，如图 2-238 所示，松开鼠标，图形变为倾斜，如图 2-239 所示。

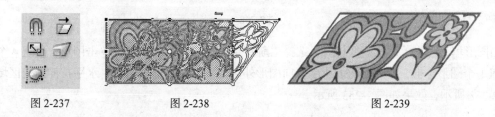

图 2-237　　　　　　　　图 2-238　　　　　　　　　　图 2-239

"缩放" ⬚模式：选中图形，选择"缩放"模式，将鼠标放在图形右上方的控制点上，光标变为 ↗，按住鼠标不放，向右上方拖曳控制点，如图 2-240 所示，松开鼠标，图形变大，如图 2-241 所示。

"扭曲" ⬚模式：选中图形，选择"扭曲"模式，将鼠标放在图形右上方的控制点上，光标变为 ⬚，按住鼠标不放，向右上方拖曳控制点，如图 2-242 所示，松开鼠标，图形扭曲，如图 2-243 所示。

图 2-240　　　　　　图 2-241　　　　　　　图 2-242　　　　　　图 2-243

"封套" ⬚模式：选中图形，选择"封套"模式，图形周围出现一些节点，调节这些节点来改变图形的形状，光标变为 ⬚，拖动节点，如图 2-244 所示，松开鼠标，图形扭曲，如图 2-245 所示。

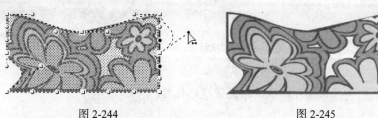

图 2-244　　　　　　　　　　　图 2-245

2．渐变变形工具

使用渐变变形工具可以改变选中图形中的填充渐变效果。当图形填充色为线性渐变色时，选择"渐变变形"工具，用鼠标单击图形，出现 3 个控制点和 2 条平行线，如图 2-246 所示。向图形中间拖动方形控制点，渐变区域缩小，如图 2-247 所示，效果如图 2-248 所示。

将鼠标放置在旋转控制点上，光标变为，拖动旋转控制点来改变渐变区域的角度，如图 2-249 所示，效果如图 2-250 所示。

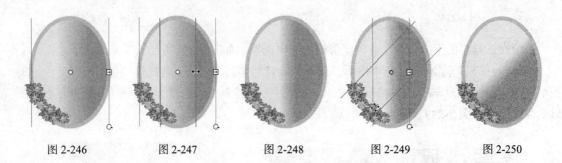

图 2-246   图 2-247   图 2-248   图 2-249   图 2-250

当图形填充色为放射状渐变色时，选择"渐变变形"工具，用鼠标单击图形，出现 4 个控制点和 1 个圆形外框，如图 2-251 所示。向图形外侧水平拖动方形控制点，水平拉伸渐变区域，如图 2-252 所示，效果如图 2-253 所示。

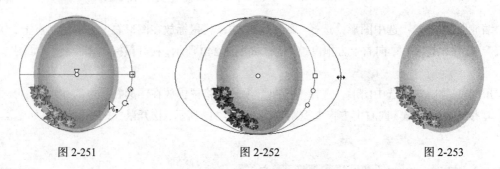

图 2-251   图 2-252   图 2-253

将鼠标放置在圆形边框中间的圆形控制点上，光标变为，向图形内部拖动鼠标，缩小渐变区域，如图 2-254 所示，效果如图 2-255 所示。将鼠标放置在圆形边框外侧的圆形控制点上，光标变为，向上旋转拖动控制点，改变渐变区域的角度，如图 2-256 所示，效果如图 2-257 所示。

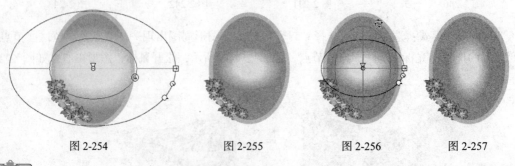

图 2-254   图 2-255   图 2-256   图 2-257

提示　通过移动中心控制点可以改变渐变区域的位置。

2.3.7　手形工具和缩放工具

手形工具和缩放工具都是辅助工具，它们本身并不直接创建和修改图形，而只是在创建和修改图形的过程中辅助用户进行操作。

1. 手形工具

如果图形很大或被放大得很大，那么需要利用"手形"工具 调整观察区域。选择"手形"工具 ，光标变为手形，按住鼠标不放，拖动图像到需要的位置，如图 2-258 所示。

> **技巧**　当使用其他工具时，按"空格"键即可切换到"手形"工具 。双击"手形"工具 ，将自动调整图像大小以适合屏幕的显示范围。

2. 缩放工具

利用缩放工具放大图形以便观察细节，缩小图形以便观看整体效果。选择"缩放"工具 ，在舞台上单击可放大图形，如图 2-259 所示。

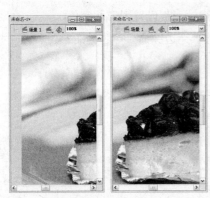

图 2-258

图 2-259

要想放大图像中的局部区域，可在图像上拖曳出一个矩形选取框，如图 2-260 所示，松开鼠标后，所选取的局部图像被放大，如图 2-261 所示。

选中工具箱下方的"缩小"按钮 ，在舞台上单击可缩小图像，如图 2-262 所示。

图 2-260

图 2-261

图 2-262

> **提示** 当使用"放大"按钮🔍时，按住 Alt 键单击也可缩小图形。用鼠标双击"缩放"工具🔍，可以使场景恢复到 100%的显示比例。

2.4 图形的色彩

根据设计的要求，可以应用纯色编辑面板、颜色面板、样本面板来设置所需的纯色、渐变色、颜色样本等。

命令介绍

颜色面板：可以设定纯色、渐变色以及颜色的不透明度。

纯色面板：可以选择系统设置的颜色，也可根据需要自行设定颜色。

2.4.1 课堂案例——绘制水晶按钮

【案例学习目标】使用绘图工具绘制图形，使用浮动面板设置图形的颜色。

【案例知识要点】使用椭圆工具、颜色面板、柔化填充边缘命令、颜料桶工具来完成水晶按钮的绘制，如图 2-263 所示。

【效果所在位置】光盘/Ch02/效果/绘制水晶按钮.fla。

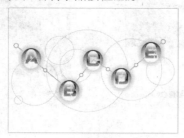

图 2-263

1．绘制按钮元件

（1）选择"文件 > 新建"命令，弹出"新建文档"对话框，单击"确定"按钮，进入新建文档舞台窗口。调出"库"面板，在"库"面板下方单击"新建元件"按钮🔳，弹出"创建新元件"对话框，在"名称"选项的文本框中输入"按钮 A"，在"类型"选项的下拉列表中选择"图形"选项，单击"确定"按钮，新建一个图形元件"按钮 A"，如图 2-264 所示，舞台窗口也随之转换为图形元件的舞台窗口。

（2）选择"椭圆"工具🔵，在工具箱中将笔触颜色设为无，填充色设为灰色，按住 Shift 键的同时，在舞台窗口中绘制一个圆形，选中圆形，在形状"属性"面板中将图形的"宽"、"高"选项分别设为 65，效果如图 2-265 所示。选择"窗口 > 颜色"命令，弹出"颜色"面板，在"填充样式"选项的下拉列表中选择"径向渐变"，选中色带上左侧的色块，将其设为白色，在"Alpha"选项中将其不透明度设为 0%，如图 2-266 所示。选中色带上右侧的色块，将其设为紫色（#53075F），如图 2-267 所示。

图 2-264　　　　　　图 2-265　　　　　　图 2-266　　　　　　图 2-267

（3）选择"颜料桶"工具，在圆形的下方单击鼠标，将渐变色填充到图形中，效果如图 2-268 所示。选择"椭圆"工具，在工具箱中将"笔触颜色"设为无，"填充颜色"设为淡紫色（#DEC7E4），按住 Shift 键的同时，在舞台窗口中绘制出第 2 个圆形，选中圆形，在形状"属性"面板中将图形的"宽"、"高"选项分别设为 65，效果如图 2-269 所示。

（4）选中圆形，选择"修改 > 形状 > 柔化填充边缘"命令，弹出"柔化填充边缘"对话框，将"距离"选项设为 30，"步骤数"选项设为 30，点选"扩展"单选项，如图 2-270 所示，单击"确定"按钮，效果如图 2-271 所示。将制作好的渐变图形拖曳到柔化边缘图形的上方，效果如图 2-272 所示。

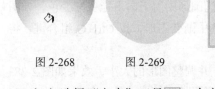

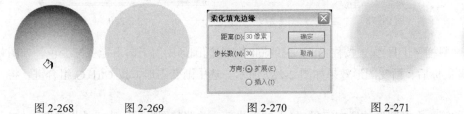

图 2-268　　　　　图 2-269　　　　　　图 2-270　　　　　　图 2-271　　　　　图 2-272

（5）选择"文本"工具，在文字"属性"面板中进行设置，在舞台窗口中输入大小为 50，字体为"文鼎霹雳体"的深紫色（#4D004D）字母"A"，效果如图 2-273 所示。在文档"属性"面板中将背景颜色设为灰色（这里改为灰色背景以便于下一步制作透明图形）。选择"椭圆"工具，在工具箱中将"笔触颜色"设为无，"填充颜色"设为白色，在舞台窗口中绘制出一个椭圆形，效果如图 2-274 所示。

（6）选择"窗口 > 颜色"命令，弹出"颜色"面板，在"填充样式"选项的下拉列表中选择"线性渐变"，选中色带上左侧的色块，将其设为白色，在"Alpha"选项中将其不透明度设为 0%。选中色带上右侧的色块，将其设为白色，如图 2-275 所示。单击"颜色"面板右上方的按钮，在弹出的菜单中选择"添加样本"命令，将设置好的渐变色添加为样本，如图 2-276 所示。

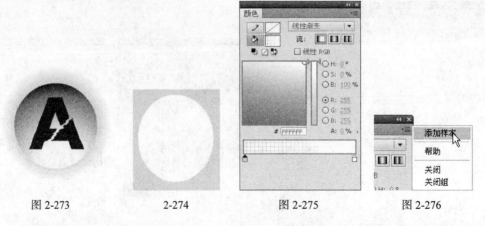

图 2-273	2-274	图 2-275	图 2-276

（7）选择"颜料桶"工具 ，按住 Shift 键的同时，在椭圆形中由下向上拖曳渐变色，如图 2-277 所示，松开鼠标后，渐变图形效果如图 2-278 所示。选中渐变图形，按 Ctrl+G 组合键，对其进行组合。选择"椭圆"工具 ，再绘制一个白色的椭圆形，效果如图 2-279 所示。在工具箱中单击"填充颜色"按钮，弹出纯色面板，在面板下方选择刚才添加的渐变色样本，光标变为吸管，如图 2-280 所示。

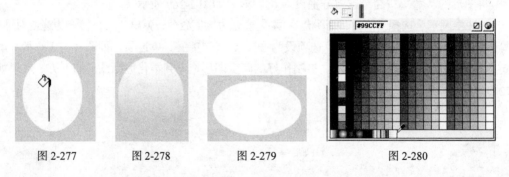

图 2-277	图 2-278	图 2-279	图 2-280

（8）选择"颜料桶"工具 ，按住 Shift 键的同时，在椭圆形中由上向下拖曳渐变色，如图 2-281 所示，松开鼠标后，渐变图形效果如图 2-282 所示。选中渐变图形，按 Ctrl+G 组合键，将其进行组合。

（9）将制作的第 1 个椭圆形放置在字母"A"的上半部，并调整图形的大小，效果如图 2-283 所示。将制作的第 2 个椭圆形放置在字母"A"的下半部，并调整图形的大小，效果如图 2-284 所示。在文档"属性"面板中将背景颜色恢复为白色，按钮制作完成，效果如图 2-285 所示。

图 2-281	图 2-282	图 2-283	图 2-284	图 2-285

2. 添加并编辑元件

（1）用相同的方法再制作出按钮元件"按钮 B"、"按钮 C"、"按钮 D"、"按钮 E"，如图 2-286

所示。选择"文件 > 导入 > 导入到库"命令，在弹出的"导入到库"对话框中选择"Ch02 >素材 > 绘制水晶按钮 > 01"文件，单击"打开"按钮，文件被导入到"库"面板中，如图 2-287所示。

（2）单击舞台窗口左上方的"场景 1"图标 ，进入"场景 1"的舞台窗口。选择"选择"工具 ，将"库"面板中的图形元件"底图"拖曳到舞台窗口的中心位置，效果如图 2-288 所示，并将"图层 1"重新命名为"底图"。

图 2-286

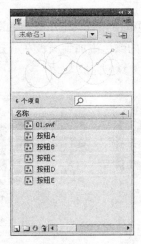

图 2-287

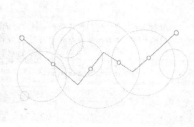

图 2-288

（3）单击"时间轴"面板下方的"新建图层"按钮 ，创建新图层并将其命名为"按钮"，如图 2-289 所示。将"库"面板中的按钮元件"按钮 A"、"按钮 B"、"按钮 C"、"按钮 D"、"按钮 E"拖曳到舞台窗口中，并分别放置在合适的位置，效果如图 2-290 所示。透明按钮绘制完成，按 Ctrl+Enter 组合键即可查看效果。

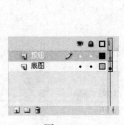

图 2-289

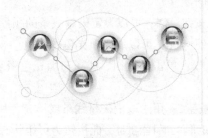

图 2-290

2.4.2　纯色编辑面板

在工具箱的下方单击"填充色"按钮 ，弹出纯色面板，如图 2-291 所示。在面板中可以选择系统设置好的颜色，如想自行设定颜色，单击面板右上方的颜色选择按钮 ，弹出"颜色"面板，在面板右侧的颜色选择区中选择要自定义的颜色，如图 2-292 所示。滑动面板右侧的滑动条来设定颜色的亮度，如图 2-293 所示。

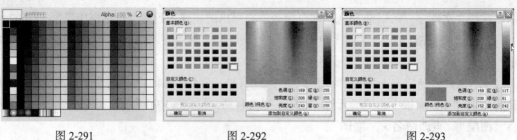

图 2-291　　　　　　　　图 2-292　　　　　　　　图 2-293

设定颜色后，可在"颜色/纯色"选项框中预览设定结果，如图 2-294 所示。单击面板右下方的"添加到自定义颜色"按钮，将定义好的颜色添加到面板左下方的"自定义颜色"区域中，如图 2-295 所示，单击"确定"按钮，自定义颜色完成。

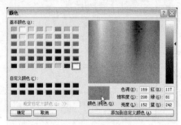　　　　　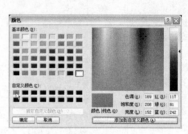

图 2-294　　　　　　　　　　图 2-295

2.4.3　颜色面板

选择"窗口 > 颜色"命令，弹出"颜色"面板。

1. 自定义纯色

在"颜色"面板的"类型"选项中，选择"纯色"选项，面板效果如图 2-296 所示。

"笔触颜色"按钮 ✐▮：可以设定矢量线条的颜色。

"填充色"按钮 ◈☐：可以设定填充的颜色。

"黑白"按钮 ▮：单击此按钮，线条与填充色恢复为系统默认的状态。

"没有颜色"按钮 ☑：用于取消矢量线条或填充色块。当选择"椭圆"工具 ◯ 或"矩形"工具 ▭ 时，此按钮为可用状态。

"交换颜色"按钮 ⇄：单击此按钮，可以将线条颜色和填充色相互切换。

"H"、"S"、"B" 和 "R"、"G"、"B" 选项：可以用精确数值来设定颜色。

"A"选项：用于设定颜色的不透明度，数值选取范围为 0~100。

在面板左侧中间的颜色选择区域内，可以根据需要选择相应的颜色。

图 2-296

2. 自定义线性渐变色

在"颜色"面板的"颜色类型"选项中选择"线性渐变"选项，面板如图 2-297 所示。将鼠标放置在滑动色带上，光标变为 ，在色带上单击鼠标增加颜色控制点，并在面板下方为新增加的控制点设定颜色及明度，如图 2-298 所示。当要删除控制点时，只需将控制点向色带下方拖曳。

3．自定义径向渐变色

在"颜色"面板的"颜色类型"选项中选择"径向渐变"选项，面板效果如图 2-299 所示。用与定义线性渐变色相同的方法在色带上定义放射状渐变色，定义完成后，在面板的左下方显示出定义的渐变色，如图 2-300 所示。

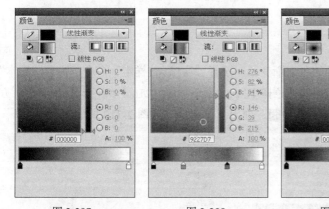
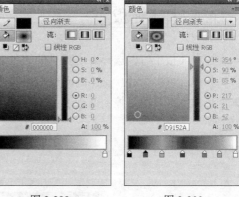

图 2-297   图 2-298   图 2-299   图 2-300

4．自定义位图填充

在"颜色"面板的"颜色类型"选项中，选择"位图填充"选项，如图 2-301 所示。弹出"导入到库"对话框，在对话框中选择要导入的图片，如图 2-302 所示。

单击"打开"按钮，图片被导入到"颜色"面板中，如图 2-303 所示。选择"矩形"工具 ，在场景中绘制出一个矩形，矩形被刚才导入的位图所填充，如图 2-304 所示。

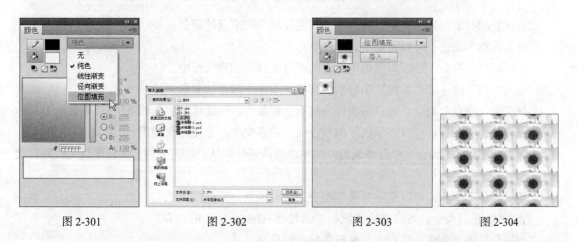

图 2-301   图 2-302   图 2-303   图 2-304

选择"渐变变形"工具 ，在填充位图上单击，出现控制点。向外拖曳左下方的方形控制点，如图 2-305 所示。松开鼠标后效果如图 2-306 所示。

向上拖曳右上方的圆形控制点，改变填充位图的角度，如图 2-307 所示。松开鼠标后效果如图 2-308 所示。

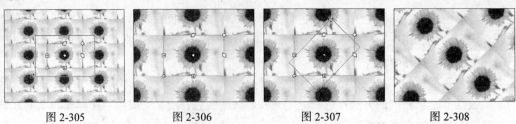

| 图 2-305 | 图 2-306 | 图 2-307 | 图 2-308 |

2.4.4　样本面板

在样本面板中可以选择系统提供的纯色或渐变色。选择"窗口 > 样本"命令，弹出"样本"面板，如图 2-309 所示。在控制面板中部的纯色样本区，系统提供了 216 种纯色。控制面板下方是渐变色样本区。单击控制面板右上方的按钮 ，弹出下拉菜单，如图 2-310 所示。

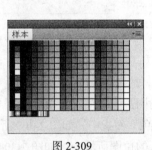

| 图 2-309 | 图 2-310 |

"直接复制样本"命令：可以将选中的颜色复制出一个新的颜色。

"删除样本"命令：可以将选中的颜色删除。

"添加颜色"命令：可以将系统中保存的颜色文件添加到面板中。

"替换颜色"命令：可以将选中的颜色替换成系统中保存的颜色文件。

"加载默认颜色"命令：可以将面板中的颜色恢复到系统默认的颜色状态中。

"保存颜色"命令：可以将编辑好的颜色保存到系统中，方便再次调用。

"保存为默认值"命令：可以将编辑好的颜色替换系统默认的颜色文件，在创建新文档时自动替换。

"清除颜色"命令：可以清除当前面板中的所有颜色，只保留黑色与白色。

"Web216 色"命令：可以调出系统自带的符合 Internet 标准的色彩。

"按颜色排序"命令：可以将色标按色相进行排列。

"帮助"命令：选择此命令，将弹出帮助文件。

课堂练习——绘制花店标志

【练习知识要点】使用选择工具和套索工具删除笔画，使用钢笔工具和画笔工具绘制曲线和螺旋效果，使用变形面板制作图形旋转效果，使用椭圆工具绘制椭圆形制作底图效果，如图 2-311 所示。

【效果所在位置】光盘/Ch02/效果/绘制花店标志.fla。

图 2-311

课堂练习——绘制童子拜年

【练习知识要点】使用椭圆工具绘制童子的五官图形，使用部分选取工具调整节点制作刘海效果，使用柔化填充边缘命令为图形制作柔化效果，使用钢笔工具制作童子的身体部分，使用铅笔工具绘制四肢图形，如图 2-312 所示。

【效果所在位置】光盘/Ch02/效果/绘制童子拜年.fla。

图 2-312

课后习题——绘制梳子包装

【习题知识要点】使用椭圆工具和线条工具绘制背景图案效果，使用柔化填充边缘命令为图形制作柔化效果，使用多角星形工具绘制星星图案，使用钢笔工具绘制透明模和高光效果，如图 2-313 所示。

【效果所在位置】光盘/Ch02/效果/绘制梳子包装.fla。

图 2-313

第3章
对象的编辑与修饰

相对来说，使用工具栏中的工具创建的向量图形比较单调，如果能结合修改菜单命令修改图形，就可以改变原图形的形状、线条等，并且可以将多个图形组合起来实现所需要的图形效果。本章将详细介绍 Flash CS5 编辑、修饰对象的功能。通过对本章的学习，读者可以掌握编辑和修饰对象的各种方法和技巧，并能根据具体操作特点，灵活地应用编辑和修饰功能。

课堂学习目标

- 对象的变形与操作
- 对象的修饰
- 对齐面板与变形面板的使用

3.1　对象的变形与操作

应用变形命令可以对选择的对象进行变形修改，如扭曲、缩放、倾斜、旋转和封套等，还可以根据需要对对象进行组合、分离、叠放、对齐等一系列操作，从而达到制作的要求。

命令介绍

缩放对象：可以对对象进行放大或缩小的操作。

旋转与倾斜对象：可以对对象进行旋转或倾斜的操作。

翻转对象：可以对对象进行水平或垂直翻转。

组合对象：制作复杂图形时，可以将多个图形组合成一个整体，以便选择和修改。另外，制作位移动画时，需用"组合"命令将图形转变成组件。

3.1.1　课堂案例——绘制稻草人

【案例学习目标】使用不同的变形命令编辑图形。

【案例知识要点】使用铅笔工具绘制山图形和草地图形，使用缩放命令、旋转与倾斜命令、翻转命令编辑图形，使用任意变形工具改变图形形状，如图 3-1 所示。

【效果所在位置】光盘/Ch03/效果/绘制稻草人.fla。

图 3-1

1．绘制山和草地图形

（1）选择"文件 > 新建"命令，弹出"新建文档"对话框，单击"确定"按钮，进入新建文档舞台窗口。按 Ctrl+F3 组合键，弹出文档"属性"面板，将背景颜色设为天蓝色（#00CCFF），效果如图 3-2 所示。将"图层 1"重新命名为"山"，如图 3-3 所示。

图 3-2

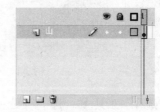

图 3-3

（2）选择"铅笔"工具，在工具箱下方的"铅笔模式"选项组的下拉菜单中选择"平滑"选项，如图 3-4 所示。在铅笔工具"属性"面板中，将笔触颜色设为黑色，"笔触高度"选项设为 1，绘制出山的轮廓，效果如图 3-5 所示。

（3）选择"颜料桶"工具，在工具箱中将填充色设为青色（#7BBACE），在闭合的路径内单击鼠标填充颜色，选择"选择"工具，单击外边线，将其选中，按 Delete 键，将边线删除，效果如图 3-6 所示。用相同的方法，应用"铅笔"工具，继续绘制出 2 个山图形，分别填充绿色（#8CC78C）和草绿色（#B5CF4A），并删除边线，效果如图 3-7 所示。

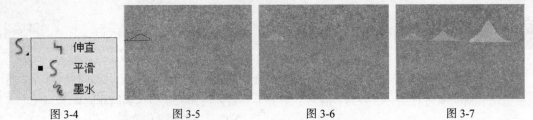

图 3-4   图 3-5   图 3-6   图 3-7

（4）单击"时间轴"面板下方的"新建图层"按钮 ，创建新图层并将其命名为"草地"，如图 3-8 所示。选择"铅笔"工具 ，绘制出如图 3-9 所示的草地轮廓。

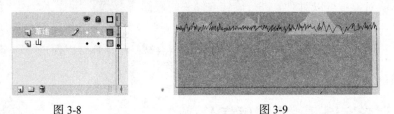

图 3-8   图 3-9

（5）选择"窗口 > 颜色"命令，弹出"颜色"面板，在"颜色类型"选项的下拉列表中选择"线性渐变"，选中色带上左侧的色块，将其设为黄色（#F7CF39），选中色带上右侧的色块，将其设为暗黄色（#D3AA0A），如图 3-10 所示。

（6）选择"颜料桶"工具 ，按住 Shift 键的同时，在草地轮廓中从上向下拖曳渐变色，如图 3-11 所示。松开鼠标后，渐变色被填充。选择"选择"工具 ，单击草地轮廓将其选中，按 Delete 键，将轮廓线删除，效果如图 3-12 所示。

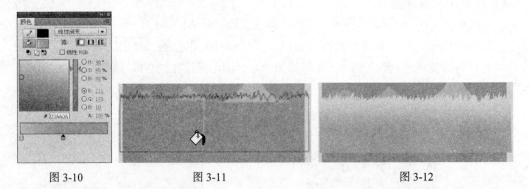

图 3-10   图 3-11   图 3-12

（7）选择"选择"工具 ，选中渐变色的草地图形，按 Ctrl+G 组合键，将图形组合。按住 Alt 键的同时，向左下方拖曳草地图形，对其进行复制，效果如图 3-13 所示。用相同的方法再次复制图形，按 Ctrl+B 组合键，将图形分离，并将其颜色设为黄色（#FFD339），再按 Ctrl+G 组合键，将图形组合，效果如图 3-14 所示。

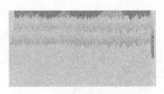

图 3-13   图 3-14

2．绘制云图形

（1）单击"时间轴"面板下方的"新建图层"按钮 ⬛，创建新图层并将其命名为"云"，如图 3-15 所示。选择"铅笔"工具 ✎，绘制出云的轮廓，如图 3-16 所示。将云的轮廓内部填充为白色，选择"颜色"面板，在"Alpha"选项中将其不透明度设为 80%，如图 3-17 所示。将云图形的轮廓线删除，效果如图 3-18 所示。

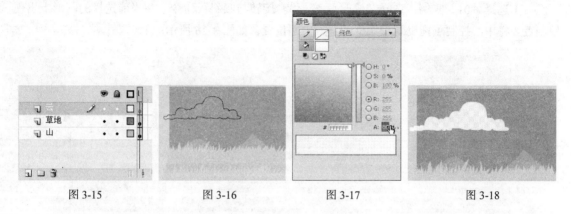

图 3-15　　　　　　图 3-16　　　　　　图 3-17　　　　　　图 3-18

（2）选中云图形，按 Ctrl+G 组合键，将图形组合。按 Ctrl+T 组合键，弹出"变形"面板，在对话框中进行设置，单击"重制选区和变形"按钮 ⬚，如图 3-19 所示，复制出一个新的云图形，效果如图 3-20 所示。用相同的方法再次复制云图形，改变它们的大小并拖曳到适当的位置，效果如图 3-21 所示。

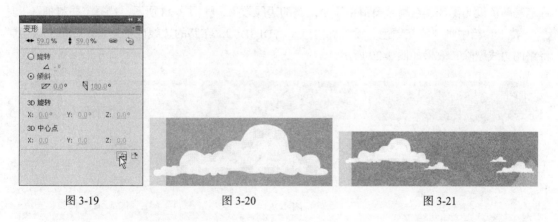

图 3-19　　　　　　　　图 3-20　　　　　　　　图 3-21

（3）选中较小的云图形，如图 3-22 所示，选择"修改 > 变形 > 水平翻转"命令，将图形水平翻转，效果如图 3-23 所示。

图 3-22　　　　　　　　　　图 3-23

3. 制作稻草人并绘制路图形

（1）选择"文件 > 导入 > 导入到库"命令，在弹出的"导入到库"对话框中选择"Ch03 > 素材 > 绘制稻草人 > 01"文件，单击"打开"按钮，文件被导入到"库"面板中，如图 3-24 所示。单击舞台窗口左上方的"场景 1"图标 ，进入"场景 1"的舞台窗口。将"库"面板中的图形元件"01"拖曳到舞台窗口中，如图 3-25 所示。

（2）选择"01"实例，选择"修改 > 变形 > 旋转与倾斜"命令，在当前选择的图形上出现控制点。将中心控制点拖曳到控制框的下方中间位置，如图 3-26 所示。

图 3-24   图 3-25   图 3-26

（3）拖动控制点旋转图形，选择"选择"工具 ，效果如图 3-27 所示。选择"铅笔"工具 ，将笔触颜色设为黑色，在舞台窗口中绘制出路的边线效果，如图 3-28 所示。选择"颜料桶"工具 ，在工具箱中将"填充颜色"设为乳白色（#FDF3D6），在路的边线内部单击鼠标填充颜色，将路的边线删除，效果如图 3-29 所示。

图 3-27   图 3-28   图 3-29

4. 导入素材图形

（1）单击"时间轴"面板下方的"新建图层"按钮 ，创建新图层并将其命名为"素材"，如图 3-30 所示。按 Ctrl+R 组合键，在弹出的"导入"对话框中选择"Ch03 > 素材 > 绘制稻草人 > 02"文件，单击"打开"按钮，把图形导入到舞台窗口中，并拖曳到适当的位置，效果如图 3-31 所示。

（2）选中 02 图形，选择"修改 > 变形 > 缩放"命令，在当前选择的图形上出现控制点。用鼠标拖动控制点可成比例地改变图形的大小，效果如图 3-32 所示。选择"修改 > 变形 > 旋转与倾斜"命令，在当前选择的图形上出现控制点。用鼠标拖动中间的控制点倾斜图形，拖动 4 角的控制点旋转图形，单击舞台窗口中的任意位置取消对 02 图形的选取，效果如图 3-33 所示。

图 3-30　　　　　　　图 3-31　　　　　　　图 3-32　　　　　　　图 3-33

（3）按住 Alt 键的同时，复制图形并将其拖曳到适当的位置，选择"修改 > 变形 > 旋转与倾斜"命令，在当前选择的图形上出现控制点。用鼠标拖动中间的控制点倾斜图形，拖动 4 角的控制点旋转图形，选择"修改 > 变形 > 水平翻转"命令，可以将图形进行翻转，效果如图 3-34所示。

（4）按 Ctrl+R 组合键，在弹出的"导入"对话框中选择"Ch03 > 素材 > 绘制稻草人 > 03"文件，单击"打开"按钮，把图形导入到舞台窗口中，并将枫叶图形拖曳到适当的位置，效果如图 3-35 所示。选中 03 图形，按 F8 键，弹出"转换为元件"对话框，在对话框中进行设置，如图3-36 所示。单击"确定"按钮，将图形转换为图形元件，"库"面板中的效果如图 3-37 所示。

图 3-34　　　　　　图 3-35　　　　　　　　图 3-36　　　　　　　　图 3-37

（5）选中"枫叶"实例，在"变形"面板中进行设置，单击"重制选区和变形"按钮，如图 3-38 所示，复制出一个枫叶图形，并将其放置在第一个枫叶的上方。选择图形"属性"面板，选择"色彩效果"选项组，在"样式"选项的下拉列表中选择"高级"，在面板下方进行设置，如图 3-39 所示，褐色枫叶的效果如图 3-40 所示。

  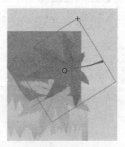

图 3-38　　　　　　　　图 3-39　　　　　　　　图 3-40

（6）选中"枫叶"实例，在"变形"面板中进行设置，单击"重制选区和变形"按钮，如

图 3-41 所示，复制出一个枫叶图形，拖曳复制出的图形到适当的位置。在图形"属性"面板中，选择"色彩效果"选项组，在"样式"选项的下拉列表中选择"高级"，在面板下方进行设置，如图 3-42 所示，红色枫叶的效果如图 3-43 所示。

图 3-41　　　　　　　图 3-42　　　　　　　图 3-43

（7）再次选中"枫叶"实例，在"变形"面板中进行设置，单击"重制选区和变形"按钮，如图 3-44 所示，复制出一个枫叶图形，拖曳复制出的图形到适当的位置。在图形"属性"面板中，选择"色彩效果"选项组，在"样式"选项的下拉列表中选择"高级"，在面板下方进行设置，如图 3-45 所示，单击"确定"按钮，按 Ctrl+Shift+↓组合键，将其移至底层，绿色枫叶的效果如图 3-46 所示。

图 3-44　　　　　　　图 3-45　　　　　　　图 3-46

5．绘制草图形

（1）在"库"面板下方单击"新建图层"按钮，弹出"创建新元件"对话框，在对话框中进行设置，如图 3-47 所示，单击"确定"按钮，新建一个图形元件"草"，舞台窗口也随之转换为图形元件的舞台窗口。

（2）选择"钢笔"工具，在工具箱中将"笔触颜色"设为黑色，在舞台窗口中绘制出一个草的轮廓，如图 3-48 所示。选择"颜料桶"工具，将"填充颜色"设为褐色（#DE9639），在草的轮廓内部单击鼠标填充颜色，将草的轮廓线删除，效果如图 3-49 所示。

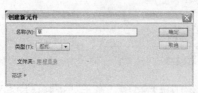  

图 3-47　　　　　　　图 3-48　　　图 3-49

（3）单击舞台窗口左上方的"场景 1"图标 ，进入"场景 1"舞台窗口。单击"时间轴"面板下方的"新建图层"按钮 ，创建新图层并将其命名为"草"，如图 3-50 所示。将"库"面板中的图形元件"草"拖曳到舞台窗口中，如图 3-51 所示。

（4）选择"选择"工具 ，选中"草"实例，按住 Alt 键的同时，复制草图形并拖曳到适当的位置。选择图形"属性"面板，在"颜色"选项的下拉列表中选择"色调"，将颜色设为绿色（#639A00）。选择"修改 > 变形 > 旋转与倾斜"命令，在当前选择的草图形上出现控制点。用鼠标拖动中间的控制点倾斜图形，拖动 4 角的控制点旋转图形，单击舞台窗口中的任意位置取消对图形的选择，效果如图 3-52 所示。

（5）用相同的方法复制草图形，选择图形"属性"面板，在"颜色"选项的下拉列表中选择"色调"，将颜色设为浅绿色（#D6D78C），并应用"旋转与倾斜"命令旋转草图形到适当的角度，效果如图 3-53 所示。

图 3-50   图 3-51   图 3-52   图 3-53

（6）使用相同的方法制作出如图 3-54 所示的效果。稻草人效果绘制完成，如图 3-55 所示。

图 3-54   图 3-55

3.1.2 扭曲对象

选择"修改 > 变形 > 扭曲"命令，在当前选择的图形上出现控制点，如图 3-56 所示。光标变为 ，向右上方拖曳控制点，如图 3-57 所示，拖动 4 角的控制点可以改变图形顶点的形状，效果如图 3-58 所示。

图 3-56   图 3-57   图 3-58

3.1.3　封套对象

选择"修改 > 变形 > 封套"命令，在当前选择的图形上出现控制点，如图 3-59 所示。光标变为，用鼠标拖动控制点，如图 3-60 所示，使图形产生相应的弯曲变化，效果如图 3-61 所示。

3.1.4　缩放对象

选择"修改 > 变形 > 缩放"命令，在当前选择的图形上出现控制点，如图 3-62 所示。光标变为<span></span>，按住鼠标不放，向右上方拖曳控制点，如图 3-63 所示。用鼠标拖动控制点可成比例地改变图形的大小，效果如图 3-64 所示。

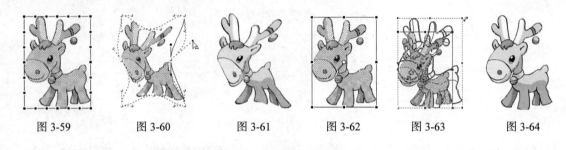

图 3-59　　　　图 3-60　　　　图 3-61　　　　图 3-62　　　　图 3-63　　　　图 3-64

3.1.5　旋转与倾斜对象

选择"修改 > 变形 > 旋转与倾斜"命令，在当前选择的图形上出现控制点，如图 3-65 所示。用鼠标拖动中间的控制点倾斜图形，光标变为<span></span>，按住鼠标不放，向右水平拖曳控制点，如图 3-66 所示。松开鼠标，图形变为倾斜，如图 3-67 所示。光标放在右上角的控制点上时，光标变为<span></span>，如图 3-68 所示。拖动控制点旋转图形，如图 3-69 所示。旋转完成后效果如图 3-70 所示。

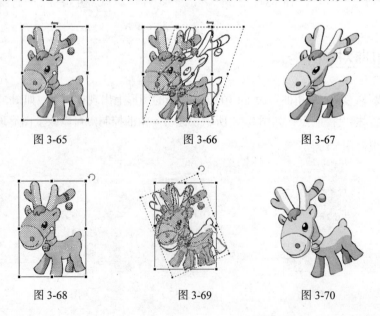

图 3-65　　　　　　　　图 3-66　　　　　　　　图 3-67

图 3-68　　　　　　　　图 3-69　　　　　　　　图 3-70

选择"修改 > 变形"中的"顺时针旋转 90 度"、"逆时针旋转 90 度"命令，可以将图形按照规定的度数进行旋转，效果如图 3-71、图 3-72 所示。

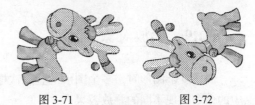

图 3-71　　　　　　图 3-72

3.1.6　翻转对象

选择"修改 > 变形"中的"垂直翻转"、"水平翻转"命令，可以将图形进行翻转，效果如图 3-73、图 3-74 所示。

图 3-73　　　　　　图 3-74

3.1.7　组合对象

选中多个图形，如图 3-75 所示，选择"修改 > 组合"命令，或按 Ctrl+G 组合键，将选中的图形进行组合，如图 3-76 所示。

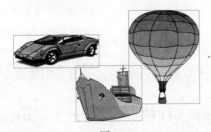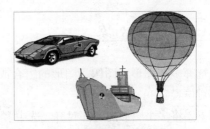

图 3-75　　　　　　　　　　　　　　　图 3-76

3.1.8　分离对象

要修改多个图形的组合、图像、文字或组件的一部分时，可以使用"修改 > 分离"命令。另外，制作变形动画时，需用"分离"命令将图形的组合、图像、文字或组件转变成图形。

选中图形组合，如图 3-77 所示。选择"修改 > 分离"命令，或按 Ctrl+B 组合键，将组合的图形打散，多次使用"分离"命令的效果如图 3-78 所示。

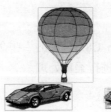

图 3-77　　　　　　　　　　　图 3-78

3.1.9 叠放对象

制作复杂图形时，多个图形的叠放次序不同，会产生不同的效果，可以通过"修改 > 排列"中的命令实现不同的叠放效果。

选中要移动的热气球图形，如图 3-79 所示，选择"修改 > 排列 > 移至顶层"命令，将选中的热气球图形移动到所有图形的顶层，效果如图 3-80 所示。

图 3-79

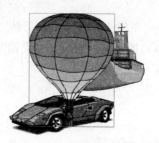
图 3-80

 叠放对象只能是图形的组合或组件。

3.1.10 对齐对象

当选择多个图形、图像、图形的组合或组件时，可以通过"修改 > 对齐"中的命令调整它们的相对位置。

如果要将多个图形的底部对齐。选中多个图形，如图 3-81 所示。选择"修改 > 对齐 > 底对齐"命令，将所有图形的底部对齐，效果如图 3-82 所示。

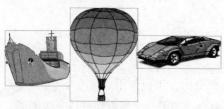
图 3-81

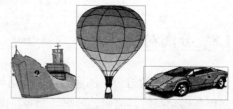
图 3-82

3.2 对象的修饰

在制作动画的过程中，可以应用 Flash CS5 自带的一些命令，对曲线进行优化，将线条转换为填充，对填充色进行修改或对填充边缘进行柔化处理。

命令介绍

柔化填充边缘：可以将图形的边缘制作成柔化效果。

3.2.1　课堂案例——绘制帆船风景画

【案例学习目标】使用不同的绘图工具绘制图像，使用形状命令编辑图形。

【案例知识要点】使用铅笔工具绘制海水效果，使用椭圆工具绘制气泡图形，使用任意变形工具改变图形的大小，使用柔化填充边缘命令制作太阳效果，如图 3-83 所示。

【效果所在位置】光盘/Ch03/效果/绘制帆船风景画.fla。

图 3-83

1．绘制海水图形

（1）选择"文件 > 新建"命令，弹出"新建文档"对话框，单击"确定"按钮，进入新建文档舞台窗口。选择"文件 > 导入 > 导入到库"命令，在弹出的"导入到库"对话框中选择"Ch03 > 素材 > 绘制帆船风景画 > 01"文件，单击"打开"按钮，文件被导入到"库"面板中，如图 3-84 所示。选择"选择"工具 ，将"库"面板中的图形元件"底图"拖曳到舞台窗口的中心位置，将"图层 1"重新命名为"底图"，效果如图 3-85 所示。

（2）单击"时间轴"面板下方的"新建图层"按钮 ，新建图层并将其命名为"海水"。选择"铅笔"工具 ，绘制出如图 3-86 所示边线效果。

图 3-84

图 3-85

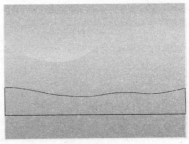

图 3-86

（3）按 Shift+F9 组合键，调出"颜色"面板，在"颜色类型"选项的下拉列表中选择"线性渐变"，选中色带上左侧的色块，将其设为蓝色（#26BCBC），选中色带上右侧的色块，将其设为深蓝色（#0D2E74），如图 3-87 所示。选择"颜料桶"工具 ，在边线中从上向下拖曳渐变色，如图 3-88 所示。松开鼠标，选择"选择"工具 ，单击图形的边线，按 Delete 键，将其删除，效果如图 3-89 所示。

图 3-87

图 3-88

图 3-89

（4）选择"选择"工具，选中海水图形，按 Ctrl+G 组合键，对其进行组合，如图 3-90 所示。按住 Alt 键的同时，选中海水图形，向下拖曳鼠标复制当前选中的图形，效果如图 3-91 所示。选中复制出的海水图形，选择"修改 > 变形 > 水平翻转"命令，将图形水平翻转，效果如图 3-92 所示。使用相同的方法制作出如图 3-93 所示的海水效果。

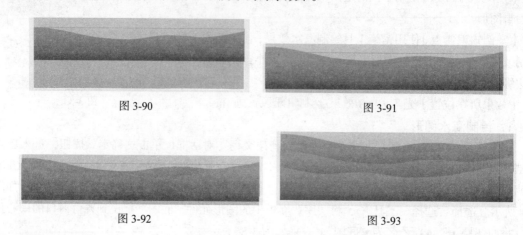

图 3-90　　　　　　　　　　　　　　　　　　　　　图 3-91

图 3-92　　　　　　　　　　　　　　　　　　　　　图 3-93

（5）选择"铅笔"工具，绘制出如图 3-94 所示的边线效果。按 Shift+F9 组合键，调出"颜色"面板，在"颜色类型"选项的下拉列表中选择"线性渐变"，选中色带上左侧的色块，将其设为灰蓝色（#1B7E9C），选中色带上右侧的色块，将其设为深蓝色（#10417D），如图 3-95 所示。

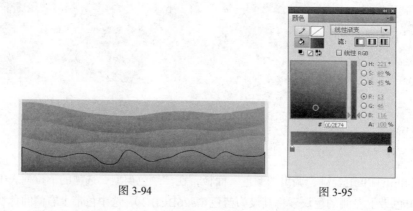

图 3-94　　　　　　　　　　　　　　　　　　　　　图 3-95

（6）选择"颜料桶"工具，在边线中从上向下拖曳渐变色，如图 3-96 所示，松开鼠标，选择"选择"工具，双击图形的边线，将边线全选，按 Delete 键，将其删除。选中渐变图形，按 Ctrl+G 组合键，对其进行组合，效果如图 3-97 所示。

图 3-96　　　　　　　　　　　　　　　　　　　　　图 3-97

2. 绘制气泡和云彩图形

（1）选择"椭圆"工具，在工具箱中将"笔触颜色"设为无，"填充颜色"设为白色。按住 Shift 键的同时，在舞台窗口中绘制出一个圆形，效果如图 3-98 所示。调出"颜色"面板，在

"颜色类型"选项的下拉列表中选择"线性渐变",选中色带上左侧的色块,将其设为白色,选中色带上右侧的色块,将其设为绿色(#1AE6D0),如图 3-99 所示。

图 3-98   图 3-99

(2)选择"颜料桶"工具 ，在圆形上从左向右拖曳渐变色,如图 3-100 所示,松开鼠标,效果如图 3-101 所示。选中渐变圆形,按 Ctrl+G 组合键,对其进行组合,并拖曳到适当的位置,效果如图 3-102 所示。按住 Alt 键的同时,选中渐变圆形,向下拖曳鼠标复制当前选中的图形,效果如图 3-103 所示。

图 3-100   图 3-101   图 3-102   图 3-103

(3)选中复制出的圆形,选择"任意变形"工具 ，在圆形的周围出现 8 个控制点,按住 Shift+Alt 组合键的同时,用鼠标向内拖曳右下方的控制点,将图形缩小,效果如图 3-104 所示。按 Shift+↓ 组合键,将图形下移一层,在场景中的任意地方单击,控制点消失,效果如图 3-105 所示。

(4)用相同的方法复制出多个圆形并改变它们的大小及排列顺序,效果如图 3-106 所示。单击"时间轴"面板下方的"新建图层"按钮 ，新建图层并将其命名为"云彩",如图 3-107 所示。

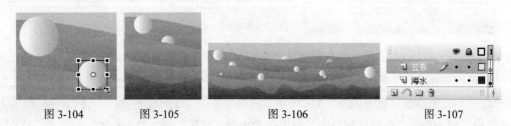

图 3-104   图 3-105   图 3-106   图 3-107

(5)选择"椭圆"工具 ，在工具箱中将"笔触颜色"设为无,"填充颜色"设为白色,在舞台窗口中绘制出一个椭圆形,效果如图 3-108 所示。用相同的方法绘制出多个椭圆形,制作出如图 3-109 所示的云彩效果。

图 3-108

图 3-109

（6）选中云彩图形，按 Ctrl+G 组合键将其组合，如图 3-110 所示。按住 Alt 键的同时，用鼠标向下拖曳当前选中的云彩图形，对其进行复制。选择"任意变形"工具，调整复制出的云彩图形的大小。用相同的方法制作出如图 3-111 所示的多个云彩效果。

图 3-110

图 3-111

3. 绘制船和太阳图形

（1）单击"时间轴"面板下方的"新建图层"按钮，创建新图层并将其命名为"船"。选择"矩形"工具，将"笔触颜色"设为无，"填充颜色"设为橘红色（#FF6600）。在舞台窗口的右上方绘制出一个矩形，效果如图 3-112 所示。

（2）选择"选择"工具，将鼠标放在矩形上方边线的中心位置，鼠标下方出现圆弧，这表明可以将直线转换为弧线，在直线的中心部位按住鼠标并向下拖曳，直线转换为弧线，效果如图 3-113 所示。用相同的方法将其他边线变为弧线，效果如图 3-114 所示。

图 3-112

图 3-113

图 3-114

（3）选择"线条"工具，在直线工具"属性"面板中进行设置，如图 3-115 所示。在舞台窗口中绘制出一条直线，效果如图 3-116 所示。选择"矩形"工具，将"笔触颜色"设为无，"填充颜色"设为黑色，在舞台窗口中绘制出一个矩形，效果如图 3-117 所示。

（4）选择"铅笔"工具，将"笔触颜色"设为黑色，绘制出如图 3-118 所示的边线效果。选择"颜料桶"工具，将"填充颜色"设为橘黄色（#FF9900），在边线内部单击鼠标填充颜色，将边线删除，效果如图 3-119 所示。

图 3-115　　　　　　　　图 3-116　　　　　　图 3-117　　　图 3-118　　　图 3-119

（5）选择"铅笔"工具 ，在图形的内部再次绘制边线，并应用"颜料桶"工具 将边线内部填充为白色。选择"颜色"面板，在"Alpha"选项中将图形的不透明度设为 50%，将边线删除后效果如图 3-120 所示。用相同的方法再次绘制图形，效果如图 3-121 所示。

（6）选择"铅笔"工具 ，绘制船身的边线，在边线内部填充颜色为浅棕色（#CC6666），将边线删除后效果如图 3-122 所示。单击"时间轴"面板下方的"新建图层"按钮 ，创建新图层并将其命名为"太阳"。选择"椭圆"工具 ，将"笔触颜色"设为无，"填充颜色"设为黄色（#FFFF33），按住 Shift 键的同时，在舞台窗口的左上方绘制出一个圆形，效果如图 3-123 所示。

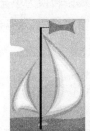

图 3-120　　　　　　图 3-121　　　　　　图 3-122　　　　　　　图 3-123

（7）选中圆形，选择"修改 > 形状 > 柔化填充边缘"命令，弹出"柔化填充边缘"对话框，在对话框中进行设置，如图 3-124 所示，单击"确定"按钮，太阳效果如图 3-125 所示。帆船风景画效果绘制完成，如图 3-126 所示。

图 3-124　　　　　　　图 3-125　　　　　　　图 3-126

3.2.2　优化曲线

应用优化曲线命令可以将线条优化得较为平滑。选中要优化的线条，如图 3-127 所示。选择

"修改 > 形状 > 优化"命令，弹出"最优化曲线"对话框，进行设置后，如图 3-128 所示，单击
"确定"按钮，弹出提示对话框，如图 3-129 所示，单击"确定"按钮，线条被优化，如图 3-130
所示。

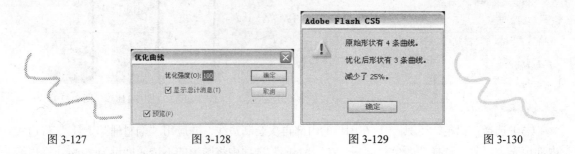

图 3-127   图 3-128   图 3-129   图 3-130

3.2.3　将线条转换为填充

应用将线条转换为填充命令可以将矢量线条转换为填充色块。导入圣诞帽图片，如图 3-131
所示。选择"墨水瓶"工具，为图形绘制外边线，如图 3-132 所示。

双击图形的外边线将其选中，选择"修改 > 形状 > 将线条转换为填充"命令，将外边线转
换为填充色块，如图 3-133 所示。这时，可以选择"颜料桶"工具，为填充色块设置其他颜色，
如图 3-134 所示。

图 3-131   图 3-132   图 3-133   图 3-134

3.2.4　扩展填充

应用扩展填充命令可以将填充颜色向外扩展或向内收缩，扩展或收缩的数值可以自定义。

1．扩展填充色

选中图形的填充颜色，如图 3-135 所示。选择"修改 > 形状 > 扩展填充"命令，弹出"扩
展填充"对话框，在"距离"选项的数值框中输入 5（取值范围在 0.05～144），点击"扩展"单
选项，如图 3-136 所示。单击"确定"按钮，填充色向外扩展，效果如图 3-137 所示。

图 3-135   图 3-136   图 3-137

2．收缩填充色

选中图形的填充颜色，选择"修改 > 形状 > 扩展填充"命令，弹出"扩展填充"对话框，在"距离"选项的数值框中输入 12（取值范围在 0.05 ~ 144），点击"插入"单选项，如图 3-138 所示，单击"确定"按钮，填充色向内收缩，效果如图 3-139 所示。

图 3-138

图 3-139

3.2.5 柔化填充边缘

1．向外柔化填充边缘

选中图形，如图 3-140 所示，选择"修改 > 形状 > 柔化填充边缘"命令，弹出"柔化填充边缘"对话框，在"距离"选项的数值框中输入 50，在"步骤数"选项的数值框中输入 5，点选"扩展"单选项，如图 3-141 所示，单击"确定"按钮，效果如图 3-142 所示。

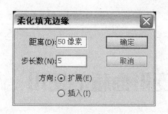

图 3-140   图 3-141   图 3-142

在"柔化填充边缘"对话框中设置不同的数值，所产生的效果也各不相同。

选中图形，选择"修改 > 形状 > 柔化填充边缘"命令，弹出"柔化填充边缘"对话框，在"距离"选项的数值框中输入 30，在"步骤数"选项的数值框中输入 20，点选"扩展"单选项，如图 3-143 所示，单击"确定"按钮，效果如图 3-144 所示。

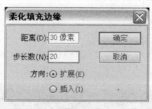

图 3-143   图 3-144

2．向内柔化填充边缘

选中图形，如图 3-145 所示，选择"修改 > 形状 > 柔化填充边缘"命令，弹出"柔化填充边缘"对话框，在"距离"选项的数值框中输入 50，在"步骤数"选项的数值框中输入 5，点选

"插入"单选项，如图 3-146 所示，单击"确定"按钮，效果如图 3-147 所示。

图 3-145

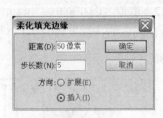
图 3-146

图 3-147

选中图形，选择"修改 > 形状 > 柔化填充边缘"命令，弹出"柔化填充边缘"对话框，在"距离"选项的数值框中输入 30，在"步骤数"选项的数值框中输入 20，点选"插入"单选项，如图 3-148 所示，单击"确定"按钮，效果如图 3-149 所示。

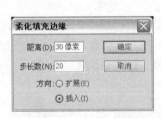
图 3-148

图 3-149

3.3 对齐面板与变形面板的使用

可以应用对齐面板来设置多个对象之间的对齐方式，还可以应用变形面板来改变对象的大小以及倾斜度。

命令介绍

对齐面板：可以将多个图形按照一定的规律进行排列。能够快速地调整图形之间的相对位置、平分间距、对齐方向。

变形面板：可以将图形、组、文本以及实例进行变形。

3.3.1 课堂案例——制作数字按钮

【案例学习目标】使用不同的浮动面板编辑图形。

【案例知识要点】使用矩形工具绘制花瓣元件，使用颜色面板、变形面板、对齐面板来完成按钮的制作，如图 3-150 所示。

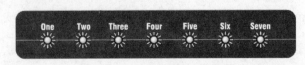
图 3-150

【效果所在位置】光盘/Ch03/效果/制作数字按钮.fla。

1. 制作按钮元件

（1）选择"文件 > 新建"命令，弹出"新建文档"对话框，单击"确定"按钮，进入新建文档舞台窗口。按 Ctrl+F3 组合键，弹出文档"属性"面板，单击"大小"选项后面的按钮，在弹出的对话框中将舞台窗口的宽度设为 650，高度设为 200。

（2）按 Ctrl+L 组合键，调出"库"面板，在"库"面板下方单击"新建元件"按钮■，弹出"创建新元件"对话框，在"名称"选项的文本框中输入"按钮图形"，在"类型"选项中选择"图形"选项，单击"确定"按钮，新建一个图形元件"按钮图形"，如图 3-151 所示，舞台窗口也随之转换为图形元件的舞台窗口。

（3）选择"椭圆"工具■，在工具箱中将"笔触颜色"设为无，"填充颜色"设为深红色（#990000），按住 Shift 键的同时，在舞台窗口中绘制出一个圆形。选中圆形，在形状"属性"面板中将"宽"、"高"选项分别设置为 20，取消对图形的选择，效果如图 3-152 所示。

（4）再次选中图形，按 Ctrl+T 组合键，弹出"变形"面板，单击"约束"选项，将"宽度"选项设为 65，"高度"选项也随之转换为 65，单击"重置选区和变形"按钮■，如图 3-153 所示，新复制出一个圆形，如图 3-154 所示，在工具箱中将"填充颜色"设为白色，新复制出的图形转换为白色，取消对图形的选择，效果如图 3-155 所示。

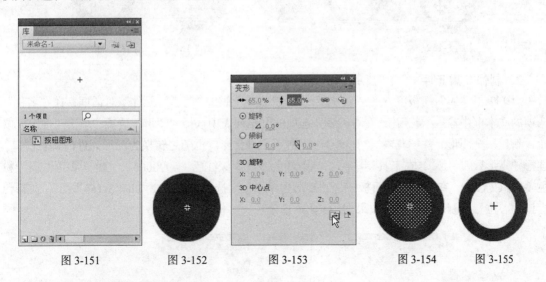

图 3-151　　　　图 3-152　　　　图 3-153　　　　图 3-154　　　图 3-155

（5）选择"窗口 > 颜色"命令，弹出"颜色"面板，在"填充样式"选项的下拉列表中选择"径向填充"，选中色带上左侧的色块，将其设为白色，选中色带上右侧的色块，将其设为粉色（#FD9D99），如图 3-156 所示。

（6）选择"颜料桶"工具■，让工具箱下方的"锁定填充"按钮■呈未被选中状态。在白色圆形上单击鼠标填充渐变色，效果如图 3-157 所示。在文档"属性"面板中将背景颜色设为灰色（此处更换背景颜色是为了下面操作时可以看清白色的图形）。选择"椭圆"工具■，在工具箱中将"笔触颜色"设为黑色，"填充颜色"设为白色，在椭圆工具"属性"面板中将"笔触高度"选项设为 1，按住 Shift 键的同时，在舞台窗口中绘制出一个圆形。

（7）选择"线条"工具■，在圆形中间绘制一条斜线。选择"选择"工具■，将鼠标放置在斜线的下方，鼠标光标出现圆弧■，将斜线向上拖曳，斜线转换为弧线，效果如图 3-158 所示。

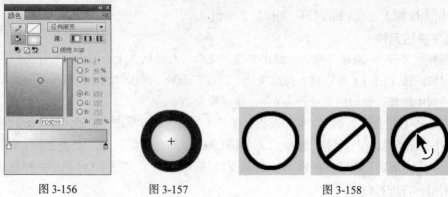

图 3-156　　　　　　图 3-157　　　　　　　　　　图 3-158

（8）选中弧线上方的白色图形，如图 3-159 所示，将图形移动到圆形边线的外面，按 Ctrl+G 组合键，对其进行组合，效果如图 3-160 所示。将白色图形移动到渐变图形的上方，选择"任意变形"工具，在白色图形上出现控制点，向内拖曳控制点来缩小白色图形，效果如图 3-161 所示，删除剩余的黑色边线，效果如图 3-162 所示。

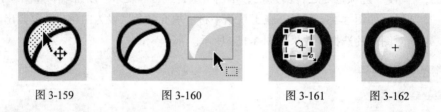

图 3-159　　　　　　图 3-160　　　　　　图 3-161　　　　　图 3-162

2．制作花瓣元件

（1）单击"库"面板下方的"新建元件"按钮，弹出"创建新元件"对话框，在"名称"选项的文本框中输入"花瓣"，在"类型"选项的下拉列表中选择"图形"选项，单击"确定"按钮，新建一个图形元件"花瓣"，如图 3-163 所示，舞台窗口也随之转换为图形元件的舞台窗口。选择"矩形"工具，在工具箱中将"笔触颜色"设为深红色（#990000），"填充颜色"设为粉色（#FFCCCC），在"属性"面板中将"矩形边角半径"选项设为 50，如图 3-164 所示，在舞台窗口中心位置绘制圆角矩形，效果如图 3-165 所示。

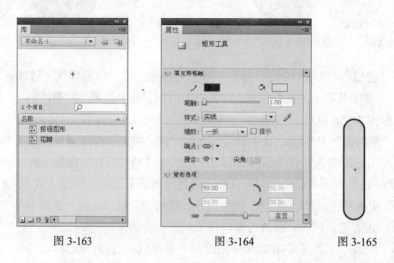

图 3-163　　　　　　　　图 3-164　　　　　　　　图 3-165

（2）双击"库"面板中的"按钮图形"元件的图标，舞台窗口转换到"按钮图形"元件的舞台窗口。单击"时间轴"面板下方的"新建图层"按钮，将"库"面板中的图形元件"花瓣"拖曳到按钮上，如图 3-166 所示。选择"任意变形"工具，图形上出现控制点，将中心控制点拖曳到控制框下方中间的控制点上，如图 3-167 所示。

（3）选择"变形"面板，将"旋转"选项设为 30，单击"重制选区和变形"按钮，如图 3-168 所示，花瓣图形被复制。多次单击"重制选区和变形"按钮，复制出多个花瓣图形，效果如图 3-169 所示。在"时间轴"面板中将"图层 2"拖曳到"图层 1"的下方，如图 3-170 所示，按钮图形效果如图 3-171 所示。

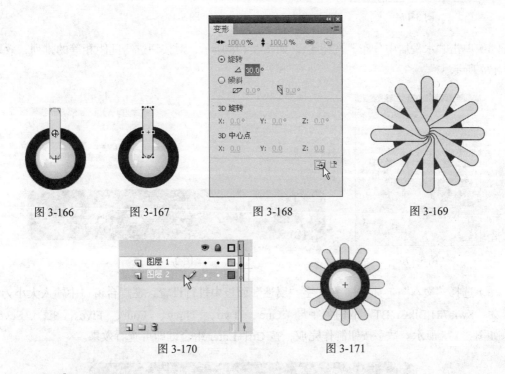

图 3-166　　　　图 3-167　　　　　　图 3-168　　　　　　　图 3-169

图 3-170　　　　　　　　　图 3-171

3．编辑元件

（1）单击舞台窗口左上方的"场景 1"图标，进入"场景 1"的舞台窗口。选择"文件 > 导入 > 导入到舞台"命令，在弹出的"导入"对话框中选择"Ch03 > 素材 > 制作数字按钮 > 01"文件，单击"打开"按钮，图形被导入到舞台窗口中，将其拖曳到中心位置，效果如图 3-172 所示。

（2）将"库"面板中的图形元件"按钮图形"拖曳到舞台窗口中，成为实例，复制 6 次按钮实例并将其水平放置，效果如图 3-173 所示。

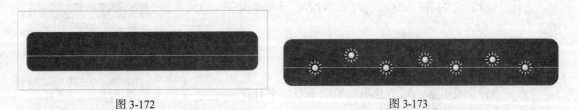

图 3-172　　　　　　　　　　　　　　图 3-173

（3）选中舞台窗口中的所有按钮，按 Ctrl+K 组合键，弹出"对齐"面板，单击"上对齐"按钮，如图 3-174 所示，对所有按钮的顶部进行对齐，效果如图 3-175 所示。

图 3-174

图 3-175

（4）单击"水平居中分布"按钮 ⟨⟩，如图 3-176 所示，对按钮进行间距相等的排列，效果如图 3-177 所示。

图 3-176

图 3-177

（5）选择"文本"工具 T ，在文字"属性"面板中进行设置，在舞台窗口中输入大小为 18，字体为"Swis721 BlkCn BT"的白色字母"One、 Two、 Three、 Four、 Five、 Six 、Seven"，效果如图 3-178 所示。数字按钮制作完成，按 Ctrl+Enter 组合键即可查看效果。

图 3-178

3.3.2 对齐面板

选择"窗口 > 对齐"命令，弹出"对齐"面板，如图 3-179 所示。

1. "对齐"选项组

"左对齐"按钮 ：设置选取对象左端对齐。

"水平中齐"按钮 ：设置选取对象沿垂直线中对齐。

"右对齐"按钮 ：设置选取对象右端对齐。

"上对齐"按钮 ：设置选取对象上端对齐。

图 3-179

"垂直中齐"按钮 ：设置选取对象沿水平线中对齐。

"底对齐"按钮：设置选取对象下端对齐。

2．"分布"选项组

"顶部分布"按钮：设置选取对象在横向上上端间距相等。

"垂直居中分布"按钮：设置选取对象在横向上中心间距相等。

"底部分布"按钮：设置选取对象在横向上下端间距相等。

"左侧分布"按钮：设置选取对象在纵向上左端间距相等。

"水平居中分布"按钮：设置选取对象在纵向上中心间距相等。

"右侧分布"按钮：设置选取对象在纵向上右端间距相等。

3．"匹配大小"选项组

"匹配宽度"按钮：设置选取对象在水平方向上等尺寸变形（以所选对象中宽度最大的为基准）。

"匹配高度"按钮：设置选取对象在垂直方向上等尺寸变形（以所选对象中高度最大的为基准）。

"匹配宽和高"按钮：设置选取对象在水平方向和垂直方向同时进行等尺寸变形（同时以所选对象中宽度和高度最大的为基准）。

4．"间隔"选项组

"垂直平均间隔"按钮：设置选取对象在纵向上间距相等。

"水平平均间隔"按钮：设置选取对象在横向上间距相等。

5．"与舞台对齐"选项

"与舞台对齐"复选框：勾选此选项后，上述设置的操作都是以整个舞台的宽度或高度为基准的。

选中要对齐的图形，如图 3-180 所示。单击"上对齐"按钮，图形上端对齐，如图 3-181 所示。

图 3-180

图 3-181

选中要分布的图形，如图 3-182 所示。单击"水平居中分布"按钮，图形在纵向上中心间距相等，如图 3-183 所示。

图 3-182

图 3-183

选中要匹配大小的图形，如图 3-184 所示。单击"匹配高度"按钮，图形在垂直方向上等尺寸变形，如图 3-185 所示。

图 3-184

图 3-185

勾选"与舞台对齐"复选框前后，应用同一个命令所产生的效果不同。选中图形，如图 3-186 所示。单击"左侧分布"按钮，效果如图 3-187 所示。勾选"与舞台对齐"复选框，单击"左侧分布"按钮，效果如图 3-188 所示。

图 3-186

图 3-187

图 3-188

3.3.3 变形面板

选择"窗口 > 变形"命令，弹出"变形"面板，如图 3-189 所示。

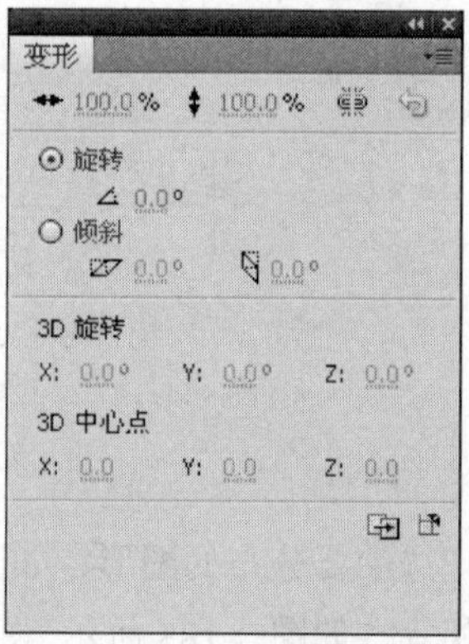

"宽度" ↔ 100.0% 和 "高度" ↕ 100.0% 选项：用于设置图形的宽度和高度。

"约束"按钮：用于约束"宽度"和"高度"选项，使图形能够成比例地变形。

"旋转"选项：用于设置图形的角度。

"倾斜"选项：用于设置图形的水平倾斜或垂直倾斜。

"重置选区和变形"按钮：用于复制图形并将变形设置应用给图形。

"取消变形"按钮：用于将图形属性恢复到初始状态。

"变形"面板中的设置不同，所产生的效果也各不相同。导入一幅图片，如图 3-190 所示。

选中图形，在"变形"面板中将"宽度"选项设为 50，按 Enter 键，确定操作，如图 3-191 所示，图形的宽度被改变，效果如图 3-192 所示。

图 3-189

图 3-190　　　　　　　　　　图 3-191　　　　　　　　　　图 3-192

选中图形，在"变形"面板中单击"约束"按钮，将"宽度"选项设为 50，"高度"选项也随之变为 50，按 Enter 键，确定操作，如图 3-193 所示，图形的宽度和高度成比例地缩小，效果如图 3-194 所示。

图 3-193　　　　　　　　　　　　　　图 3-194

选中图形，在"变形"面板中单击"约束"按钮，将旋转角度设为 30，按 Enter 键，确定操作，如图 3-195 所示，图形被旋转，效果如图 3-196 所示。

图 3-195　　　　　　　　　　　　　　图 3-196

选中图形，在"变形"面板中点选"倾斜"单选项，将水平倾斜设为 40，按 Enter 键，确定操作，如图 3-197 所示，图形进行水平倾斜变形，效果如图 3-198 所示。

选中图形，在"变形"面板中点选"倾斜"单选项，将垂直倾斜设为-20，按 Enter 键，确定操作，如图 3-199 所示，图形进行垂直倾斜变形，效果如图 3-200 所示。

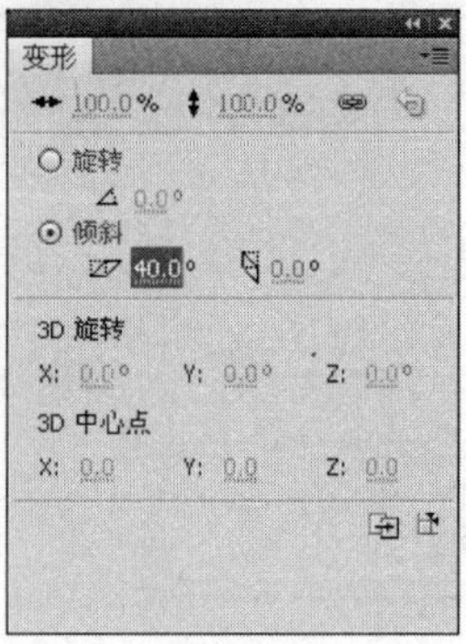

图 3-197

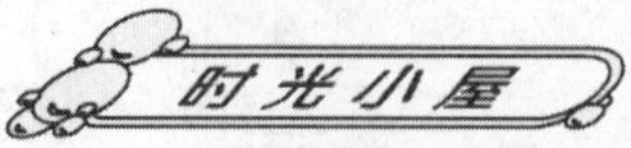

图 3-198

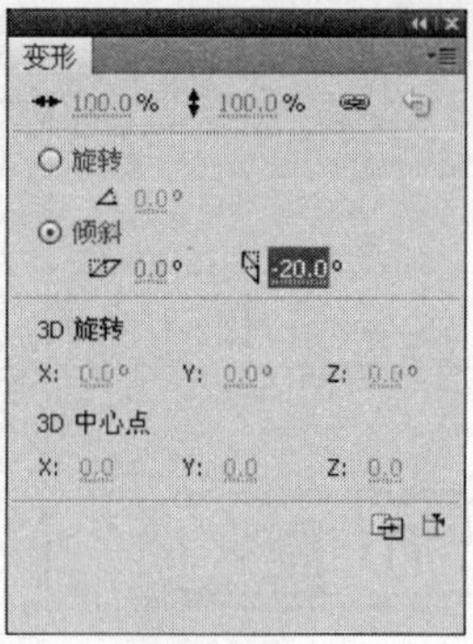

图 3-199

图 3-200

选中图形，在“变形”面板中，将旋转角度设为 60，单击“重置选区和变形”按钮，如图 3-201 所示，图形被复制并沿其中心点旋转了 60°，效果如图 3-202 所示。

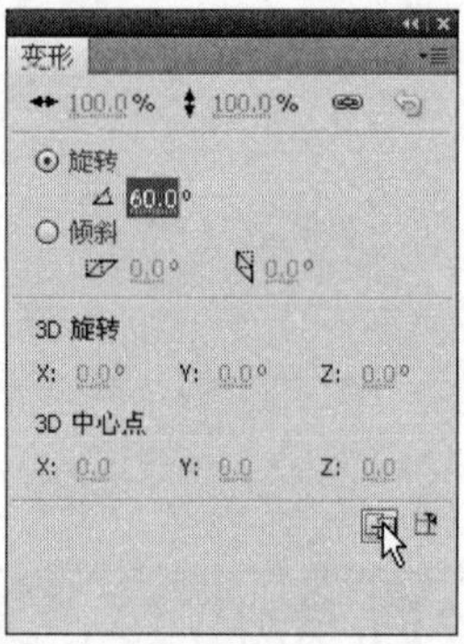

图 3-201

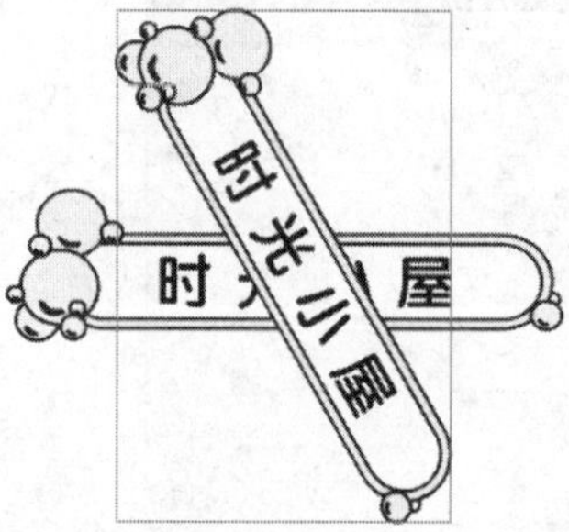

图 3-202

再次单击“重置选区和变形”按钮，图形再次被复制并旋转了 60°，如图 3-203 所示，此时，面板中显示旋转角度为 120°，表示复制出的图形当前角度为 120°，如图 3-204 所示。

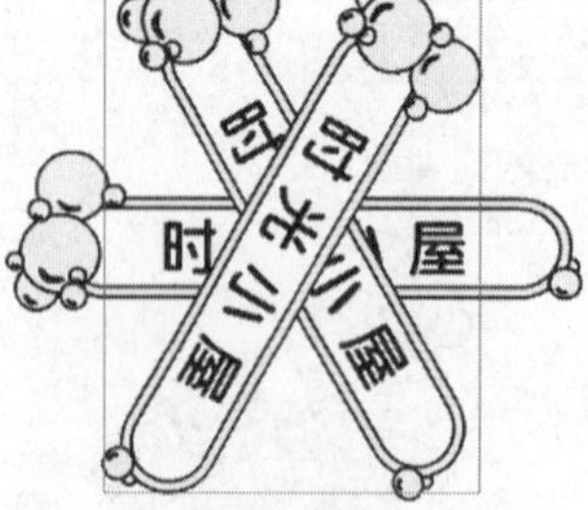

图 3-203

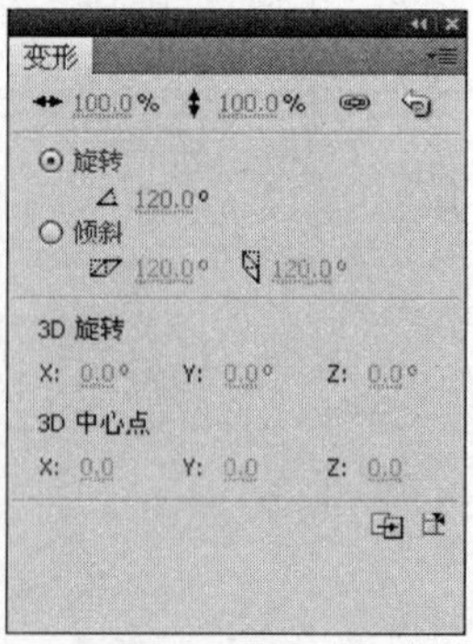

图 3-204

课堂练习——制作鲜花速递网页

【练习知识要点】使用颜色面板、颜料桶工具、任意变形工具和变形面板来完成图形的绘制，如图 3-205 所示。

【效果所在位置】光盘/Ch03/效果/制作鲜花速递网页. fla。

图 3-205

课后习题——制作中秋节网页

【习题知识要点】使用椭圆工具、柔化填充边缘命令、直接复制命令来完成效果的制作，如图 3-206 所示。

【效果所在位置】光盘/Ch03/效果/制作中秋节网页. fla。

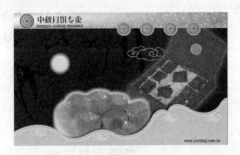

图 3-206

第4章
文本的编辑

Flash CS5 具有强大的文本输入、编辑和处理功能。本章将详细讲解文本的编辑方法和应用技巧。读者通过学习要了解并掌握文本的功能及特点,并能在设计制作任务中充分地利用好文本的效果。

课堂学习目标

- 文本的类型及使用
- 文本的转换

4.1　文本的类型及使用

建立动画时，常需要利用文字更清楚地表达创作者的意图，而建立和编辑文字必须利用 Flash CS5 提供的文字工具才能实现。

命令介绍

文本属性：Flash CS5 为用户提供了集合多种文字调整选项的属性面板，包括字体属性（字体系列、字体大小、样式、颜色、字符间距、自动字距微调和字符位置）和段落属性（对齐、边距、缩进和行距）。

4.1.1　课堂案例——制作心情日记

【案例学习目标】使用属性面板设置文字的属性。

【案例知识要点】使用文字工具输入需要的文字，使用属性面板设置文字的字体、大小、颜色、行距和字符属性，如图 4-1 所示。

【效果所在位置】光盘/Ch04/效果/制作心情日记.fla。

图 4-1

（1）选择"文件 > 新建"命令，弹出"新建文档"对话框，单击"确定"按钮，进入新建文档舞台窗口。按 Ctrl+F3 组合键，弹出文档"属性"面板，单击"大小"选项后面的按钮，在弹出的对话框中将舞台窗口的宽度设为 381，高度设为 340，将背景颜色设为白色。

（2）选择"文件 > 导入 > 导入到舞台"命令，在弹出的"导入到舞台"对话框中选择"Ch04 > 素材 > 制作心情日记 > 01"文件，单击"打开"按钮，文件被导入到舞台窗口中，如图 4-2 所示。选择"文本"工具 T，选择"窗口 > 属性"命令，弹出文本工具"属性"面板，在"属性"面板中进行设置，如图 4-3 所示，在舞台窗口中输入需要的文字，如图 4-4 所示。

图 4-2　　　　　　　　图 4-3　　　　　　　　图 4-4

（3）选择"文本"工具 T，在"属性"面板中进行设置，将文字颜色设为绿色（#336600），如图 4-5 所示，在舞台窗口中输入需要的文字，如图 4-6 所示。

图 4-5　　　　　　　　　　　　　　　　　图 4-6

（4）选中数字"15"后面的数字"0"，如图 4-7 所示，在"属性"面板中单击"切换上标"按钮 **T**，如图 4-8 所示，数字的效果如图 4-9 所示。使用相同的方法将数字"20"后面的数字"0"设置相同的属性，效果如图 4-10 所示。

图 4-7　　　　　　　图 4-8　　　　　　　图 4-9　　　　　　　图 4-10

（5）选择"文本"工具 **T**，在"属性"面板中进行设置，将文字颜色设为黑色，如图 4-11 所示，在舞台窗口中输入需要的文字，如图 4-12 所示。

图 4-11　　　　　　　　　　　　　　　　图 4-12

（6）选中输入的黑色文字，如图 4-13 所示，单击"属性"面板中的"编辑格式选项"按钮 **¶**，在弹出的对话框中进行设置，如图 4-14 所示，单击"确定"按钮，文字效果如图 4-15 所示。心情日记制作完成，按 Ctrl+Enter 组合键即可查看效果，如图 4-16 所示。

图 4-13　　　　　　　图 4-14　　　　　　　图 4-15　　　　　　　图 4-16

4.1.2　创建文本

选择"文本"工具 T，选择"窗口 > 属性"命令，弹出"文本工具"属性面板，如图 4-17 所示。

将鼠标放置在场景中，鼠标光标变为 ┼A。在场景中单击鼠标，出现文本输入光标，如图 4-18 所示。直接输入文字即可，效果如图 4-19 所示。

用鼠标在场景中单击并按住鼠标，向右下角方向拖曳出一个文本框，如图 4-20 所示。松开鼠标，出现文本输入光标，如图 4-21 所示。在文本框中输入文字，文字被限定在文本框中，如果输入的文字较多，会自动转到下一行显示，如图 4-22 所示。

图 4-17

图 4-18　　　　　图 4-19　　　　　　　图 4-20　　　　　　图 4-21　　　　　　图 4-22

用鼠标向左拖曳文本框上方的方形控制点，可以缩小文字的行宽，如图 4-23 所示。向右拖曳控制点可以扩大文字的行宽，如图 4-24 所示。

图 4-23　　　　　　　　　　　图 4-24

双击文本框上方的方形控制点，如图 4-25 所示，文字将转换成单行显示状态，方形控制点转换为圆形控制点，如图 4-26 所示。

图 4-25　　　　　图 4-26

4.1.3　文本属性

文本属性面板如图 4-27 所示。下面对各文字调整选项逐一进行介绍。

图 4-27

1. 设置文本的字体、字体大小、样式和颜色

"字体"选项：设定选定字符或整个文本块的文字字体。

选中文字，如图 4-28 所示，在"文本工具"属性面板中选择"字体"选项，在其下拉列表中选择要转换的字体，如图 4-29 所示，单击鼠标，文字的字体被转换了，效果如图 4-30 所示。

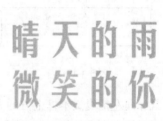

图 4-28　　　　　　　　　图 4-29　　　　　　　　　图 4-30

"字体大小"选项：设定选定字符或整个文本块的文字大小。选项值越大，文字越大。

选中文字，如图 4-31 所示，在"文本工具"属性面板中选择"字体大小"选项，在其数值框中输入设定的数值，或直接用鼠标在文字上拖动来进行设定，如图 4-32 所示，文字的字号变小，如图 4-33 所示。

图 4-31　　　　　　　　　图 4-32　　　　　　　　　图 4-33

"文本（填充）颜色"按钮▇：为选定字符或整个文本块的文字设定颜色。

选中文字，如图 4-34 所示，在"文本工具"属性面板中单击"颜色"按钮，弹出颜色面板，选择需要的颜色，如图 4-35 所示，为文字替换颜色，如图 4-36 所示。

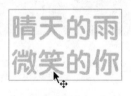

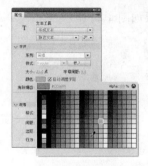

图 4-34　　　　　　　　　　　图 4-35　　　　　　　　　　　图 4-36

提示　文字只能使用纯色，不能使用渐变色。要想为文本应用渐变，必须将该文本转换为组成它的线条和填充。

"改变文本方向"按钮：在其下拉列表中选择需要的选项可以改变文字的排列方向。

选中文字，如图 4-37 所示，单击"改变文本方向"按钮，在其下拉列表中选择"垂直，从左向右"命令，如图 4-38 所示，文字将从左向右排列，效果如图 4-39 所示。如果在其下拉列表中选择"垂直，从右向左"命令，如图 4-40 所示，文字将从右向左排列，效果如图 4-41 所示。

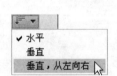

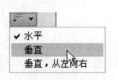

图 4-37　　　　图 4-38　　　　图 4-39　　　　图 4-40　　　　图 4-41

"字母间距"选项：在选定字符或整个文本块的字符之间插入统一的间隔。

设置不同的文字间距，文字的效果如图 4-42 所示。

（a）间距为 0 时效果　　　　（b）缩小间距后效果　　　　（c）扩大间距后效果

图 4-42

"字母间距"选项 字母间距：0.0 ：通过设置需要的数值控制字符之间的相对位置。

"上标"按钮T：可将水平文本放在基线之上或将垂直文本放在基线的右边。

"下标"按钮T：可将水平文本放在基线之下或将垂直文本放在基线的左边。

选中要设置字符位置的文字，选择"上标"选项，文字在基线以上，如图 4-43 所示。

图 4-43

设置不同字符位置，文字的效果如图 4-44 所示。

（a）正常位置　　　　（b）上标位置　　　　（c）下标位置

图 4-44

2. 设置段落

单击"属性"面板中"段落"左侧的三角▷按钮，弹出相应的选项，设置文本段落的格式。
文本排列方式按钮可以将文字以不同的形式进行排列。

"左对齐"按钮▤：将文字以文本框的左边线进行对齐。

"居中对齐"按钮▤：将文字以文本框的中线进行对齐。

"右对齐"按钮▤：将文字以文本框的右边线进行对齐。

"两端对齐"按钮▤：将文字以文本框的两端进行对齐。

选择不同的排列方式，文字排列的效果如图 4-45 所示。

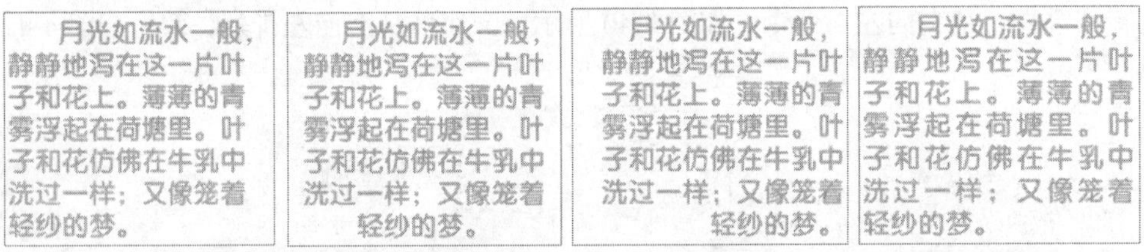

（a）左对齐　　　　（b）居中对齐　　　　（c）右对齐　　　　（d）两端对齐

图 4-45

"缩进"选项⁺▤：用于调整文本段落的首行缩进。

"行距"选项↕▤：用于调整文本段落的行距。

"左边距"选项→▤：用于调整文本段落的左侧间隙。

"右边距"选项▤←：用于调整文本段落的右侧间隙。

选中文本段落，如图 4-46 所示，在"段落"选项中进行设置，如图 4-47 所示，文本段落的格式
发生改变，如图 4-48 所示。

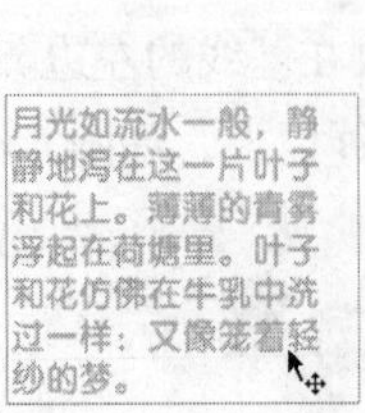

图 4-46　　　　　　　　图 4-47 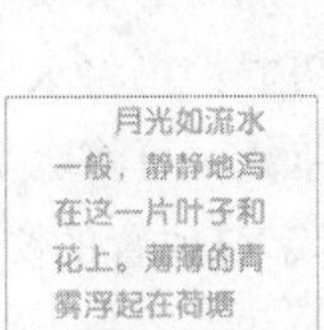　　　　　　　　图 4-48

3. 字体呈现方法

Flash CS4 中有 5 种不同的字体呈现选项，如图 4-49 所示。通过设置可以得到不同的样式。

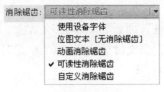

图 4-49

"使用设备字体"：此选项生成一个较小的 SWF 文件。此选项使用最终用户计算机上当前安装的字体来呈现文本。

"位图文本（无消除锯齿）"：此选项生成明显的文本边缘，没有消除锯齿。因为此选项生成的 SWF 文件中包含字体轮廓，所以生成一个较大的 SWF 文件。

"动画消除锯齿"：此选项生成可顺畅进行动画播放的消除锯齿文本。因为在文本动画播放时没有应用对齐和消除锯齿，所以在某些情况下，文本动画还可以更快地播放。在使用带有许多字母的大字体或缩放字体时，可能看不到性能上的提高。因为此选项生成的 SWF 文件中包含字体轮廓，所以生成一个较大的 SWF 文件。

"可读性消除锯齿"：此选项使用高级消除锯齿引擎。此选项提供了品质最高的文本，具有最易读的文本。因为此选项生成的文件中包含字体轮廓，以及特定的消除锯齿信息，所以生成最大的 SWF 文件。

"自定义消除锯齿"：此选项与"可读性消除锯齿"选项相同，但是可以直观地操作消除锯齿参数，以生成特定外观。此选项在为新字体或不常见的字体生成最佳的外观方面非常有用。

4. 设置文本超链接

"链接"选项：可以在选项的文本框中直接输入网址，使当前文字成为超级链接文字。

"目标"选项：可以设置超级链接的打开方式，共有 4 种方式可以选择。

"_blank"：链接页面在新开的浏览器中打开。

"_parent"：链接页面在父框架中打开。

"_self"：链接页面在当前框架中打开。

"_top"：链接页面在默认的顶部框架中打开。

选中文字，如图 4-50 所示，选择文本工具"属性"面板，在"链接"选项的文本框中输入链接的网址，如图 4-51 所示，在"目标"选项中设置好打开方式，设置完成后文字的下方出现下划线，表示已经链接，如图 4-52 所示。

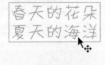
图 4-50

图 4-51

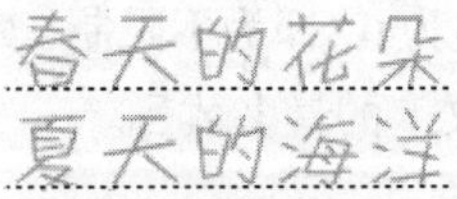

春天的花朵
夏天的海洋
图 4-52

 提示　文本只有在水平方向排列时，超链接功能才可用。当文本为垂直方向排列时，超链接则不可用。

4.1.4　静态文本

选择"静态文本"选项，"属性"面板如图 4-53 所示。

"可选"按钮  ：选择此项，当文件输出为 SWF 格式时，可以对影片中的文字进行选取、复制操作。

图 4-53

4.1.5　动态文本

选择"动态文本"选项，"属性"面板如图 4-54 所示。动态文本可以作为对象来应用。

在"字符"选项组中"实例名称"选项：可以设置动态文本的名称。"将文本呈现为 HTML"选项 ：文本支持 HTML 标签特有的字体格式、超级链接等超文本格式。"在文本周围显示边框"选项 ：可以为文本设置白色的背景和黑色的边框。

在"段落"选项组中的"行为"选项包括：单行、多行和多行不换行。"单行"：文本以单行方式显示。"多行"：如果输入的文本大于设置的文本限制，输入的文本将被自动换行。"多行不换行"：输入的文本为多行时，不会自动换行。

在"选项"选项组中的"变量"选项：可以将该文本框定义为保存字符串数据的变量。此选项需结合动作脚本使用。

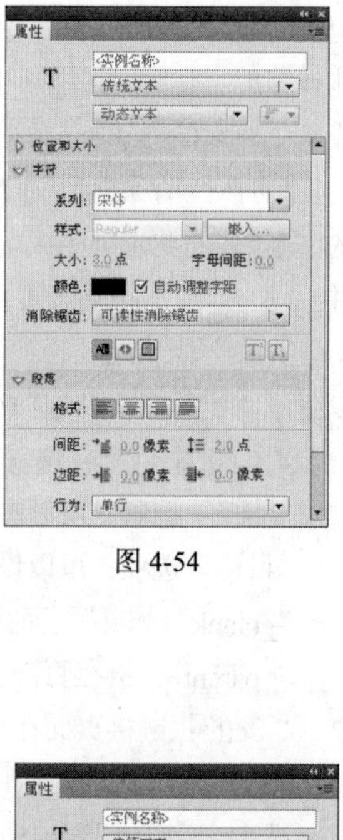

图 4-54

4.1.6　输入文本

选择"输入文本"选项，"属性"面板如图 4-55 所示。

"段落"选项组中的"行为"选项新增加了"密码"选项，选择此选项,当文件输出为 SWF 格式时,影片中的文字将显示为星号****。

"选项"选项组中的"最多字符数"选项，可以设置输入文字的最多数值。默认值为 0，即为不限制。如设置数值，此数值即为输出 SWF影片时，显示文字的最多数目。

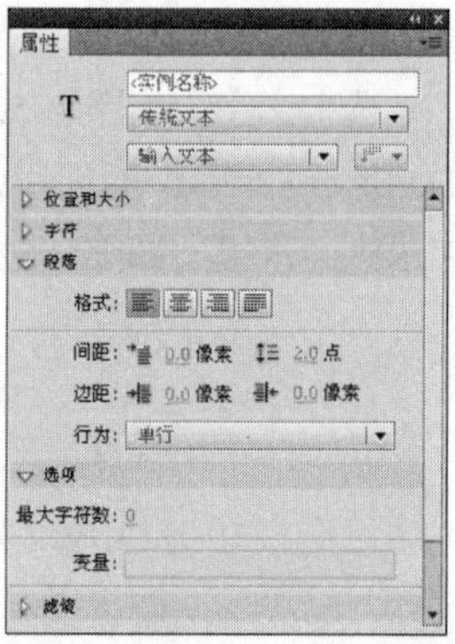

4.1.7　拼写检查

拼写检查功能用于检查文档中的拼写是否有错误。

图 4-55

选择"文本 > 拼写设置"命令，弹出"拼写设置"对话框，如图 4-56 所示。

"文档选项"选项组：用于设定检查的范围，可以设定检查文本、场景、层名称、帧标签、注释等。

"词典"选项组：用于设定在检查中使用的内置词典。

"个人词典"选项组：用于创建用户自己添加单词或短语的个人词典。

"检查选项"选项组：用于设定在检查过程中处理特定单词和字符类型所使用的方式。

选择"文本"工具 <u>T</u>，在场景中输入文字，如图 4-57 所示。选择"文本 > 拼写检查"命令，弹出"检查拼写"对话框，在对话框中标示出了拼写错误的单词，如图 4-58 所示。

在对话框中单击"更改"按钮，对检查出的单词进行更改，弹出提示对话框，如图 4-59 所示，单击"确定"按钮，拼写检查完成，如图 4-60 所示。

图 4-56

The bookt cover is red.

图 4-57 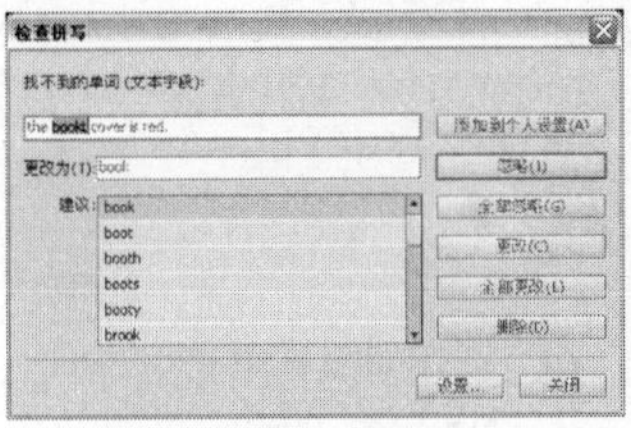　　　　　　图 4-58 　　　　　　图 4-59 　　　　　　图 4-60

Adobe Flash CS5

拼写检查完成。

The book cover is red.

4.2　文本的转换

在 Flash CS3 中输入文本后，可以根据设计制作的需要对文本进行编辑，如对文本进行变形处理或为文本填充渐变色。

命令介绍

封套命令：可以将文本进行变形处理。

颜色面板：可以为文本填充颜色或渐变色。

4.2.1　课堂案例——绘制标志

【案例学习目标】使用变形文本和填充文本命令对文字进行变形。

【案例知识要点】使用文字工具输入需要的文字，使用封套命令对文字进行变形，使用颜色面板为文字添加渐变色，使用墨水瓶工具为文字添加描边效果，如图 4-61 所示。

【效果所在位置】光盘/Ch04/效果/绘制标志.fla。

（1）选择"文件 > 新建"命令，弹出"新建文档"对话框，单击"确定"按钮，进入新建文档舞台窗口。按 Ctrl+F3 组合键，弹出

图 4-61

文档"属性"面板，单击"大小"选项后面的按钮，在弹出的对话框中将舞台窗口的宽度设为 384，高度设为 384，将背景颜色设为白色。

（2）选择"文件 > 导入 > 导入到舞台"命令，在弹出的"导入"对话框中选择"Ch04 > 素材 > 绘制标志 > 01"文件，单击"打开"按钮，文件被导入到舞台窗口中，将其拖曳到窗口的中心位置，如图 4-62 所示。

（3）单击"时间轴"面板下方的"新建图层"按钮，创建新图层并将其命名为"文字"。选择"文本"工具 ，在文字"属性"面板中进行设置，如图 4-63 所示，在舞台窗口中输入需要的黑色文字，效果如图 4-64 所示。按两次 Ctrl+B 组合键，将文字打散。

图 4-62   图 4-63   图 4-64

（4）选择"修改 > 变形 > 封套"命令，在文字图形上出现控制点，如图 4-65 所示。将鼠标放在右上方的控制点上，光标变为 ，用鼠标拖曳控制点，如图 4-66 所示，调整文字图形上的其他控制点，使文字图形产生相应的变形，效果如图 4-67 所示。

（5）选择"选择"工具 ，选择"窗口 > 颜色"命令，弹出"颜色"面板，在"颜色类型"选项的下拉列表中选择"线性渐变"，选中色带上左侧的色块，将其设为浅蓝色（#99A4FF），选中色带上左侧的色块，将其设为深蓝色（#000A5E），如图 4-68 所示，文字的渐变色效果如图 4-69 所示。

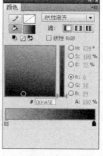

图 4-65   图 4-66   图 4-67   图 4-68   图 4-69

（6）选择"墨水瓶"工具 ，在"属性"面板中将"笔触颜色"设为白色，"笔触大小"设为 3，如图 4-70 所示，鼠标光标变为 ，在"C"文字外侧单击鼠标，为文字图形添加设置好的边线。使用相同的方法为其他文字添加描边，效果如图 4-71 所示。选中所有文字，按 Ctrl+G 组合键，组合文字。标志绘制完成，按 Ctrl+Enter 组合键即可查看效果，如图 4-72 所示。

图 4-70   图 4-71   图 4-72

4.2.2　变形文本

选中文字，如图 4-73 所示，按 2 次 Ctrl+B 组合键，将文字打散，如图 4-74 所示。

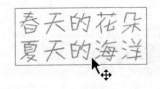

图 4-73   图 4-74

选择"修改 > 变形 > 封套"命令，在文字的周围出现控制点，如图 4-75 所示，拖动控制点，改变文字的形状，如图 4-76 所示，变形完成后文字效果如图 4-77 所示。

图 4-75   图 4-76   图 4-77

4.2.3　填充文本

选中文字，如图 4-78 所示，按 2 次 Ctrl+B 组合键，将文字打散，如图 4-79 所示。

图 4-78   图 4-79

选择"窗口 > 颜色"命令，弹出"颜色"面板，在"类型"选项中选择"线性"，在颜色设置条上设置渐变颜色，如图 4-80 所示，文字效果如图 4-81 所示。

图 4-80

图 4-81

选择"墨水瓶"工具，在墨水瓶工具"属性"面板中，设置线条的颜色和笔触高度，如图 4-82 所示，在文字的外边线上单击，为文字添加外边框，如图 4-83 所示。

图 4-82

图 4-83

课堂练习——制作变形文字

【练习知识要点】使用文本工具输入文字，使用封套命令对文字进行变形，如图 4-84 所示。

【效果所在位置】光盘/Ch04/效果/制作变形文字.fla。

图 4-84

课后习题——制作卡片文字

【习题知识要点】使用文本工具输入文字，使用属性面板设置文字的字体、大小、颜色、行距和字符设置，如图 4-85 所示。

【效果所在位置】光盘/Ch04/效果/制作卡片文字.fla。

图 4-85

第5章
外部素材的应用

Flash CS5 可以导入外部的图像和视频素材来增强画面效果。本章将介绍导入外部素材以及设置外部素材属性的方法。读者通过学习要了解并掌握如何应用 Flash CS5 的强大功能来处理和编辑外部素材，使其与内部素材充分结合，从而制作出更加生动的动画作品。

课堂学习目标

- 图像素材的应用
- 视频素材的应用

5.1 图像素材的应用

Flash 可以导入各种文件格式的矢量图形和位图。

命令介绍

转换位图为矢量图：相比于位图而言，矢量图具有容量小、放大无失真等优点，Flash CS5 提供了把位图转换为矢量图的方法，简单有效。

5.1.1 课堂案例——制作冰酷饮料广告

【案例学习目标】使用转换位图为矢量图命令制作图像的转换。

【案例知识要点】使用转换位图为矢量图命令将位图转换为矢量图形，使用任意变形工具调整图片的大小，使用文本工具输入需要的文字，如图 5-1 所示。

【效果所在位置】光盘/Ch05/效果/制作冰酷饮料广告.fla。

图 5-1

1. 导入图片并转换为矢量图

（1）选择"文件 > 新建"命令，弹出"新建文档"对话框，单击"确定"按钮，进入新建文档舞台窗口。按 Ctrl+F3 组合键，弹出文档"属性"面板，将背景颜色设为蓝色（#3399FF）。

（2）选择"文件 > 导入 > 导入到库"命令，在弹出的"导入到库"对话框中选择"Ch05 > 素材 > 绘制冰酷饮料广告 > 01、02、03"文件，单击"打开"按钮，文件被导入到"库"面板中，如图 5-2 所示。

（3）在"库"面板下方单击"新建元件"按钮，弹出"创建新元件"对话框，在"名称"选项的文本框中输入"背景图"，在"类型"选项的下拉列表中选择"图形"选项，单击"确定"按钮，新建图形元件"背景图"，如图 5-3 所示，舞台窗口也随之转换为图形元件的舞台窗口。

（4）将"库"面板中的位图"01"拖曳到舞台窗口中，选择"任意变形"工具，将其调整到适合舞台窗口的大小。选择"修改 > 位图 > 转换位图为矢量图"命令，弹出"转换位图为矢量图"对话框，在对话框中进行设置，如图 5-4 所示，单击"确定"按钮，效果如图 5-5 所示。

图 5-2　　　　图 5-3

图 5-4

图 5-5

2．在场景中编辑元件

（1）单击舞台窗口左上方的"场景 1"图标 ，进入"场景 1"的舞台窗口。将"图层 1"重新命名为"底图"。将"库"面板中的图形元件"背景图"拖曳到舞台窗口中，调出图形"属性"面板，分别将"宽"、"高"选项设为 550、400，舞台窗口中的效果如图 5-6 所示。

（2）单击"时间轴"面板下方的"新建图层"按钮 ，创建新图层并将其命名为"瓶子"。将"库"面板中的图形元件"02"拖曳到舞台窗口中，选择"任意变形"工具 ，将"瓶子"实例调整到适当的大小，效果如图 5-7 所示。

（3）单击"时间轴"面板下方的"新建图层"按钮 ，创建新图层并将其命名为"文字"。将"库"面板中的图形元件"03"拖曳到舞台窗口的右上方，效果如图 5-8 所示。冰酷饮料广告制作完成，按 Ctrl+Enter 组合键即可查看效果，如图 5-9 所示。

图 5-6　　　　　　　图 5-7　　　　　　　图 5-8　　　　　　　图 5-9

5.1.2　图像素材的格式

Flash CS3 可以导入各种文件格式的矢量图形和位图。矢量格式包括：FreeHand 文件、Adobe Illustrator 文件、EPS 文件或 PDF 文件。位图格式包括：JPG、GIF、PNG、BMP 等格式。

FreeHand 文件：在 Flash 中导入 FreeHand 文件时，可以保留层、文本块、库元件和页面，还可以选择要导入的页面范围。

Illustrator 文件：此文件支持对曲线、线条样式和填充信息的非常精确的转换。

EPS 文件或 PDF 文件：可以导入任何版本的 EPS 文件以及 1.4 版本或更低版本的 PDF 文件。

JPG 格式：是一种压缩格式，可以应用不同的压缩比例对文件进行压缩。压缩后，文件质量损失小，文件量大大降低。

GIF 格式：即位图交换格式，是一种 256 色的位图格式，压缩率略低于 JPG 格式。

PNG 格式：能把位图文件压缩到极限以利于网络传输，能保留所有与位图品质有关的信息。PNG 格式支持透明位图。

BMP 格式：在 Windows 环境下使用最为广泛，而且使用时最不容易出问题。但由于文件量较大，一般在网上传输时，不考虑该格式。

5.1.3　导入图像素材

Flash CS3 可以识别多种不同的位图和向量图的文件格式，可以通过导入或粘贴的方法将素材引入到 Flash CS3 中。

1. 导入到舞台

（1）导入位图到舞台：当导入位图到舞台上时，舞台上显示出该位图，位图同时被保存在"库"面板中。

选择"文件 > 导入 > 导入到舞台"命令，弹出"导入"对话框，在对话框中选中要导入的位图图片"01"，如图 5-10 所示，单击"打开"按钮，弹出提示对话框，如图 5-11 所示。

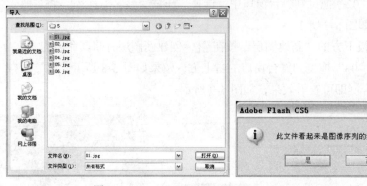

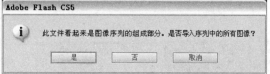

图 5-10   图 5-11

当单击"否"按钮时，选择的位图图片"01"被导入到舞台上，这时，舞台、"库"面板和"时间轴"所显示的效果如图 5-12、图 5-13、图 5-14 所示。

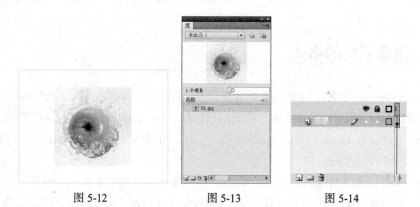

图 5-12   图 5-13   图 5-14

当单击"是"按钮时，位图图片 01～05 全部被导入到舞台上，这时，舞台、"库"面板和"时间轴"所显示的效果如图 5-15、图 5-16、图 5-17 所示。

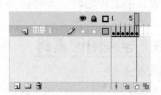

图 5-15   图 5-16   图 5-17

提示 可以用各种方式将多种位图导入到 Flash CS5 中,并且可以从 Flash CS5 中启动 Fireworks 或其他外部图像编辑器,从而在这些编辑应用程序中修改导入的位图。可以对导入位图应用压缩和消除锯齿功能,以控制位图在 Flash CS5 中的大小和外观,还可以将导入位图作为填充应用到对象中。

(2)导入矢量图到舞台:当导入矢量图到舞台上时,舞台上显示该矢量图,但矢量图并不会被保存到"库"面板中。

选择"文件 > 导入 > 导入到舞台"命令,弹出"导入"对话框,在对话框中选中需要的文件,如图 5-18 所示,单击"打开"按钮,弹出"将'11.ai'导入到舞台"对话框,如图 5-19 所示,单击"确定"按钮,矢量图被导入到舞台上,如图 5-20 所示。此时,查看"库"面板,并没有保存矢量图"花朵图案"。

图 5-18

图 5-19

图 5-20

2．导入到库

(1)导入位图到库:当导入位图到"库"面板时,舞台上不显示该位图,只在"库"面板中进行显示。

选择"文件 > 导入 > 导入到库"命令,弹出"导入到库"对话框,在对话框中选中"04"文件,如图 5-21 所示,单击"打开"按钮,位图被导入到"库"面板中,如图 5-22 所示。

图 5-21

图 5-22

(2)导入矢量图到库:当导入矢量图到"库"面板时,舞台上不显示该矢量图,只在"库"面板中进行显示。

选择"文件 > 导入 > 导入到库"命令,弹出"导入到库"对话框,在对话框中选中"04"文件,如图 5-23 所示,单击"打开"按钮,弹出"将'04.ai'导入到库"对话框,如图 5-24 所示，单击"确定"按钮，矢量图被导入到"库"面板中，如图 5-25 所示。

| 图 5-23 | 图 5-24 | 图 5-25 |

3. 外部粘贴

可以将其他程序或文档中的位图粘贴到 Flash CS5 的舞台中，其方法为：在其他程序或文档中复制图像，选中 Flash CS5 文档，按 Ctrl+V 组合键，将复制的图像进行粘贴，图像出现在 Flash CS5 文档的舞台中。

5.1.4 设置导入位图属性

对于导入的位图，用户可以根据需要消除锯齿从而平滑图像的边缘，或选择压缩选项以减小位图文件的大小，以及格式化文件以便在 Web 上显示。这些变化都需要在"位图属性"对话框中进行设定。

在"库"面板中双击位图图标，如图 5-26 所示，弹出"位图属性"对话框，如图 5-27 所示。

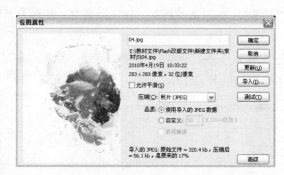

| 图 5-26 | 图 5-27 |

位图浏览区域：对话框的左侧为位图浏览区域，将鼠标放置在此区域，光标变为手形 ，拖动鼠标可移动区域中的位图。

位图名称编辑区域：对话框的上方为名称编辑区域，可以在此更换位图的名称。

位图基本情况区域：名称编辑区域下方为基本情况区域，该区域显示了位图的创建日期、文件大小、像素位数以及位图在计算机中的具体位置。

"允许平滑"选项：利用消除锯齿功能平滑位图边缘。

"压缩"选项：设定通过何种方式压缩图像，它包含以下 2 种方式。"照片 (JPEG)"：以 JPEG 格式压缩图像，可以调整图像的压缩比。"无损 (PNG/GIF)"：将使用无损压缩格式压缩图像，这样不会丢失图像中的任何数据。

　　"使用导入的 JPEG 数据"选项：点选此选项，则位图应用默认的压缩品质。点选"自定义"选项，可以右侧的文本框中输入介于 1~100 的一个值，以指定新的压缩品质，如图 5-28 所示。输入的数值设置越高，保留的图像完整性越大，但是产生的文件量大小也越大。

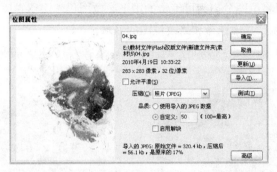

图 5-28

　　"更新"按钮：如果此图片在其他文件中被更改了，单击此按钮进行刷新。

　　"导入"按钮：可以导入新的位图，替换原有的位图。单击此按钮，弹出"导入位图"对话框，在对话框中选中要进行替换的位图，如图 5-29 所示，单击"打开"按钮，原有位图被替换，如图 5-30 所示。

图 5-29

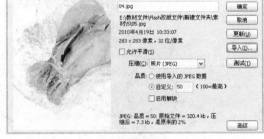

图 5-30

　　"测试"按钮：单击此按钮可以预览文件压缩后的结果。

　　在"自定义"选项的数值框中输入数值，如图 5-31 所示，单击"测试"按钮，在对话框左侧的位图浏览区域中，可以观察压缩后的位图质量效果，如图 5-32 所示。

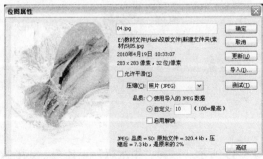

图 5-31

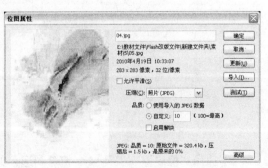

图 5-32

当"位图属性"对话框中的所有选项设置完成后，单击"确定"按钮即可。

5.1.5　将位图转换为图形

使用 Flash CS5 可以将位图分离为可编辑的图形，位图仍然保留它原来的细节。分离位图后，可以使用绘画工具和涂色工具来选择和修改位图的区域。

在舞台中导入位图，如图 5-33 所示。选中位图，选择"修改 > 分离"命令，将位图打散，如图 5-34 所示。

图 5-33　　　　　　　　　　　　图 5-34

对打散后的位图进行编辑的方法如下：

（1）选择"刷子"工具 ，在位图上进行绘制，如图 5-35 所示。若未将图形分离，绘制线条后，线条将在位图的下方显示， 如图 5-36 所示。

图 5-35　　　　　　　　　　　　图 5-36

（2）选择"选择"工具 ，直接在打散后的图形上拖曳，改变图形形状或删减图形，如图 5-37、图 5-38 所示。

图 5-37　　　　　　　　　　　　图 5-38

（3）选择"橡皮擦"工具 ，擦除图形，如图 5-39 所示。选择"墨水瓶"工具 ，为图形添加外边框，如图 5-40 所示。

图 5-39　　　　　　　　　　　图 5-40

（4）选择"套索"工具，选中工具箱下方的"魔术棒"按钮，在图形的蓝色上单击鼠标，将图形上的蓝色部分选中，如图 5-41 所示，按 Delete 键，删除选中的图形，如图 5-42 所示。

图 5-41　　　　　　　　　　　图 5-42

提示　将位图转换为图形后，图形不再链接到"库"面板中的位图组件。也就是说，当修改打散后的图形时不会对"库"面板中相应的位图组件产生影响。

5.1.6　将位图转换为矢量图

选中位图，如图 5-43 所示，选择"修改 > 位图 > 转换位图为矢量图"命令，弹出"转换位图为矢量图"对话框，设置数值后，如图 5-44 所示，单击"确定"按钮，位图转换为矢量图，如图 5-45 所示。

图 5-43　　　　　　　　　图 5-44　　　　　　　　　图 5-45

"颜色阈值"选项：设置将位图转化成矢量图形时的色彩细节。数值的输入范围为 0～500，该值越大，图像越细腻。

"最小区域"选项：设置将位图转化成矢量图形时色块的大小。数值的输入范围为 0～1000，该值越大，色块越大。

"曲线拟合"选项：设置在转换过程中对色块处理的精细程度。图形转化时边缘越光滑，对原图像细节的失真程度越高。

　　"角阈值"选项：定义角转化的精细程度。

　　在"转换位图为矢量图"对话框中，设置不同的数值，所产生的效果也不相同，如图 5-46 所示。

图 5-46

　　将位图转换为矢量图形后，可以应用"颜料桶"工具为其重新填色。

　　选择"颜料桶"工具，将填充颜色设置为绿色，在图形的背景区域单击，将背景区域填充为绿色，如图 5-47 所示。

　　将位图转换为矢量图形后，还可以用"吸管工具"对图形进行采样，然后将其用做填充。

　　选择"吸管工具"，光标变为，在绿色的叶子上单击，吸取绿色的色彩值，如图 5-48 所示，吸取后，光标变为，在黄色花朵上单击，用绿色进行填充，将黄色区域全部转换为绿色，如图 5-49 所示。

图 5-47 图 5-48 图 5-49

5.2 视频素材的应用

　　在 Flash CS3 中，可以导入外部的视频素材并将其应用到动画作品中，也可以根据需要导入不同格式的视频素材并设置视频素材的属性。

命令介绍

　　导入视频：可以将需要的视频素材导入到动画中，并对其进行适当的变形。

5.2.1　课堂案例——制作摄像机广告

【案例学习目标】使用变形工具调整图片的大小，使用导入命令导入视频。

【案例知识要点】使用任意变形工具调整图片的大小。使用导入命令导入视频，如图 5-50 所示。

【效果所在位置】光盘/Ch05/效果/制作摄像机广告.fla。

图 5-50

（1）选择"文件 > 新建"命令，弹出"新建文档"对话框，单击"确定"按钮，进入新建文档舞台窗口。按 Ctrl+F3 组合键，弹出文档"属性"面板，单击"大小"选项后面的按钮，在弹出的对话框中将舞台窗口的宽度设为 600，高度设为 300，将背景颜色设为白色。将"FPS"选项设为 12。

（2）选择"文件 > 导入 > 导入到舞台"命令，在弹出的"导入"对话框中选择"Ch05 > 素材 > 制作摄像机广告 > 01"文件，单击"打开"按钮，文件被导入到舞台窗口中，效果如图 5-51 所示。将"图层 1"重新命名为"背景图"。

图 5-51

（3）单击"时间轴"面板下方的"新建图层"按钮，创建新图层并将其命名为"视频"。选择"文件 > 导入 > 导入视频"命令，在弹出的"导入视频"对话框中单击"浏览"按钮，在弹出的"打开"对话框中选择"Ch05 > 素材 > 制作摄像机广告 > 02"文件，如图 5-52 所示，选取需要的素材，单击"打开"按钮，返回到"导入视频"对话框中，点选"在 SWF 中嵌入 FLV 并在时间轴中播放"选项，如图 5-53 所示。

图 5-52

图 5-53

（4）单击"下一个"按钮，弹出"嵌入"对话框，对话框中的设置如图 5-54 所示。

（5）单击"下一个"按钮，弹出"完成视频导入"对话框，如图 5-55 所示，单击"完成"按钮完成视频的导入，"02"视频被导入到"库"中，如图 5-56 所示。

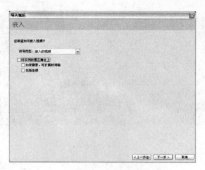

图 5-54　　　　　　　　　　图 5-55　　　　　　　　　图 5-56

（6）将"库"面板中的"02"视频拖曳到舞台窗口中，"时间轴"面板如图 5-57 所示。选择"背景图"图层的第 202 帧，按 F5 键，在该帧上插入普通帧，如图 5-58 所示。选中舞台窗口中的视频实例，选择"任意变形"工具，在视频的周围出现控制点，将光标放在视频右上方的控制点上，光标变为，按住鼠标不放，向中间拖曳控制点，松开鼠标，视频缩小。将光标放在视频右上方控制点的外侧，光标变为，拖动鼠标旋转视频，效果如图 5-59 所示，在舞台窗口的任意位置单击鼠标即可。

图 5-57　　　　　　　　　　图 5-58　　　　　　　　　图 5-59

（7）选中"视频"图层。单击"时间轴"面板下方的"新建图层"按钮，创建新图层并将其命名为"摄像机"，如图 5-60 所示。选择"文件 > 导入 > 导入到舞台"命令，在弹出的"导入到舞台"对话框中选择"Ch05 > 素材 > 制作摄像机广告 > 03"文件，单击"打开"按钮，文件被导入到舞台窗口中，如图 5-61 所示。

（8）选择"任意变形"工具，在摄像机的周围出现控制点，用与调整视频相同的方法将摄像机图片放大，并拖曳到适当的位置，效果如图 5-62 所示。摄像机广告制作完成，按 Ctrl+Enter 组合键即可查看效果。

图 5-60　　　　　　　　　　图 5-61　　　　　　　　　图 5-62

5.2.2　视频素材的格式

在 Flash CS3 中可以导入 MOV（QuickTime 影片）、AVI（音频视频交叉文件）和 MPG/MPEG（运动图像专家组文件）格式的视频素材，最终将带有嵌入视频的 Flash CS3 文档以 SWF 格式的文件发布，或将带有链接视频的 Flash CS3 文档以 MOV 格式的文件发布。

5.2.3　导入视频素材

Macromedia Flash Video（FLV）文件可以导入或导出带编码音频的静态视频流。适用于通讯应用程序，例如视频会议或包含从 Adobe 的 Macromedia Flash Media Server 中导出的屏幕共享编码数据的文件。

要导入 FLV 格式的文件，可以选择"文件 > 导入 > 导入到舞台"命令，在弹出的"导入"对话框中选择要导入的 FLV 影片，如图 5-63 所示，单击"打开"按钮，弹出"选择视频"对话框，在对话框中点择"从 SWF 中嵌入 FLV 并在时间轴中播放"选项，如图 5-64 所示，单击"下一步"按钮。

图 5-63　　　　　　　　　　　　　图 5-64

进入"嵌入"对话框，如图 5-65 所示。单击"下一步"按钮，弹出"完成视频导入"对话框，如图 5-66 所示，单击"完成"按钮完成视频的编辑，效果如图 5-67 所示。

图 5-65　　　　　　　　图 5-66　　　　　　　　图 5-67

此时，"时间轴"和"库"面板中的效果如图 5-68、图 5-69 所示。

图 5-68   图 5-69

5.2.4　视频的属性

在属性面板中可以更改导入视频的属性。选中视频，选择"窗口 > 属性"命令，弹出视频"属性"面板，如图 5-70 所示。

图 5-70

"实例名称"选项：可以设定嵌入视频的名称。

"宽"、"高"选项：可以设定视频的宽度和高度。

"X"、"Y"选项：可以设定视频在场景中的位置。

"交换"按钮：单击此按钮，弹出"交换视频"对话框，可以将视频剪辑与另一个视频剪辑交换。

课堂练习——制作城市宣传画

【练习知识要点】使用转换位图为矢量图命令、文本工具来完成效果的制作，如图 5-71 所示。

【效果所在位置】光盘/Ch05/效果/制作城市宣传画.Fla。

图 5-71

课堂练习——制作视频播放器

【练习知识要点】使用新建文件夹按钮、动作面板来完成效果的制作，如图 5-72 所示。

【效果所在位置】光盘/Ch05/效果/制作视频播放器. fla。

图 5-72

课后习题——制作婚礼视频

【习题知识要点】使用任意变形工具调整图片的大小，使用导入命令导入视频，如图 5-73 所示。

【效果所在位置】光盘/Ch05/效果/制作婚礼视频. fla。

图 5-73

第6章
元件和库

在 Flash CS5 中，元件起着举足轻重的作用。通过重复应用元件，可以提高工作效率、减少文件量。本章讲解了元件的创建、编辑、应用，以及库面板的使用方法。读者通过学习要了解并掌握如何应用元件的相互嵌套及重复应用来制作出变化无穷的动画效果。

课堂学习目标

- 元件与库面板
- 实例的创建与应用

6.1 元件与库面板

元件就是可以被不断重复使用的特殊对象符号。当不同的舞台剧幕上有相同的对象进行表演时，用户可先建立该对象的元件，需要时只需在舞台上创建该元件的实例即可。在 Flash CS5 文档的库面板中可以存储创建的元件以及导入的文件。只要建立 Flash CS 5 文档，就可以使用相应的库。

命令介绍

元件：在 Flash CS 5 中可以将元件分为 3 种类型，即图形元件、按钮元件、影片剪辑元件。在创建元件时，可根据作品的需要来判断元件的类型。

6.1.1 课堂案例——制作快乐行动画

【案例学习目标】使用绘图工具绘制图形，使用变形工具调整图形的大小和位置。

【案例知识要点】使用椭圆工具绘制云朵图形，使用创建补间动画命令制作动画，使用文本工具输入文字，使用任意变形工具调整元件的大小，如图 6-1 所示。

【效果所在位置】光盘/Ch06/效果/制作快乐行动画.fla。

图 6-1

1. 导入并制作元件

（1）选择"文件 > 新建"命令，弹出"新建文档"对话框，单击"确定"按钮，进入新建文档舞台窗口。按 Ctrl+F3 组合键，弹出文档"属性"面板，单击"大小"选项右侧的按钮，在弹出的对话框中将舞台窗口的宽度设为 478，高度设为 352，背景颜色设为白色，单击"确定"按钮。将"FPS"选项设为 12。

（2）选择"文件 > 导入 > 导入到库"命令，在弹出的"导入到库"对话框中选择"Ch06 > 素材 > 制作快乐行动画 > 01、02"文件，单击"打开"按钮，文件被导入到"库"面板中，如图 6-2 所示。

（3）在"库"面板下方单击"新建元件"按钮，弹出"创建新元件"对话框，在"名称"选项的文本框中输入"云朵"，在"类型"选项的下拉列表中选择"图形"选项，单击"确定"按钮，新建图形元件"云朵"，如图 6-3 所示，舞台窗口也随之转换为图形元件的舞台窗口。（为了便于观看，将背景颜色设为灰色。）选择"椭圆"工具，在工具箱中将"笔触颜色"设为无，"填充颜色"设为白色，在舞台窗口中绘制椭圆形，如图 6-4 所示。使用相同的方法绘制多个椭圆形，效果如图 6-5 所示。

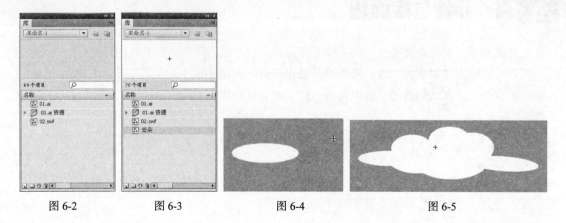

图 6-2　　　　　图 6-3　　　　　图 6-4　　　　　　图 6-5

（4）在"库"面板下方单击"新建元件"按钮，弹出"创建新元件"对话框，在"名称"选项的文本框中输入"影片云彩"，在"类型"选项的下拉列表中选择"影片剪辑"选项，单击"确定"按钮，新建影片剪辑元件"影片云彩"，如图 6-6 所示；舞台窗口也随之转换为影片剪辑元件的舞台窗口。

（5）将"库"面板中的图形元件"云朵"拖曳到舞台窗口的右侧，如图 6-7 所示。在"时间轴"面板中选中"图层 1"的第 25 帧，按 F6 键，插入关键帧，如图 6-8 所示。

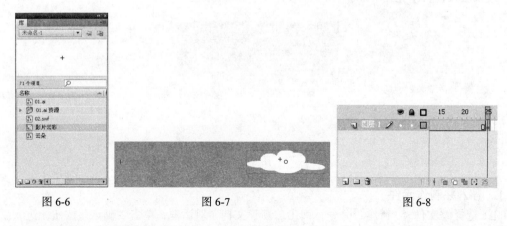

图 6-6　　　　　　　　　图 6-7　　　　　　　　　图 6-8

（6）在舞台窗口中将图形元件向左拖曳到适当的位置，如图 6-9 所示。选中"图层 1"的第 1 帧，在舞台窗口中选中"云朵"，如图 6-10 所示；在"属性"面板"样式"选项的下拉列表中选择"Alpha"选项，在下方的数字框中输入 0%，如图 6-11 所示。

图 6-9　　　　　　　　　图 6-10　　　　　　　　图 6-11

（7）选中"图层 1"的第 25 帧，在舞台窗口中选中"云朵"实例，如图 6-12 所示，在"属性"面板"样式"选项下拉列表中选择"Alpha"选项，在右侧的数字框中输入 63%，如图 6-13 所示。选中"图层 1"的第 1 帧，单击鼠标右键，在弹出的菜单中选择"创建补间动画"命令，如图 6-14 所示。

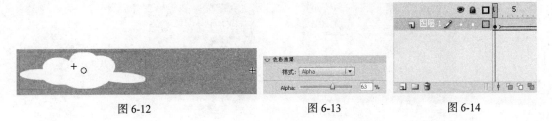

图 6-12   图 6-13   图 6-14

（8）在"库"面板下方单击"新建元件"按钮，弹出"创建新元件"对话框；在"名称"选项的文本框中，输入"文字按钮"；在"类型"选项的下拉列表中，选择"按钮"选项，单击"确定"按钮，新建按钮元件"文字按钮"，如图 6-15 所示；舞台窗口也随之转换为按钮元件的舞台窗口。将"库"面板中的图形元件"02"拖曳到舞台窗口的中心位置，如图 6-16 所示。

图 6-15   图 6-16

（9）选中"图层 1"的"指针"帧，按 F6 键，插入关键帧，如图 6-17 所示。多次按 Ctrl+B组合键，将文字打散，如图 6-18 所示；在工具箱中将"填充颜色"设为黄色（＃FFFF00），将文字更改为黄色，效果如图 6-19 所示。

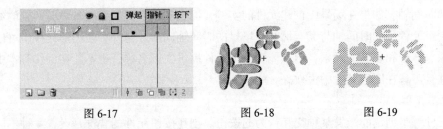

图 6-17   图 6-18   图 6-19

2．在场景中编辑元件

（1）单击舞台窗口左上方的"场景 1"图标，进入"场景 1"的舞台窗口。将"图层 1"重新命名为"图片"。将"库"面板中的"01"图形拖曳到舞台窗口的中心位置，效果如图 6-20所示。

（2）单击"时间轴"面板下方的"新建图层"按钮，创建新图层并将其命名为"动画"，分别将"库"面板中的影片剪辑元件"影片云彩"和按钮元件"文字按钮"拖曳到舞台窗口中，并放置到合适的位置。选择"选择"工具，在舞台窗口中选中"影片云彩"实例，如图 6-21所示。

图 6-20   图 6-21

（3）选择"任意变形"工具 ，实例周围出现控制点，用鼠标向内侧拖曳右上方的控制点，将实例缩小，如图 6-22（a）所示，单击舞台窗口中的任意地方取消选中状态。按住 Alt 键的同时，用鼠标向外拖曳"影片云彩"实例，将其复制 2 次并分别改变其大小。选择"选择"工具 ，按住 Shift 键的同时，选中所有的"影片云彩"实例，效果如图 6-22（b）所示。快乐行动画效果制作完成，按 Ctrl+Enter 组合键即可查看效果。

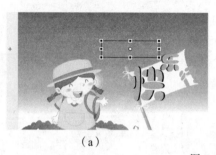
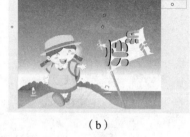

（a）   （b）

图 6-22

6.1.2　元件的类型

1．图形元件

图形元件 一般用于创建静态图像或创建可重复使用的、与主时间轴关联的动画，它有自己的编辑区和时间轴。如果在场景中创建元件的实例，那么实例将受到主场景中时间轴的约束。换句话说，图形元件中的时间轴与其实例在主场景的时间轴同步。另外，在图形元件中可以使用矢量图、图像、声音和动画的元素，但不能为图形元件提供实例名称，也不能在动作脚本中引用图形元件，并且声音在图形元件中失效。

2．按钮元件

按钮元件 是创建能激发某种交互行为的按钮。创建按钮元件的关键是设置 4 种不同状态的帧，即"弹起"（鼠标抬起）、"指针经过"（鼠标移入）、"按下"（鼠标按下）、"点击"(鼠标响应区域，在这个区域创建的图形不会出现在画面中)。

3．影片剪辑元件

影片剪辑元件 也像图形元件一样有自己的编辑区和时间轴，但又不完全相同。影片剪辑元件的时间轴是独立的，它不受其实例在主场景时间轴（主时间轴）的控制。比如，在场景中创建影片剪辑元件的实例，此时即便场景中只有一帧，在电影片段中也可播放动画。另外，在影片剪辑元件中可以使用矢量图、图像、声音、影片剪辑元件、图形组件和按钮组件等，并且能在动作脚本中引用影片剪辑元件。

6.1.3 创建图形元件

选择"插入 > 新建元件"命令,弹出"创建新元件"对话框,在"名称"选项的文本框中输入"青柠",在"类型"选项的下拉列表中选择"图形"选项,如图 6-23 所示。

单击"确定"按钮,创建一个新的图形元件"青柠"。图形元件的名称出现在舞台的左上方,舞台切换到了图形元件"青柠"的窗口,窗口中间出现十字"+",代表图形元件的中心定位点,如图 6-24 所示。在"库"面板中显示出图形元件,如图 6-25 所示。

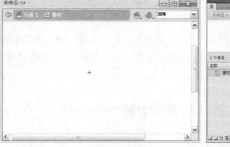

图 6-23   图 6-24   图 6-25

选择"文件 > 导入 > 导入到舞台"命令,弹出"导入"对话框,选择要导入的图形,将其导入到舞台,如图 6-26 所示,完成图形元件的创建。单击舞台左上方的场景名称"场景 1"就可以返回到场景的编辑舞台。

还可以应用"库"面板创建图形元件。单击"库"面板右上方的按钮 ，在弹出式菜单中选择"新建元件"命令,弹出"创建新元件"对话框,选中"图形"选项,单击"确定"按钮,创建图形元件。也可在"库"面板中创建按钮元件或影片剪辑元件。

图 6-26

6.1.4 创建按钮元件

虽然 Flash CS5 库中提供了一些按钮,但如果需要复杂的按钮,还是需要自己创建。

选择"插入 > 新建元件"命令,弹出"创建新元件"对话框,在"名称"选项的文本框中输入"星星",在"类型"选项的下拉列表中选择"按钮"选项,如图 6-27 所示。

单击"确定"按钮,创建一个新的按钮元件"星星"。按钮元件的名称出现在舞台的左上方,舞台切换到了按钮元件"星星"的窗口,窗口中间出现十字"+",代表按钮元件的中心定位点。在"时间轴"窗口中显示出 4 个状态帧:"弹起"、"指针"、"按下"、"点击",如图 6-28 所示。

"弹起"帧:设置鼠标指针不在按钮上时按钮的外观。

"指针"帧:设置鼠标指针放在按钮上时按钮的外观。

"按下"帧:设置按钮被单击时的外观。

"点击"帧:设置响应鼠标单击的区域。此区域在影片里不可见。

"库"面板中的效果如图 6-29 所示。

图 6-27　　　　　　　　图 6-28　　　　　　　　图 6-29

选择"多角星形"工具，在"属性"面板中设置星形的样式。在中心点上绘制出一个五角星形，效果如图 6-30 所示。在"时间轴"面板中选中"指针"帧，按 F6 键，插入关键帧，如图 6-31 所示。

图 6-30　　　　　　　　　　图 6-31

选择"颜料桶"工具，在工具箱中设置填充色，在星形上单击，改变星形的颜色，效果如图 6-32 所示。在"时间轴"面板中选中"按下"帧，按 F6 键，插入关键帧，如图 6-33 所示。

图 6-32　　　　　　　　　　图 6-33

选择"选择"工具，将星形修改为花形，如图 6-34 所示。

图 6-34

用鼠标右键单击"时间轴"面板中的"点击"帧，在弹出的菜单中选择"插入空白关键帧"命令，插入一个没有任何图形的空白关键帧，如图 6-35 所示。选择"矩形"工具 ，在中心点上绘制出一个矩形，作为按钮动画应用时鼠标响应的区域，如图 6-36 所示。

图 6-35 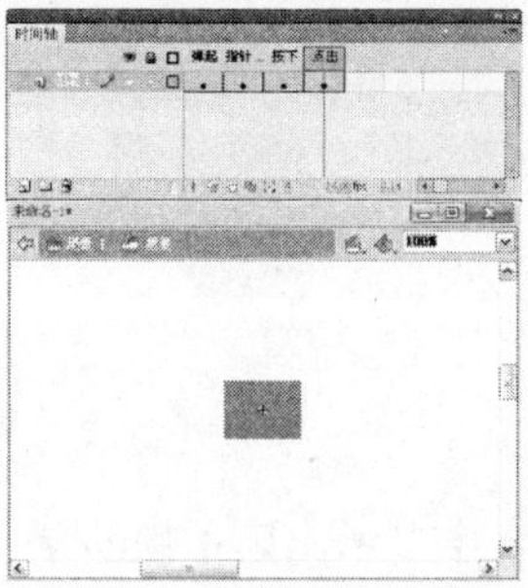   图 6-36

按钮元件制作完成，在各关键帧上，舞台中显示的图形如图 6-37 所示。单击舞台左上方的场景名称"场景 1"就可以返回到场景的编辑舞台。

（a）弹起关键帧   （b）指针关键帧   （c）按下关键帧   （d）点击关键帧

图 6-37

6.1.5 创建影片剪辑元件

选择"插入 > 新建元件"命令，弹出"创建新元件"对话框，在"名称"选项的文本框中输入"变形动画"，在"类型"选项的下拉列表中选择"影片剪辑"选项，如图 6-38 所示。

单击"确定"按钮，创建一个新的影片剪辑元件"变形动画"。影片剪辑元件的名称出现在舞台的左上方，舞台切换到了影片剪辑元件"变形动画"的窗口，窗口中间出现十字"＋"，代表影片剪辑元件的中心定位点，如图 6-39 所示。在"库"面板中显示出影片剪辑元件，如图 6-40 所示。

图 6-38   图 6-39   图 6-40

选择"多角星形"工具 ○，在中心点上绘制一个六边形，如图 6-41 所示。在"时间轴"面板中选中第 10 帧，按 F6 键，在该帧上插入关键帧，如图 6-42 所示。

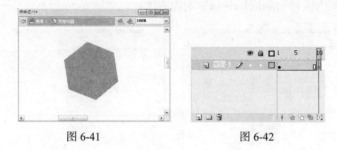

图 6-41　　　　　　　　　　　　　　　图 6-42

在第 10 帧的舞台中显示出第 1 帧绘制过的图形。选择"选择"工具 ，修改六边形的形状，如图 6-43 所示。

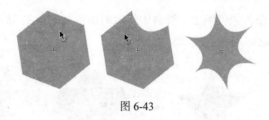

图 6-43

在"时间轴"面板中选中第 1 帧，如图 6-44 所示，单击鼠标右键，在弹出的菜单中选择"创建补间形状"命令，如图 6-45 所示。

图 6-44　　　　　　　　　　　　　　　图 6-45

在"时间轴"面板中出现箭头标志线，如图 6-46 所示。

图 6-46

影片剪辑元件制作完成，在不同的关键帧上，舞台中显示出不同的变形图形，如图 6-47 所示。单击舞台左上方的场景名称"场景 1"就可以返回到场景的编辑舞台。

图 6-47

6.1.6 转换元件

1. 将图形转换为图形元件

如果在舞台上已经创建好矢量图形并且以后还要再次应用，可将其转换为图形元件。

选中矢量图形，如图 6-48 所示。选择"修改 > 转换为元件"命令，或按 F8 键，弹出"转换为元件"对话框，在"名称"选项的文本框中，输入要转换元件的名称；在"类型"选项的下拉列表中，选择"图形"元件，如图 6-49 所示；单击"确定"按钮，矢量图形被转换为图形元件，舞台和"库"面板中的效果如图 6-50 和图 6-51 所示。

图 6-48

图 6-49

图 6-50

图 6-51

2. 设置图形元件的中心点

选中矢量图形，选择"修改 > 转换为元件"命令，弹出"转换为元件"对话框，在对话框的"对齐"选项中有 9 个中心定位点，可以用来设置转换元件的中心点。选中右下方的定位点，如图 6-52 所示；单击"确定"按钮，矢量图形转换为图形元件，元件的中心点在其右下方，如图 6-53 所示。

图 6-52

图 6-53

在"注册"选项中设置不同的中心点，转换的图形元件效果如图 6-54 所示。

（a）中心点在左上方　　　（b）中心点在中间　　　（c）中心点在右侧

图 6-54

3．转换元件

在制作的过程中，可以根据需要将一种类型的元件转换为另一种类型的元件。

选中"库"面板中的图形元件，如图 6-55 所示，单击面板下方的"属性"按钮，弹出"元件属性"对话框，在"类型"选项的下拉列表中选择"影片剪辑"选项，如图 6-56 所示，单击"确定"按钮，图形元件转化为影片剪辑元件，如图 6-57 所示。

图 6-55　　　　　　　　　图 6-56　　　　　　　　　图 6-57

6.1.7　库面板的组成

选择"窗口 > 库"命令，或按 Ctrl+L 键，弹出"库"面板，如图 6-58 所示。

在"库"面板的上方显示出与"库"面板相对应的文档名称。在文档名称的下方显示预览区域，可以在此观察选定元件的效果。如果选定的元件为多帧组成的动画，在预览区域的右上方显示出两个按钮，如图 6-59 所示。单击"播放"按钮，可以在预览区域里播放动画。单击"停止"按钮，停止播放动画。在预览区域的下方显示出当前"库"面板中的元件数量。

图 6-58　　　　　　　图 6-59

当"库"面板呈最大宽度显示时，将出现一些按钮：

"名称"按钮：单击此按钮，"库"面板中的元件将按名称排序，如图 6-60 所示。

"类型"按钮：单击此按钮，"库"面板中的元件将按类型排序，如图 6-61 所示。

"使用次数"按钮：单击此按钮，"库"面板中的元件将按被引用的次数排序。

"链接"按钮：与"库"面板弹出式菜单中"链接"命令的设置相关联。

"修改日期"按钮：单击此按钮，"库"面板中的元件通过被修改的日期进行排序，如图 6-62 所示。

图 6-60

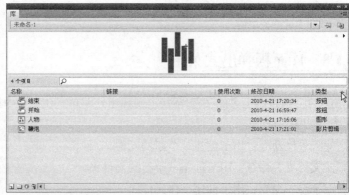
图 6-61

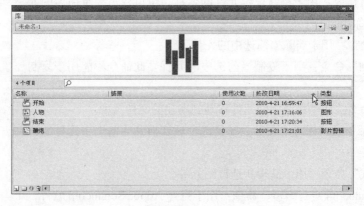
图 6-62

在"库"面板的下方有以下 4 个按钮。

"新建元件"按钮：用于创建元件。单击此按钮，弹出"创建新元件"对话框，可以通过设置创建新的元件，如图 6-63 所示。

"新建文件夹"按钮：用于创建文件夹。可以分门别类的建立文件夹，将相关的元件调入其中，以方便管理。单击此按钮，在"库"面板中生成新的文件夹，可以设定文件夹的名称，如图 6-64 所示。

"属性"按钮：用于转换元件的类型。单击此按钮，弹出"元件属性"对话框，可以将元件类型相互转换，如图 6-65 所示。

"删除"按钮：删除"库"面板中被选中的元件或文件夹。单击此按钮，所选的元件或文件夹被删除。

图 6-63　　　　　　　　图 6-64　　　　　　　　图 6-65

6.1.8　库面板弹出式菜单

单击"库"面板右上方的按钮 ，出现弹出式菜单，在菜单中提供了实用命令，如图 6-66 所示。

图 6-66

"新建元件"命令：用于创建一个新的元件。

"新建文件夹"命令：用于创建一个新的文件夹。

"新建字型"命令：用于创建字体元件。

"新建视频"命令：用于创建视频资源。

"重命名"命令：用于重新设定元件的名称。也可双击要重命名的元件，再更改名称。

"删除"命令：用于删除当前选中的元件。

"直接复制"命令：用于复制当前选中的元件。此命令不能用于复制文件夹。

"移至"命令：用于将选中的元件移动到新建的文件夹中。

"编辑"命令：选择此命令，主场景舞台被切换到当前选中元件的舞台。

"编辑方式"命令：用于编辑所选位图元件。

"使用 Sounbooth 进行编辑"命令：用于打开 Adobe Sounbooth 软件，对音频进行润饰、音乐自定、添加声音效果等操作。

"播放"命令：用于播放按钮元件或影片剪辑元件中的动画。

"更新"命令：用于更新资源文件。

"属性"命令：用于查看元件的属性或更改元件的名称和类型。

"组件定义"命令：用于介绍组件的类型、数值和描述语句等属性。

"共享库属性"命令：用于设置公用库的链接。

"选择未用项目"：用于选出在"库"面板中未经使用的元件。

"展开文件夹"命令：用于打开所选文件夹。

"折叠文件夹"命令：用于关闭所选文件夹。

"展开所有文件夹"命令：用于打开"库"面板中的所有文件夹。

"折叠所有文件夹"命令：用于关闭"库"面板中的所有文件夹。

"帮助"命令：用于调出软件的帮助文件。

"关闭"：选择此命令可以将库面板关闭。

"关闭组"命令：选择此命令将关闭组合后的面板组。

6.1.9　内置公用库及外部库的文件

1．内置公用库

Flash CS5 附带的内置公用库中包含一些范例，可以使用内置公用库向文档中添加按钮或声音。使用内置公用库资源可以优化动画制作者的工作流程和文件资源管理。

选择"窗口 > 公用库"命令，有 3 种公用库可供选择，如图 6-67 所示。在菜单中选择"按钮"命令，弹出"库 – Buttons"面板，如图 6-68 所示。

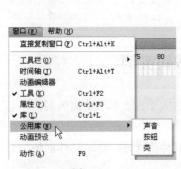

图 6-67　　　　　　　　　　　　　　　　图 6-68

在按钮公用库中，"库"面板下方的按钮都为灰色不可用。不能直接修改公用库中的元件，将公用库中的元件调入到舞台中或当前文档的库中即可进行修改。

2．内置外部库

可以在当前场景中使用其他 Flash CS5 文档的库信息。

选择"文件 > 导入 > 打开外部库"命令，弹出"作为库打开"对话框，在对话框中选中要使用的文件，如图 6-69 所示；单击"打开"按钮，选中文件的"库"面板被调入到当前的文档中，如图 6-70 所示。

图 6-69　　　　　　　　　　　　　　　　图 6-70

要在当前文档中使用选定文件库中的元件，可将元件拖到当前文档的"库"面板或舞台上。

6.2 实例的创建与应用

实例是元件在舞台上的一次具体使用。当修改元件时，该元件的实例也随之被更改。重复使用实例不会增加动画文件的大小，这是使动画文件保持较小体积的一个很好的方法。每一个实例都有区别于其他实例的属性，这可以通过修改该实例属性面板的相关属性来实现。

命令介绍

改变实例的颜色和透明效果：每个实例都有自己的颜色和透明度，要修改它们，可先在舞台中选择实例，然后修改属性面板中的相关属性。

分离实例：实例并不能像一般图形一样单独修改填充色或线条，如果要对实例进行这些修改，必须将实例分离成图形，断开实例与元件之间的链接，可以用"分离"命令分离实例。在分离实例之后，若修改该实例的元件并不会更新这个元件的实例。

6.2.1 课堂案例——制作彩色按钮实例

【案例学习目标】使用变形工具调整图形的大小，使用浮动面板制作实例。

【案例知识要点】使用任意变形工具调整元件的大小，使用属性面板调整元件的不透明度，如图 6-71 所示。

【效果所在位置】光盘/Ch06/效果/制作彩色按钮实例.fla。

（1）打开光盘目录"Ch06 > 素材 > 制作彩色按钮实例 > 01.fla"
文件。将"图层 1"重新命名为"按钮"，如图 6-72 所示。按 Ctrl+L 组
合键，调出"库"面板。将"库"面板中的图形元件"按钮"拖曳到舞台窗口适当的位置，效果如图 6-73 所示。将"库"面板中的图形元件"花朵"拖曳到"按钮"实例的左上方，如图 6-74 所示。

（2）再次将"库"面板中的图形元件"花朵"拖曳到"按钮"实例的右下方，如图 6-75 所示。选择"任意变形"工具 ，用鼠标向外侧拖曳控制点来放大花朵图形，如图 6-76 所示。

图 6-71

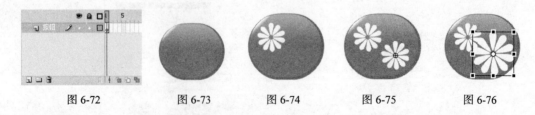

| 图 6-72 | 图 6-73 | 图 6-74 | 图 6-75 | 图 6-76 |

（3）在"属性"面板中，选中"颜色"选项下拉列表中的"Alpha"，将其值设为 24%，如图 6-77 所示；舞台窗口中的效果如图 6-78 所示。将"库"面板中的图形元件"文字"拖曳到"按钮"实例的下方，如图 6-79 所示。

（4）单击"时间轴"面板下方的"新建图层"按钮 ，创建新图层并将其命名为"背景"。

将"库"面板中的图形元件"按钮"拖曳到舞台窗口中，覆盖住刚才的按钮图形，效果如图 6-80 所示。

图 6-77　　　　　图 6-78　　　　图 6-79　　　　图 6-80

（5）按 Ctrl+B 组合键，将"按钮"元件分离。在工具箱中将"填充颜色"设为灰色（＃CCCCCC），将椭圆形填充为灰色，效果如图 6-81 所示。选择"任意变形"工具，将灰色图形放大一些，如图 6-82 所示。

（6）将"背景"图层拖曳到"按钮"图层下方，如图 6-83 所示；舞台窗口的效果如图 6-84 所示。彩色按钮实例效果制作完成，按 Ctrl+Enter 组合键，效果如图 6-85 所示。

图 6-81　　　　图 6-82　　　　　图 6-83　　　　　图 6-84　　　　图 6-85

6.2.2　建立实例

1．建立图形元件的实例

选择"窗口 > 库"命令，弹出"库"面板，在面板中选中图形元件"花"，如图 6-86 所示；将其拖曳到场景中，场景中的花图形就是图形元件"花"的实例，如图 6-87 所示。

选中该实例，图形"属性"面板中的效果如图 6-88 所示。

图 6-86　　　　　　　图 6-87　　　　　　　图 6-88

"交换"按钮：用于交换元件。

"X"、"Y"选项：用于设置实例在舞台中的位置。

"宽"、"高"选项：用于设置实例的宽度和高度。

"色彩效果"选项组中。

"样式"选项：用于设置实例的明亮度、色调和透明度。

在"循环"选项组的"选项"中。

"循环"：会按照当前实例占用的帧数来循环包含在该实例内的所有动画序列。

"播放一次"：从指定的帧开始播放动画序列，直到动画结束，然后停止。

"单帧"：显示动画序列的一帧。

"第一帧"选项：用于指定动画从哪一帧开始播放。

2．建立按钮元件的实例

选中"库"面板中的按钮元件"按钮"，如图 6-89 所示；将其拖曳到场景中，场景中的图形就是按钮元件"按钮"的实例，如图 6-90 所示。

选中该实例，按钮"属性"面板中的效果如图 6-91 所示。

图 6-89

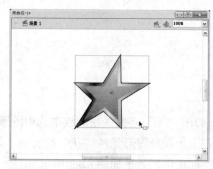
图 6-90

图 6-91

"实例名称"选项：可以在选项的文本框中为实例设置一个新的名称。

在"音轨"选项组中的"选项"中。

"音轨当作按钮"：选择此选项，在动画运行中，当按钮元件被按下时画面上的其他对象不再响应鼠标操作。

"音轨当作菜单项"：选择此选项，在动画运行中，当按钮元件被按下时其他对象还会响应鼠标操作。

按钮"属性"面板中的其他选项与图形"属性"面板中的选项作用相同，不再一一讲述。

3．建立影片剪辑元件的实例

选中"库"面板中的影片剪辑元件"鱼"，如图 6-92 所示，将其拖曳到场景中，场景中的鱼图形就是影片剪辑元件"鱼"的实例，如图 6-93 所示。

选中该实例，影片剪辑"属性"面板中的效果如图 6-94 所示。

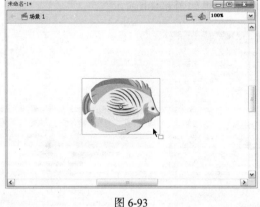

图 6-92　　　　　　　　　　　图 6-93　　　　　　　　　　　图 6-94

影片剪辑"属性"面板中的选项与图形"属性"面板、按钮"属性"面板中的选项作用相同，不再一一讲述。

6.2.3　转换实例的类型

每个实例最初的类型，都是延续了其对应元件的类型。可以将实例的类型进行转换。

在舞台上选择图形实例，如图 6-95 所示；图形"属性"面板如图 6-96 所示。

在"属性"面板的上方，选择"实例行为"选项下拉列表中的"影片剪辑"，如图 6-97 所示；图形"属性"面板转换为影片剪辑"属性"面板，实例类型从图形转换为影片剪辑，如图 6-98 所示。

图 6-95　　　　　　图 6-96　　　　　　图 6-97　　　　　　图 6-98

6.2.4 替换实例引用的元件

如果需要替换实例所引用的元件，但保留所有的原始实例属性（如色彩效果或按钮动作），可以通过 Flash 的"交换元件"命令来实现。

将图形元件拖曳到舞台中成为图形实例，选择图形"属性"面板；在"样式"选项的下拉列表中，选择"Alpha"；在下方的"Alpha 数量"选项的数值框中，输入 50%；将实例的不透明度设为 50%，如图 6-99 所示；实例效果如图 6-100 所示。

图 6-99   图 6-100

单击图形"属性"面板中的"交换元件" 交换... 按钮，弹出"交换元件"对话框，在对话框中选中按钮元件"按钮"，如图 6-101 所示；单击"确定"按钮，花转换为按钮，但实例的不透明度没有改变，如图 6-102 所示。

图形"属性"面板中的效果如图 6-103 所示，元件替换完成。

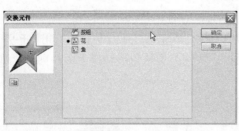

图 6-101   图 6-102   图 6-103

还可以在"交换元件"对话框中单击"直接复制元件"按钮 ，如图 6-104 所示，弹出"直接复制元件"对话框；在"元件名称"选项中可以设置复制元件的名称，如图 6-105 所示。

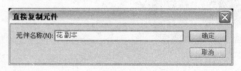

图 6-104   图 6-105

单击"确定"按钮，复制出新的元件"花副本"，如图 6-106 所示。单击"确定"按钮，元件被新复制的元件替换，图形"属性"面板中的效果如图 6-107 所示。

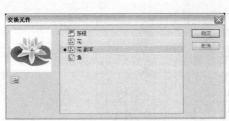

图 6-106　　　　　　　　　　　　　　　图 6-107

6.2.5　改变实例的颜色和透明效果

在舞台中选中实例，在"属性"面板中选择"样式"选项的下拉列表，如图 6-108 所示。

"无"选项：表示对当前实例不进行任何更改。如果对实例以前做的变化效果不满意，可以选择此选项，取消实例的变化效果，再重新设置新的效果。

"亮度"选项：用于调整实例的明暗对比度。

可以在"亮度数量"选项中直接输入数值，也可以拖动右侧的滑块来设置数值，如图 6-109 所示。其默认的数值为 0，取值范围为-100 ~ 100。当取值大于 0 时，实例变亮。当取值小于 0 时，实例变暗。

图 6-108　　　　　　　　　　　　　　　图 6-109

输入不同数值，实例的不同的亮度效果如图 6-110 所示。

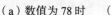

（a）数值为 78 时　　（b）数值为 45 时　　（c）数值为 0 时　　（d）数值为－45 时　　（e）数值为－78 时

图 6-110

"色调"选项：用于为实例增加颜色，如图 6-111 所示。可以单击"样式"选项右侧的色块，在弹出的色板中选择要应用的颜色，如图 6-112 所示。应用颜色后实例效果如图 6-113 所示。

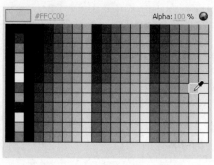

图 6-111　　　　　　　　图 6-112　　　　　　　　图 6-113

　　在颜色按钮右侧的"色彩数量"选项中设置数值，如图 6-114 所示。数值范围为 0~100。当数值为 0 时，实例颜色将不受影响。当数值为 100 时，实例的颜色将完全被所选颜色取代。也可以在"RGB"选项的数值框中输入数值来设置颜色。

　　"Alpha"选项：用于设置实例的透明效果，如图 6-115 所示。数值范围为 0~100。数值为 0 时实例不透明，数值为 100 时实例消失。

图 6-114　　　　　　　　图 6-115

　　输入不同数值，实例的不透明度效果如图 6-116 所示。

（a）数值为 30 时　　（b）数值为 60 时　　（c）数值为 90 时　　（d）数值为 100 时

图 6-116

　　"高级"选项：用于设置实例的颜色和透明效果，可以分别调节"红"、"绿"、"蓝"和"Alpha"的值。

在舞台中选中实例，如图 6-117 所示，在"样式"选项的下拉列表中选择"高级"选项，如图 6-118 所示，各个选项的设置如图 6-119 所示，效果如图 6-120 所示。

图 6-117   图 6-118   图 6-119   图 6-120

6.2.6　分离实例

选中实例，如图 6-121 所示。选择"修改 > 分离"命令，或按 Ctrl+B 组合键，将实例分离为图形，即填充色和线条的组合，如图 6-122 所示。选择"颜料桶"工具，设置不同的填充颜色，改变图形的填充色，如图 6-123 所示。

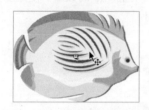  

图 6-121   图 6-122   图 6-123

6.2.7　元件编辑模式

元件创建完毕后常常需要修改，此时需要进入元件编辑状态，修改完元件后又需要退出元件编辑状态进入主场景编辑动画。

（1）进入组件编辑模式，可以通过以下几种方式。

在主场景中双击元件实例进入元件编辑模式。

在"库"面板中双击要修改的元件进入元件编辑模式。

在主场景中用鼠标右键单击元件实例，在弹出的菜单中选择"编辑"命令进入元件编辑模式。

在主场景中选择元件实例后，选择"编辑 > 编辑元件"命令进入元件编辑模式。

（2）退出元件编辑模式，可以通过以下几种方式。

单击舞台窗口左上方的场景名称，进入主场景窗口。

选择"编辑 > 编辑文档"命令，进入主场景窗口。

课堂练习——制作演唱会动画

【练习知识要点】使用钢笔工具绘制图形。使用椭圆工具绘制图形。使用颜色面板为圆形填充颜色。使用矩形工具制作底图，如图 6-124 所示。

【效果所在位置】光盘/Ch06/效果/制作演唱会动画.fla。

图 6-124

课后习题——制作卡通插画

【习题知识要点】使用矩形工具绘制图形，使用任意变形工具调整图形的大小，使用多角星形工具绘制星星，使用椭圆工具绘制云朵，如图 6-125 所示。

【效果所在位置】光盘/Ch06/效果/制作卡通插画.fla。

图 6-125

第7章
基本动画的制作

在 Flash CS5 动画的制作过程中，时间轴和帧起到了关键性的作用。本章将介绍动画中帧和时间轴的使用方法及应用技巧。通过本章的学习，读者要了解并掌握如何灵活地应用帧和时间轴，并根据设计需要制作出丰富多彩的动画效果。

课堂学习目标

- 帧与时间轴
- 帧动画
- 形状补间动画
- 动作补间动画
- 色彩变化动画

7.1 帧与时间轴

要将一幅幅静止的画面按照某种顺序快速地、连续地播放，需要用时间轴和帧来为它们完成时间和顺序的安排。

命令介绍

帧：动画是通过连续播放一系列静止画面，给视觉造成连续变化的效果，这一系列单幅的画面就叫帧，它是 Flash 动画中最小时间单位里出现的画面。

时间轴面板：是实现动画效果最基本的面板。

7.1.1 课堂案例——制作打字效果

【案例学习目标】使用不同的绘图工具绘制图形，使用时间轴制作动画。

【案例知识要点】使用刷子工具绘制光标图形，使用文本工具添加文字，使用翻转帧命令将帧进行翻转，如图 7-1 所示。

图 7-1

【效果所在位置】光盘/Ch07/效果/制作打字效果.fla。

1．导入图形并绘制光标图形

（1）选择"文件 > 新建"命令，弹出"新建文档"对话框，单击"确定"按钮，进入新建文档舞台窗口。按 Ctrl+F3 组合键，弹出文档"属性"面板，将"FPS"选项设为 12。选择"文件 > 导入 > 导入到库"命令，在弹出的"导入"对话框中选择"Ch07 > 素材 > 制作打字效果 > 01"文件，单击"打开"按钮，将文件导入到"库"面板中，如图 7-2 所示。

（2）在"库"面板下方单击"新建元件"按钮，弹出"创建新元件"对话框，在"名称"选项的文本框中输入"光标"，在"类型"选项的下拉列表中选择"图形"选项，单击"确定"按钮，新建图形元件"光标"，如图 7-3 所示，舞台窗口也随之转换为图形元件的舞台窗口。

（3）选择"刷子"工具，在刷子工具"属性"面板中将"平滑度"选项设为 0，在舞台窗口中绘制一道深红色(#9B0000)"光标"，效果如图 7-4 所示。

（4）在"库"面板下方单击"新建元件"按钮，弹出"创建新元件"对话框，在"名称"选项的文本框中输入"文字动"，在"类型"选项的下拉列表中选择"影片剪辑"选项，单击"确定"按钮，新建影片剪辑元件"文字动"，如图 7-5 所示，舞台窗口也随之转换为影片剪辑元件的舞台窗口。

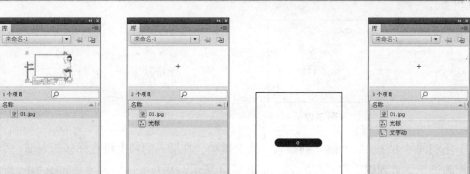

| 图 7-2 | 图 7-3 | 图 7-4 | 图 7-5 |

2．添加文字并制作打字效果

（1）将"图层 1"重新命名为"文字"，选择"文本"工具 T ，在文字"属性"面板中进行设置，在舞台窗口中输入需要的深红色(#9B0000)祝福语文字，效果如图 7-6 所示。在"时间轴"面板中选中第 5 帧，按 F6 键，在该帧上插入关键帧。

（2）单击"时间轴"面板下方的"新建图层"按钮 ，创建新图层并将其命名为"光标"。选中"光标"图层的第 5 帧，按 F6 键，在该帧上插入关键帧，如图 7-7 所示。将"库"面板中的图形元件"光标"拖曳到舞台窗口中，选择"窗口 > 变形"命令，弹出"变形"面板，在面板中设置光标图形的大小，如图 7-8 所示。

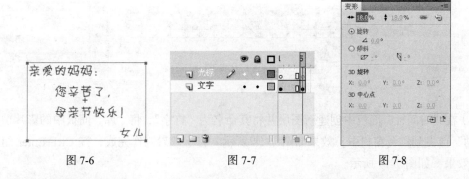

| 图 7-6 | 图 7-7 | 图 7-8 |

（3）将光标移动到祝福语中"儿"字的下方，效果如图 7-9 所示。选中"文字"图层的第 5 帧，选择"文本"工具 T ，将光标上方的"儿"字删除，效果如图 7-10 所示。分别选中"文字"图层和"光标"图层的第 9 帧，在选中的帧上插入关键帧，如图 7-11 所示。

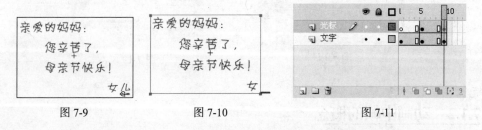

| 图 7-9 | 图 7-10 | 图 7-11 |

（4）选中"光标"图层的第 9 帧，将光标平移到祝福语中"女"字的下方，效果如图 7-12 所示。选中"文字"图层的第 9 帧，将光标上方的"女"字删除，效果如图 7-13 所示。

 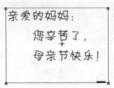

图 7-12　　　　　　　　　　图 7-13

（5）用相同的方法，每间隔 4 帧插入一个关键帧，在插入的帧上将光标移动到前一个字的下方，并删除该字，直到删除完所有的字，如图 7-14 所示，舞台窗口中的效果如图 7-15 所示。

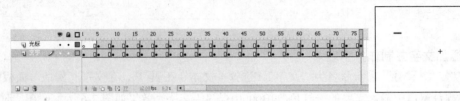

图 7-14　　　　　　　　　　图 7-15

（6）按住 Shift 键的同时，单击"文字"图层和"光标"图层的图层名称，选中 2 个图层中的所有帧，选择"修改 > 时间轴 > 翻转帧"命令，对所有帧进行翻转，如图 7-16 所示。单击"时间轴"面板下方的"场景 1"图标 场景1，进入"场景 1"的舞台窗口，将"图层 1"重新命名为"背景图"。将"库"面板中的图形元件"背景"拖曳到舞台窗口中，效果如图 7-17 所示。

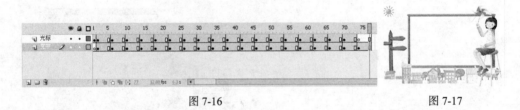

图 7-16　　　　　　　　　　图 7-17

（7）在"时间轴"面板中创建新图层并将其命名为"打字"，将"库"面板中的影片剪辑元件"文字动"拖曳到舞台窗口中，效果如图 7-18 所示。打字效果制作完成，按 Ctrl+Enter 组合键即可查看效果，如图 7-19 所示。

图 7-18　　　　　　　　　　图 7-19

7.1.2　动画中帧的概念

医学证明，人类具有视觉暂留的特点，即人眼看到物体或画面后，其影像在 1/24 秒内不会消失。利用这一原理，在一幅画没有消失之前播放下一幅画，就会给人造成流畅的视觉变化效果。所以，动画就是通过连续播放一系列静止画面，给视觉造成连续变化的效果。

在 Flash CS5 中，这一系列单幅的画面就叫帧，它是 Flash CS5 动画中最小时间单位里出现的画面。每秒钟显示的帧数叫帧率，如果帧率太慢就会给人造成视觉上不流畅的感觉。所以，按照人的视觉原理，一般将动画的帧率设为 24 帧/秒。

在 Flash CS5 中，动画制作的过程就是决定动画每一帧显示什么内容的过程。用户可以像传统动画一样自己绘制动画的每一帧，即逐帧动画。但逐帧动画的工作量非常大，为此，Flash CS5 还提供了一种简单的动画制作方法，即采用关键帧处理技术的插值动画。插值动画又分为运动动画和变形动画两种。

制作插值动画的关键是绘制动画的起始帧和结束帧，中间帧的效果由 Flash CS5 自动计算得出。为此，在 Flash CS5 中提供了关键帧、过渡帧、空白关键帧的概念。关键帧描绘动画的起始帧和结束帧。当动画内容发生变化时必须插入关键帧，即使是逐帧动画也要为每个画面创建关键帧。关键帧有延续性，开始关键帧中的对象会延续到结束关键帧。过渡帧是动画起始、结束关键帧中间系统自动生成的帧。空白关键帧是不包含任何对象的关键帧。因为 Flash CS5 只支持在关键帧中绘画或插入对象。所以，当动画内容发生变化而又不希望延续前面关键帧的内容时需要插入空白关键帧。

7.1.3　帧的显示形式

在 Flash CS5 动画制作过程中，帧包括下述多种显示形式。

1．空白关键帧
在时间轴中，白色背景带有黑圈的帧为空白关键帧。表示在当前舞台中没有任何内容，如图 7-20 所示。

图 7-20

2．关键帧
在时间轴中，灰色背景带有黑点的帧为关键帧。表示在当前场景中存在一个关键帧，在关键帧相对应的舞台中存在一些内容，如图 7-21 所示。

在时间轴中，存在多个帧。带有黑色圆点的第 1 帧为关键帧，最后 1 帧上面带有黑的矩形框，为普通帧。除了第 1 帧以外，其他帧均为普通帧，如图 7-22 所示。

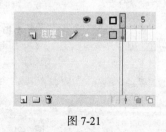

图 7-21　　　　　　　　　　　　　　　　　图 7-22

3．动作补间帧
在时间轴中，带有黑色圆点的第 1 帧和最后 1 帧为关键帧，中间蓝色背景带有黑色箭头的帧为补间帧，如图 7-23 所示。

4. 形状补间帧

在时间轴中，带有黑色圆点的第 1 帧和最后 1 帧为关键帧，中间绿色背景带有黑色箭头的帧为补间帧，如图 7-24 所示。

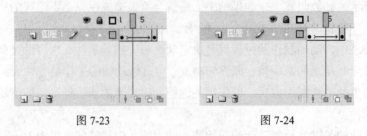

图 7-23　　　　　　　　　　　　　　　图 7-24

在时间轴中，帧上出现虚线，表示是未完成或中断了的补间动画，虚线表示不能够生成补间帧，如图 7-25 所示。

5. 包含动作语句的帧

在时间轴中，第 1 帧上出现一个字母 "a"，表示这 1 帧中包含了使用 "动作" 面板设置的动作语句，如图 7-26 所示。

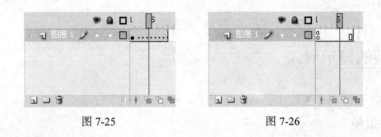

图 7-25　　　　　　　　　　　　　　　图 7-26

6. 帧标签

在时间轴中，第 1 帧上出现一只红旗，表示这一帧的标签类型是名称。红旗右侧的 "wo" 是帧标签的名称，如图 7-27 所示。

在时间轴中，第 1 帧上出现两条绿色斜杠，表示这一帧的标签类型是注释，如图 7-28 所示。帧注释是对帧的解释，帮助理解该帧在影片中的作用。

在时间轴中，第 1 帧上出现一个金色的锚，表示这一帧的标签类型是锚记，如图 7-29 所示。帧锚记表示该帧是一个定位，方便浏览者在浏览器中快进、快退。

图 7-27　　　　　　　　图 7-28　　　　　　　　图 7-29

7.1.4　时间轴面板

"时间轴" 面板由图层面板和时间轴组成，如图 7-30 所示。

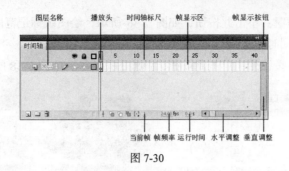

图 7-30

眼睛图标 👁：单击此图标，可以隐藏或显示图层中的内容。

锁状图标 🔒：单击此图标，可以锁定或解锁图层。

线框图标 □：单击此图标，可以将图层中的内容以线框的方式显示。

"新建图层" 按钮 🗋：用于创建图层。

"新建文件夹" 按钮 📁：用于创建图层文件夹。

"删除图层" 按钮 🗑：用于删除无用的图层。

7.1.5　绘图纸（洋葱皮）功能

一般情况下，Flash CS5 的舞台只能显示当前帧中的对象。如果希望在舞台上出现多帧对象以帮助当前帧对象的定位和编辑，Flash CS5 提供的绘图纸（洋葱皮）功能可以将其实现。

在时间轴面板下方的按钮功能如下。

"帧居中" 按钮 🔘：单击此按钮，播放头所在帧会显示在时间轴的中间位置。

"绘图纸外观" 按钮 🔘：单击此按钮，时间轴标尺上出现绘图纸的标记显示，如图 7-31 所示，在标记范围内的帧上的对象将同时显示在舞台中，如图 7-32 所示。可以用鼠标拖动标记点来增加显示的帧数，如图 7-33 所示。

图 7-31　　　　　　　　　　图 7-32　　　　　　　　　　图 7-33

"绘图纸外观轮廓" 按钮 🔘：单击此按钮，时间轴标尺上出现绘图纸的标记显示，如图 7-34 所示，在标记范围内的帧上的对象将以轮廓线的形式同时显示在舞台中，如图 7-35 所示。

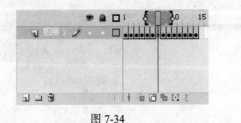

图 7-34　　　　　　　　　　　　　图 7-35

"编辑多个帧"按钮：单击此按钮，如图 7-36 所示，绘图纸标记范围内的帧上的对象将同时显示在舞台中，可以同时编辑所有的对象，如图 7-37 所示。

"修改绘图纸标记"按钮：单击此按钮，弹出下拉菜单，如图 7-38 所示。

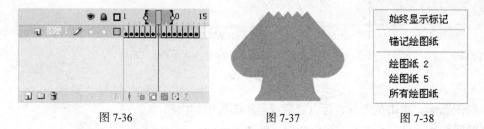

| 图 7-36 | 图 7-37 | 图 7-38 |

"始终显示标记"命令：在时间轴标尺上总是显示出绘图纸标记。

"锚记绘图纸"命令：将锁定绘图纸标记的显示范围，移动播放头将不会改变显示范围，如图 7-39 所示。

"绘图纸 2"命令：绘图纸标记显示范围为从当前帧的前 2 帧开始，到当前帧的后 2 帧结束，如图 7-40 所示，图形显示效果如图 7-41 所示。

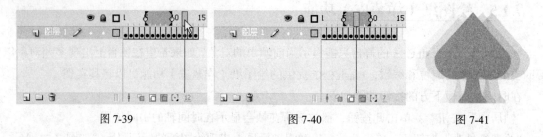

| 图 7-39 | 图 7-40 | 图 7-41 |

"绘图纸 5"命令：绘图纸标记显示范围为从当前帧的前 5 帧开始，到当前帧的后 5 帧结束，如图 7-42 所示，图形显示效果如图 7-43 所示。

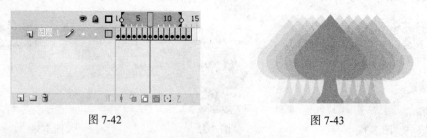

| 图 7-42 | 图 7-43 |

"所有绘图纸"命令：绘图纸标记显示范围为时间轴中的所有帧，如图 7-44 所示，图形显示效果如图 7-45 所示。

| 图 7-44 | 图 7-45 |

7.1.6　在时间轴面板中设置帧

在时间轴面板中，可以对帧进行一系列的操作。

1．插入帧

选择"插入 > 时间轴 > 帧"命令，或按 F5 键，可以在时间轴上插入一个普通帧。

选择"插入 > 时间轴 > 关键帧"命令，或按 F6 键，可以在时间轴上插入一个关键帧。

选择"插入 > 时间轴 > 空白关键帧"命令，可以在时间轴上插入一个空白关键帧。

2．选择帧

选择"编辑 > 时间轴 > 选择所有帧"命令，选中时间轴中的所有帧。

单击要选的帧，帧变为深色。

用鼠标选中要选择的帧，再向前或向后进行拖曳，其间鼠标经过的帧全部被选中。

按住 Ctrl 键的同时，用鼠标单击要选择的帧，可以选择多个不连续的帧。

按住 Shift 键的同时，用鼠标单击要选择的两个帧，这两个帧中间的所有帧都被选中。

3．移动帧

选中一个或多个帧，按住鼠标，移动所选帧到目标位置。在移动过程中，如果按住 Alt 键，会在目标位置上复制出所选的帧。

选中一个或多个帧，选择"编辑 > 时间轴 > 剪切帧"命令，或按 Ctrl+Alt+X 组合键，剪切所选的帧；选中目标位置，选择"编辑 > 时间轴 > 粘贴帧"命令，或按 Ctrl+Alt+V 组合键在目标位置上粘贴所选的帧。

4．删除帧

用鼠标右键单击要删除的帧，在弹出的菜单中选择"清除帧"命令。

选中要删除的普通帧，按 Shift+F5 组合键，删除帧。选中要删除的关键帧，按 Shift+F6 组合键，删除关键帧。

> **提示**　在 Flash CS5 系统默认状态下，时间轴面板中每一个图层的第 1 帧都被设置为关键帧。后面插入的帧将拥有第 1 帧中的所有内容。

7.2　帧动画

应用帧可以制作帧动画或逐帧动画，利用在不同帧上设置不同的对象来实现动画效果。

命令介绍

逐帧动画：制作类似传统动画，每一个帧都是关键帧，整个动画是通过关键帧的不断变化产生的，不依靠 Flash CS5 的运算。需要绘制每一个关键帧中的对象，每个帧都是独立的，在画面上可以是互不相关的。

7.2.1 课堂案例——制作逐帧动画

【案例学习目标】使用不同的修改命令制作动画，制作帧动画，使用变形工具改变图形大小。

【案例知识要点】使用翻转帧命令将太阳图形的关键帧进行翻转，使用柔化填充边缘命令制作太阳效果，使用任意变形工具改变图形的大小，如图 7-46 所示。

图 7-46

【效果所在位置】光盘/Ch07/效果/制作逐帧动画.fla。

1. 制作太阳逐帧动画

（1）选择"文件 > 新建"命令，弹出"新建文档"对话框，单击"确定"按钮，进入新建文档舞台窗口。按 Ctrl+F3 组合键，弹出文档"属性"面板，在"发布"选项组中单击"配置文件"右侧的"编辑"按钮，在弹出的"发布设置"对话框中将"版本"选项设为"Flash Player 8"，将"ActionScript 版本"选项设为"ActionScript 2"，如图 7-47 所示。将"FPS"选项设为 12。

（2）调出"库"面板，在"库"面板下方单击"新建元件"按钮 ，弹出"创建新元件"对话框，在"名称"选项的文本框中输入"太阳动"，在"类型"选项的下拉列表中选择"影片剪辑"选项，单击"确定"按钮，新建一个影片剪辑元件"太阳动"，如图 7-48 所示，舞台窗口也随之转换为影片剪辑元件的舞台窗口。

图 7-47

图 7-48

（3）将"图层 1"重新命名为"太阳序列图"。选择"文件 > 导入 > 导入到舞台"命令，在弹出的"导入"对话框中选择"Ch07 > 素材 > 制作逐帧动画 > 太阳 1 > 01"文件，单击"打开"按钮，弹出提示对话框，询问是否导入序列中的所有图像，单击"是"按钮，图片序列被导入到舞台窗口中，"时间轴"面板中第 1 帧到第 14 帧之间生成关键帧，效果如图 7-49 所示。

（4）单击"库"面板下方的"新建文件夹"按钮 ，创建新的文件夹并将其命名为"太阳图

片",如图 7-50 所示。选中图片"01",按住 Shift 键的同时,单击图片"14",所有的图片被选中,
如图 7-51 所示。将选中的图片拖曳到"太阳图片"文件夹中,如图 7-52 所示。

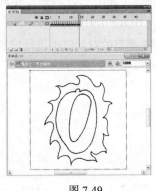
图 7-49

图 7-50

图 7-51

图 7-52

（5）选中"太阳序列图"图层中的第 1 帧,按住 Shift 键的同时,单击第 14 帧,将图层中所
有的帧选中,如图 7-53 所示,用鼠标右键单击选中的帧,在弹出的菜单中选择"复制帧"命令。
再用鼠标右键单击第 15 帧,在弹出的菜单中选择"粘贴帧"命令,将复制过的帧从第 15 帧开始
向后粘贴,这时图层中共有 28 帧,如图 7-54 所示。

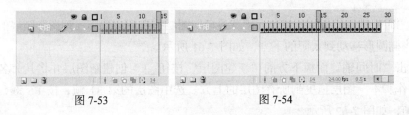

图 7-53   图 7-54

（6）选中第 15 帧到第 28 帧,用鼠标右键单击选中的帧,在弹出的菜单中选择"翻转帧"命
令,将选中的帧进行水平翻转,如图 7-55 所示。用鼠标右键单击第 29 帧,在弹出的菜单中选择
"插入空白关键帧"命令,在第 29 帧上插入一个空白的关键帧。

（7）选择"文件 > 导入 > 导入到舞台"命令,在弹出的"导入"对话框中选择"Ch07 > 素
材 > 制作逐帧动画 > 太阳 2 > 15"文件,单击"打开"按钮,弹出提示对话框,询问是否导入
序列中的所有图像,单击"是"按钮,图片序列被导入到舞台窗口中,效果如图 7-56 所示。在"库"
面板中,将新导入的位图拖曳到"太阳图片"文件夹中。

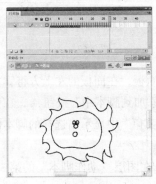
图 7-55

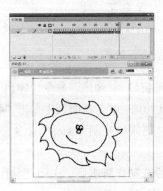
图 7-56

（8）单击"时间轴"面板下方的"新建图层"按钮，创建新图层并将其命名为"太阳背景色"。选择"椭圆"工具，选择"窗口 > 颜色"命令，弹出"颜色"面板，将"笔触颜色"设为无，"填充颜色"设为红色（#FF3300），将"Alpha"选项设为 50%， 如图 7-57 所示，在舞台窗口中绘制一个椭圆形，如图 7-58 所示。

（9）选中图形，选择"修改 > 形状 > 柔化填充边缘"命令，在弹出的对话框中进行设置，如图 7-59 所示，单击"确定"按钮，图形的边缘被柔化，如图 7-60 所示。

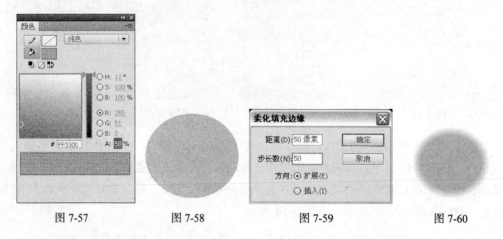

图 7-57   图 7-58   图 7-59   图 7-60

（10）在"时间轴"面板中，将"太阳背景色"图层拖曳到"太阳序列图"图层的下方。在舞台窗口中，将椭圆形移动到太阳的下方，如图 7-61 所示。

（11）单击"时间轴"面板下方的"新建图层"按钮，创建新图层并将其命名为"动作脚本"。将"动作脚本"图层拖曳到所有图层的上方。选中图层的第 31 帧，按 F6 键，在选中的帧上插入关键帧，如图 7-62 所示。

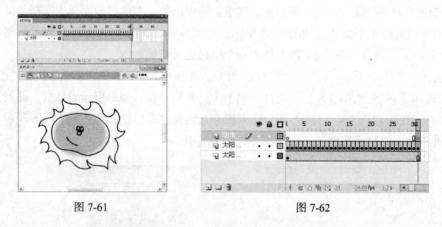

图 7-61   图 7-62

（12）选择"窗口 > 动作"命令，弹出"动作"面板，在面板的左上方将脚本语言版本设置为"ActionScript 1.0&2.0"，在面板中单击"将新项目添加到脚本中"按钮，在弹出的菜单中选择"全局函数 > 时间轴控制 > stop"命令，在"脚本窗口"中显示出选择的脚本语言，如图 7-63所示。

（13）设置完成动作脚本后，关闭"动作"面板。在图层"动作脚本"的第 31 帧上显示出一个标记"a"，如图 7-64 所示。

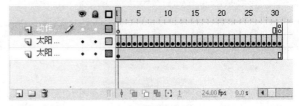

图 7-63　　　　　　　　　　　　　　　　　　　　图 7-64

2．制作人物动画效果

（1）在"库"面板下方单击"新建元件"按钮，弹出"创建新元件"对话框，在"名称"选项的文本框中输入"人动"，在"类型"选项的下拉列表中选择"影片剪辑"选项，单击"确定"按钮，新建一个影片剪辑元件"人动"，如图 7-65 所示，舞台窗口也随之转换为影片剪辑元件的舞台窗口。

（2）选择"文件 > 导入 > 导入到舞台"命令，在弹出的"导入"对话框中选择"Ch07>素材 > 制作逐帧动画 > 人 >01"文件，单击"打开"按钮，弹出提示对话框，询问是否导入序列中的所有图像，单击"是"按钮，图片序列被导入到舞台窗口中，效果如图 7-66 所示。

（3）单击"库"面板下方的"新建文件夹"按钮，创建一个新的文件夹并将其命名为"人物图片"，将新导入的所有人物图片拖曳到文件夹中，如图 7-67 所示。

图 7-65　　　　　　　　　図 7-66　　　　　　　　　图 7-67

3．制作花朵和草地动画

（1）在"库"面板下方单击"新建元件"按钮，弹出"创建新元件"对话框，在"名称"选项的文本框中输入"花朵"，在"类型"选项的下拉列表中选择"图形"选项，单击"确定"按钮，新建一个图形元件"花朵"，舞台窗口也随之转换为图形元件的舞台窗口。

（2）选择"文件 > 导入 > 导入到舞台"命令，在弹出的"导入"对话框中选择"Ch07 > 素材 > 制作逐帧动画 > 花朵 1"文件，单击"打开"按钮，将图片导入到舞台窗口中。在"库"面板中创建一个新的影片剪辑元件"花朵动"，如图 7-68 所示，舞台窗口也随之转换为影片剪辑元件的舞台窗口。

（3）将"库"面板中的图形元件"花朵"拖曳到舞台窗口中，选中花朵图形，在图形"属性"面板中，将"X"、"Y"选项分别设置为 161、22，改变花朵图形的位置。在"时间轴"面板中选中"图层 1"的第 130 帧，按 F6 键，在该帧上插入关键帧，如图 7-69 所示。

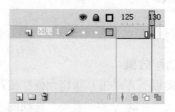

图 7-68　　　　　　　　　　　　　　　图 7-69

（4）在舞台窗口中选中花朵图形，在图形"属性"面板中，将"X"、"Y"选项分别设置为-610、22，改变花朵图形的位置。

（5）用鼠标右键单击"图层 1"的第 1 帧，在弹出的菜单中选择"创建传统补间"命令，在第 1 帧~第 130 帧设置动作补间动画，如图 7-70 所示。在"库"面板中创建一个新的图形元件"草地"，舞台窗口也随之转换为图形元件的舞台窗口。选择"文件 > 导入 > 导入到舞台"命令，在弹出的"导入"对话框中选择"Ch07 > 素材 > 制作逐帧动画 > 草地"文件，单击"打开"按钮，图片被导入到舞台窗口中。

（6）在"库"面板中创建一个新的影片剪辑元件"草地动"，舞台窗口也随之转换为影片剪辑元件的舞台窗口。将"库"面板中的图形元件"草地"拖曳到舞台窗口中，选中草地图形，在图形"属性"面板中，将"X"、"Y"选项分别设置为 571.5、-33.5，改变草地图形的位置。在"时间轴"面板中选中"图层 1"的第 105 帧，按 F6 键，在该帧上插入关键帧，如图 7-71 所示。

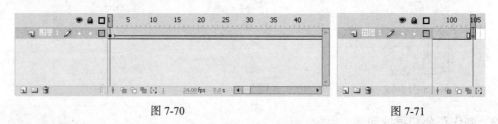

图 7-70　　　　　　　　　　　　　　　图 7-71

（7）在舞台窗口中选中草地图形，在图形"属性"面板中，将"X"、"Y"选项分别设置为-43.5、-33.5，改变草地图形的位置。用鼠标右键单击"图层 1"的第 1 帧，在弹出的菜单中选择"创建传统补间"命令，在第 1 帧~第 105 帧设置动作补间动画，如图 7-72 所示。

（8）单击舞台窗口左上方的"场景 1"图标 <img 场景 1，进入"场景 1"的舞台窗口。将"库"面板中的影片剪辑元件"太阳动"拖曳到舞台窗口中，并将"图层 1"重新命名为"太阳"。选中"太阳"图层的第 38 帧，按 F6 键，在该帧上插入关键帧，如图 7-73 所示。

（9）选中"太阳"图层的第 32 帧，按 F6 键，在该帧上插入关键帧。用鼠标右键单击第 32 帧，在弹出的菜单中选择"创建传统补间"命令，在第 32 帧~第 38 帧创建动作补间动画，如图 7-74 所示。

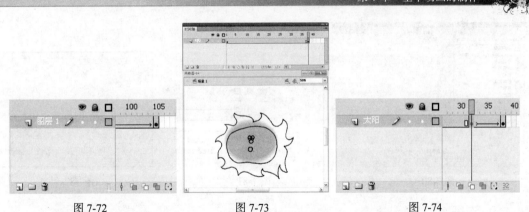

图 7-72　　　　　　　　　　图 7-73　　　　　　　　　　图 7-74

（10）选中第 38 帧，用"任意变形"工具 缩小太阳并将其移动到舞台窗口的左上方，如图 7-75 所示。新建一个图层并将其命名为"草地"。选中"草地"图层的第 38 帧，按 F6 键，在该帧上插入关键帧。将"库"面板中的影片剪辑元件"草地动"拖曳到舞台窗口中，将草地图形移动到舞台窗口的下方，草地图形的左边线与舞台窗口的左边线对齐，如图 7-76 所示。再新建一个图层并将其命名为"人"。选中"人"图层的第 38 帧，按 F6 键，在该帧上插入关键帧。将"库"面板中的影片剪辑元件"人动"拖曳到舞台窗口中，如图 7-77 所示。

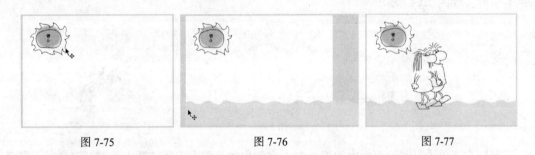

图 7-75　　　　　　　　　　图 7-76　　　　　　　　　　图 7-77

（11）新建一个图层并将其命名为"花朵"。选中"花朵"图层的第 38 帧，按 F6 键，在该帧上插入关键帧，如图 7-78 所示。将"库"面板中的影片剪辑元件"花朵动"拖曳到舞台窗口中，将"花朵动"元件放置到舞台窗口外侧的草地上，并再复制一个"花朵动"元件，如图 7-79 所示。

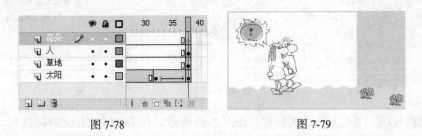

图 7-78　　　　　　　　　　图 7-79

（12）新建一个图层并将其命名为"动作脚本"。选中"动作脚本"图层的第 38 帧，按 F6 键，在该帧上插入关键帧。选择"窗口 > 动作"命令，弹出"动作"面板（其快捷键为 F9）。在面板中单击"将新项目添加到脚本中"按钮，在弹出的菜单中选择"全局函数 > 时间轴控制 > stop"命令，在"脚本窗口"中显示出选择的脚本语言，如图 7-80 所示。设置完成动作脚本后，关闭"动作"面板。在图层"动作脚本"的第 38 帧上显示出一个标记"a"，如图 7-81 所示。逐帧动画效果制作完成，按 Ctrl+Enter 组合键即可查看效果，如图 7-82 所示。

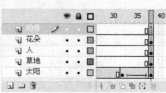

图 7-80   图 7-81   图 7-82

7.2.2 帧动画

新建空白文档，选择"矩形"工具 ▣，在第 1 帧的舞台中绘制出一个矩形，如图 7-83 所示。在时间轴面板中单击第 5 帧，选择"插入 > 时间轴 > 关键帧"命令，插入一个关键帧，如图 7-84 所示。

选择"文件 > 导入 > 导入到舞台"命令，将"运动员"图片导入到舞台中，将其移动到舞台的右下方，如图 7-85 所示。

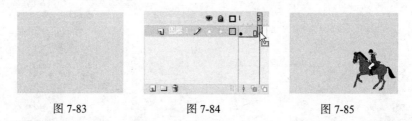

图 7-83   图 7-84   图 7-85

用鼠标右键单击时间轴面板中的第 9 帧，在弹出的菜单中选择"插入关键帧"命令，在第 9 帧上插入关键帧，如图 7-86 所示。在第 9 帧对应的舞台中，将运动员移动到舞台的中间，如图 7-87 所示。在时间轴面板中，选中第 12 帧，如图 7-88 所示。

图 7-86   图 7-87   图 7-88

按 F6 键，在第 12 帧上插入关键帧，如图 7-89 所示。在第 12 帧对应的舞台中，将运动员移动到舞台的左上方，如图 7-90 所示。

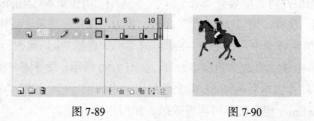

图 7-89   图 7-90

按 Enter 键，让播放头进行播放，即可观看制作效果。在不同的关键帧上动画显示的效果如图 7-91 所示。

（a）第 1 帧　　　　（b）第 5 帧　　　　（c）第 9 帧　　　　（d）第 12 帧

图 7-91

7.2.3　逐帧动画

新建空白文档，选择"文本"工具 T，在第 1 帧的舞台中输入文字"美"字，如图 7-92 所示。在时间轴面板中选中第 2 帧，如图 7-93 所示。按 F6 键，在第 2 帧上插入关键帧，如图 7-94 所示。

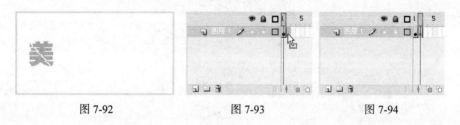

图 7-92　　　　　　　图 7-93　　　　　　　图 7-94

在第 2 帧的舞台中输入"丽" 字，如图 7-95 所示。用相同的方法在第 3 帧上插入关键帧，在舞台中输入"一" 字，如图 7-96 所示。在第 4 帧上插入关键帧，在舞台中输入"百" 字，如图 7-97 所示。

图 7-95　　　　　　　图 7-96　　　　　　　图 7-97

在第 5 帧上插入关键帧，如图 7-98 所示，在舞台中输入"分" 字，如图 7-99 所示。按 Enter 键，让播放头进行播放，即可观看制作效果。

图 7-98　　　　　　　图 7-99

还可以通过从外部导入图片组来实现逐帧动画的效果。

选择"文件 > 导入 > 导入到舞台"命令，弹出"导入"对话框，在对话框中选中素材文件，如图 7-100 所示，单击"打开"按钮，弹出提示对话框，询问是否将图像序列中的所有图像导入，如图 7-101 所示。

图 7-100   图 7-101

单击"是"按钮，将图像序列导入到舞台中，如图 7-102 所示。按 Enter 键，让播放头进行播放，即可观看制作效果。

图 7-102

7.3　形状补间动画

形状补间动画是使图形形状发生变化的动画，形状补间动画所处理的对象必须是舞台上的图形。

命令介绍

形状补间动画：可以实现一种形状变换成另一种形状。

变形提示：如果对系统生成的变形效果不是很满意，也可应用 Flash CS5 中的变形提示点，自行设定变形效果。

7.3.1　课堂案例——制作流淌的奶油

【案例学习目标】使用不同的绘图工具绘制图形，使用添加形状提示命令添加提示，使用属性面板制作动画。

【案例知识要点】使用铅笔工具和平滑工具绘制流淌的奶油图形，使用添加形状提示命令制

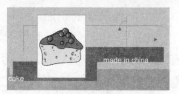

作奶油流淌的效果，如图 7-103 所示。

【效果所在位置】光盘/Ch07/效果/制作流淌的奶油.fla。

1. 导入图形

（1）选择"文件 > 新建"命令，弹出"新建文档"对话框，单击"确定"按钮，进入新建文档舞台窗口。按 Ctrl+F3 组合键，弹出文档"属性"面板，单击"大小"选项后面的

图 7-103

按钮，在弹出的对话框中将舞台窗口的宽度设为 600，高度设为 300。将"FPS"选项设为 12。

（2）调出"库"面板，单击面板下方的"新建元件"按钮，弹出"创建新元件"对话框，在"名称"选项的文本框中输入"水果"，在"类型"选项的下拉列表中选择"图形"选项，如图 7-104 所示。

（3）单击"确定"按钮，新建一个图形元件"水果"，如图 7-105 所示，舞台窗口也随之转换为图形元件的舞台窗口。选择"文件 > 导入 > 导入到舞台"命令，在弹出的"导入"对话框中选择"Ch07 > 素材 > 制作流淌的奶油 > 01"文件，单击"打开"按钮，文件被导入到舞台窗口中，效果如图 7-106 所示。

图 7-104　　　　　　　　　图 7-105　　　　图 7-106

（4）用相同的方法再创建一个图形元件"蛋糕"，如图 7-107 所示，在"蛋糕"元件的舞台窗口中，导入"Ch07 > 素材 > 制作流淌的奶油 > 02"文件，效果如图 7-108 所示。

（5）在"库"面板下方单击"新建元件"按钮，弹出"创建新元件"对话框，在"名称"选项的文本框中输入"流淌的奶油"，在"类型"选项的下拉列表中选择"影片剪辑"选项，单击"确定"按钮，新建一个影片剪辑元件"流淌的奶油"，如图 7-109 所示，舞台窗口也随之转换为影片剪辑元件的舞台窗口。

（6）将"库"面板中的元件"蛋糕"拖曳到舞台窗口的中间。将"图层 1"重新命名为"蛋糕"。在时间轴上用鼠标单击第 45 帧，按 F5 键，在该帧上插入普通帧，如图 7-110 所示。

图 7-107　　　　图 7-108　　　　图 7-109　　　　　　图 7-110

2．制作流淌的奶油

（1）单击"时间轴"面板下方的"新建图层"按钮，创建新图层并将其命名为"奶油动"。选择"铅笔"工具，在工具箱中将"笔触颜色"设为黑色，在工具箱下方的"选项"选项组中选择"平滑"选项，在蛋糕上绘制一条封闭的曲线作为奶油的轮廓，如图 7-111 所示。

（2）单击"奶油动"图层的第 45 帧，按 F6 键，插入一个关键帧。在第 45 帧对应的舞台窗口中，绘制奶油流淌下来的效果，如图 7-112 所示。用选择工具选中多余的线条，按 Delete 键，进行删除，删除完成后效果如图 7-113 所示。

（3）选择"颜料桶"工具，在工具箱中将"填充颜色"设为紫色（#9933FF），在工具箱下方的选项中选择"封闭大空隙"，选中"奶油动"图层的第 1 帧，用鼠标在封闭的曲线中单击，为奶油填充颜色，如图 7-114 所示。选中"奶油动"图层的第 45 帧，在舞台窗口中为流淌的奶油填充颜色，如图 7-115 所示。

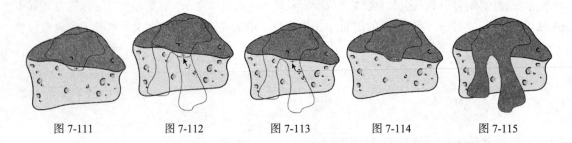

| 图 7-111 | 图 7-112 | 图 7-113 | 图 7-114 | 图 7-115 |

（4）选中"奶油动"图层的第 1 帧，在帧上单击鼠标右键，在弹出的菜单中选择"创建补间形状"命令，如图 7-116 所示。在第 1 帧~第 45 帧设置变形动画，如图 7-117 所示。

图 7-116　　　　　　　　　　图 7-117

（5）选中"奶油动"图层的第 1 帧，选择"修改 > 形状 > 添加形状提示"（其快捷键为Ctrl+Shift+H）命令，在奶油的中间出现红色的提示点"a"，如图 7-118 所示，将提示点移动到奶油的左上方，如图 7-119 所示。选中"奶油动"图层的第 45 帧，第 45 帧的奶油上也出现相应的提示点"a"，如图 7-120 所示。

图 7-118　　　　　　　　图 7-119　　　　　　　　图 7-120

（6）将奶油上的提示点移动到其左上方，提示点从红色变为绿色，如图 7-121 所示。选中第

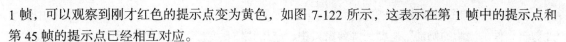

1 帧，可以观察到刚才红色的提示点变为黄色，如图 7-122 所示，这表示在第 1 帧中的提示点和第 45 帧的提示点已经相互对应。

（7）用相同的方法在第 1 帧的奶油图形中再添加 4 个提示点，分别为 "b"、"c"、"d"、"e"，并按顺时针方向将其放置在奶油图形的边线上，如图 7-123 所示。在第 45 帧中，将 "b"、"c"、"d"、"e" 提示点按顺时针的方向分别设置在奶油图形的边线上，如图 7-124 所示，完成提示点的设置。

图 7-121　　　　　图 7-122　　　　　图 7-123　　　　　图 7-124

（8）单击 "时间轴" 面板下方的 "新建图层" 按钮，创建新图层并将其命名为 "水果"。将 "库" 面板中的图形元件 "水果" 拖曳到舞台窗口中，如图 7-125 所示。

（9）再重复拖曳 4 次图形元件 "水果"，并应用 "任意变形" 工具改变水果的大小及倾斜度，如图 7-126 所示。单击 "时间轴" 面板下方的 "新建图层" 按钮，创建新图层并将其命名为 "水果动"。将图形元件 "水果" 拖曳到舞台窗口中并将其缩小，如图 7-127 所示。

（10）选中 "水果动" 图层的第 45 帧，按 F6 键，插入一个关键帧，将第 45 帧中的 "水果" 实例向下移动，如图 7-128 所示。

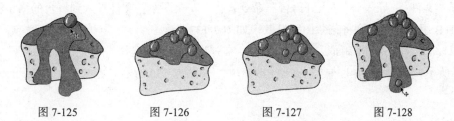

图 7-125　　　　　图 7-126　　　　　图 7-127　　　　　图 7-128

（11）用鼠标右键单击 "水果动" 图层的第 1 帧，在弹出的菜单中选择 "创建传统补间" 命令，在第 1 帧~第 45 帧生成动作补间动画，如图 7-129 所示。

（12）单击舞台窗口左上方的 "场景 1" 图标，进入 "场景 1" 的舞台窗口。选择 "文件 > 导入 > 导入到舞台" 命令，在弹出的 "导入" 对话框中选择 "Ch07 > 素材 > 制作流淌的奶油 > 03" 文件，单击 "打开" 按钮，文件被导入到舞台窗口中，在组 "属性" 面板中将 "X"、"Y" 选项的数值设为 0，如图 7-130 所示。

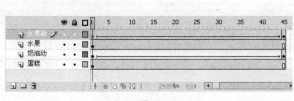

图 7-129　　　　　　　　　　　　　　　图 7-130

（13）导入的图形被放置在舞台窗口的正中位置，效果如图 7-131 所示。将"库"面板中的影片剪辑元件"流淌的奶油"拖曳到舞台窗口中，应用"任意变形"工具 改变其大小并放置在背景图中白色矩形的中间，效果如图 7-132 所示。流淌的奶油制作完成，按 Ctrl+Enter 组合键即可查看效果。

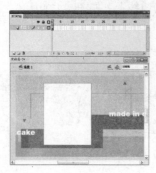
图 7-131

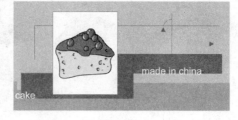
图 7-132

7.3.2　简单形状补间动画

如果舞台上的对象是组件实例、多个图形的组合、文字、导入的素材对象，必须先分离或取消组合，将其打散成图形，才能制作形状补间动画。利用这种动画，也可以实现上述对象的大小、位置、旋转、颜色及透明度等变化。

选择"文件 > 导入 > 导入到舞台"命令，将"花朵图案"文件导入到舞台的第 1 帧中。多次按 Ctrl+B 组合键，直到将花朵图案打散，如图 7-133 所示。

用鼠标右键单击时间轴面板中的第 10 帧，在弹出的菜单中选择"插入空白关键帧"命令，如图 7-134 所示，在第 10 帧上插入一个空白关键帧，如图 7-135 所示。

图 7-133

图 7-134

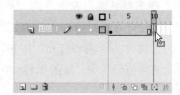
图 7-135

选中第 10 帧，选择"文件 > 导入 > 导入到库"命令，将"橘色咖啡杯"文件导入到库中。将"库"面板中的图形元件"橘色咖啡杯"拖曳到舞台窗口中，多次按 Ctrl+B 组合键，直到将咖啡杯打散，如图 7-136 所示。

用鼠标单击在时间轴面板中选中第 1 帧，在弹出的菜单中选择"创建补间形状"命令，如图 7-137 所示。

在"属性"面板中出现如下 2 个新的选项。

"简易"选项：用于设定变形动画从开始到结束时的变形速度。其取值范围为 0 ~ 100。当选择正数时，变形速度呈减速度，即开始时速度快，然后逐渐速度减慢；当选择负数时，变形速度呈加速度，即开始时速度慢，然后逐渐速度加快。

"混合"选项：提供了"分布式"和"角形"2 个选项。选择"分布式"选项可以使变形的中间形状趋于平滑。"角形"选项则创建包含角度和直线的中间形状。

设置完成后，在"时间轴"面板中，第 1 帧 ~ 第 10 帧出现绿色的背景和黑色的箭头，表示生成形状补间动画，如图 7-138 所示。花朵图案变形为咖啡杯。按 Enter 键，让播放头进行播放，即可观看制作效果。

图 7-136　　　　　图 7-137　　　　　图 7-138

在变形过程中每一帧上的图形都发生不同的变化，如图 7-139 所示。

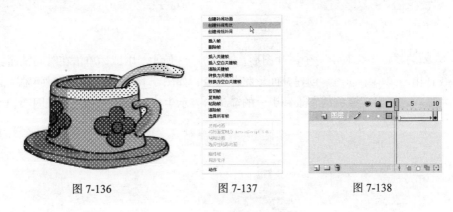

（a）第 1 帧　　　　（b）第 3 帧　　　　（c）第 5 帧

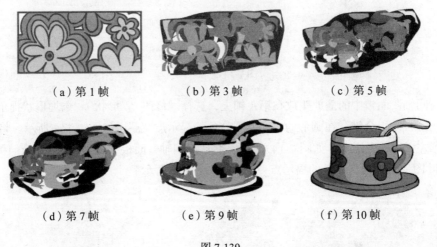

（d）第 7 帧　　　　（e）第 9 帧　　　　（f）第 10 帧

图 7-139

7.3.3　应用变形提示

使用变形提示，可以让原图形上的某一点变换到目标图形的某一点上。应用变形提示可以制作出各种复杂的变形效果。

选择"矩形"工具，在第 1 帧的舞台中绘制出一个正方形，如图 7-140 所示。用鼠标右键单击时间轴面板中的第 10 帧，在弹出的菜单中选择"插入空白关键帧"命令，如图 7-141 所示，在第 10 帧上插入一个空白关键帧，如图 7-142 所示。

图 7-140　　　　　　　图 7-141　　　　　　　图 7-142

在第 10 帧的舞台中绘制出一个树叶图形，如图 7-143 所示。用鼠标单击在时间轴面板中选中第 1 帧，在弹出的菜单中选择"创建补间形状"命令，如图 7-144 所示，在"时间轴"面板中，第 1 帧~第 10 帧之间出现绿色的背景和黑色的箭头，表示生成形状补间动画，如图 7-145 所示。

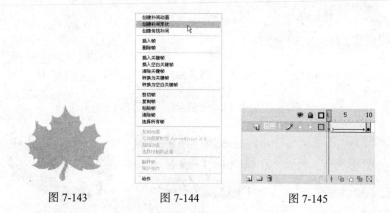

图 7-143　　　　　　　图 7-144　　　　　　　图 7-145

将"时间轴"面板中的播放头放在第 1 帧上，选择"修改 > 形状 > 添加形状提示"命令，或按 Ctrl+Shift+H 组合键，在圆形的中间出现红色的提示点"a"，如图 7-146 所示。将提示点移动到正方形左上方的角点上，如图 7-147 所示。将"时间轴"面板中的播放头放在第 10 帧上，第 10 帧的树叶图形上也出现红色的提示点"a"，如图 7-148 所示。

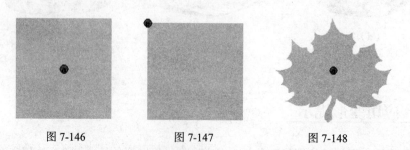

图 7-146　　　　　　　图 7-147　　　　　　　图 7-148

将树叶图形上的提示点移动到右上方的边线上，提示点从红色变为绿色，如图 7-149 所示。这时，再将播放头放置在第 1 帧上，可以观察到刚才红色的提示点变为黄色，如图 7-150 所示，这表示在第 1 帧中的提示点和第 10 帧的提示点已经相互对应。

用相同的方法在第 1 帧的圆形中再添加 3 个提示点，分别为 "b"、"c"、"d"，并将其放置在正方形的角点上，如图 7-151 所示。在第 10 帧中，将提示点按顺时针的方向分别设置在树叶图形的边线上，如图 7-152 所示。完成提示点的设置，按 Enter 键，让播放头进行播放，即可观看制作效果。

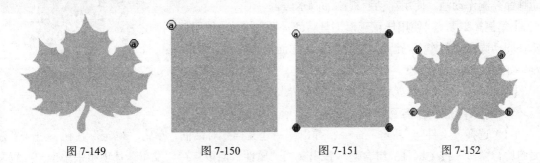

图 7-149　　　　　图 7-150　　　　　图 7-151　　　　　图 7-152

提示　　形状提示点一定要按顺时针的方向添加，顺序不能错，否则无法实现效果。

在未使用变形提示前，Flash CS3 系统自动生成的图形变化过程，如图 7-153 所示。

（a）第 1 帧　　（b）第 3 帧　　（c）第 5 帧　　（d）第 7 帧　　（e）第 10 帧

图 7-153

在使用变形提示后，在提示点的作用下生成的图形变化过程，如图 7-154 所示。

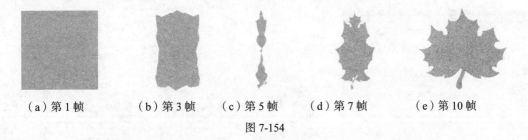

（a）第 1 帧　　（b）第 3 帧　　（c）第 5 帧　　（d）第 7 帧　　（e）第 10 帧

图 7-154

7.4　动作补间动画

动作补间动画所处理的对象必须是舞台上的组件实例、多个图形的组合、文字、导入的素材对象。利用这种动画，可以实现上述对象的大小、位置、旋转、颜色及透明度等变化效果。

命令介绍

动作补间动画：是指对象在位置上产生的变化。

7.4.1 课堂案例——制作情人节贺卡

【案例学习目标】使用变形工具调整图形大小，使用创建补间
动画命令制作动画，使用浮动面板添加脚本语言。

【案例知识要点】使用任意变形工具将海马图形变形，使用创
建补间动画命令制作海马游动效果，使用动作面板添加脚本语言，
效果如图 7-155 所示。

【效果所在位置】光盘/Ch07/效果/制作情人节贺卡.fla。

图 7-155

1．导入图形制作海马动画

（1）选择"文件 > 新建"命令，弹出"新建文档"对话框，单击"确定"按钮，进入新建
文档舞台窗口。按 Ctrl+F3 组合键，弹出文档"属性"面板。在"发布"选项组中单击"配置文
件"右侧的"编辑"按钮，在弹出的"发布设置"对话框中将"版本"选项设为"Flash Player 8"，
将"ActionScript 版本"选项设为"ActionScript 2"。将"FPS"选项设为 12。

（2）选择"文件 > 导入 > 导入到库"命令，在弹出的"导入到库"对话框中选择"Ch07 >
素材 > 制作情人节贺卡 > 01、02、03"文件，单击"打开"按钮，图片被导入到"库"面板中，
如图 7-156 所示。

（3）在"库"面板下方单击"新建元件"按钮，弹出"创建新元件"对话框，在"名称"
选项的文本框中输入"海马 1 动"，在"类型"选项的下拉列表中选择"图形"选项，单击"确定"
按钮，新建图形元件"海马 1 动"，如图 7-157 所示，舞台窗口也随之转换为图形元件的舞台窗口。

（4）将"库"面板中的图形元件"02"拖曳到舞台窗口中，效果如图 7-158 所示。分别选中
"图层 1"的第 7 帧、第 14 帧，按 F6 键，在选中的帧上插入关键帧，如图 7-159 所示。选中"图
层 1"的第 7 帧，在舞台窗口中选中"02"实例，选择"任意变形"工具，拖动控制框两侧任
意一个控制手柄，将其水平压缩，高度保持不变，效果如图 7-160 所示。

图 7-156

图 7-157

图 7-158

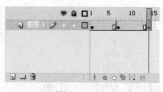

图 7-159

图 7-160

（5）分别用鼠标右键单击"图层 1"的第 1 帧、第 7 帧，在弹出的菜单中选择"创建传统补
间"命令，生成动作补间动画，如图 7-161 所示。用相同的方法制作图形元件"海马 2 动"，如
图 7-162 所示。

（6）单击"新建元件"按钮，新建影片剪辑元件"一起动"。将"库"面板中的图形元件
"海马 1 动"拖曳到舞台窗口中。单击"时间轴"面板下方的"新建图层"按钮，新建"图层 2"。

选中"图层 2"的第 1 帧，将"库"面板中的图形元件"海马 2 动"拖曳到舞台窗口中，并放置到与"海马 1 动"实例相对的位置，效果如图 7-163 所示。

图 7-161　　　　　图 7-162　　　　　图 7-163

（7）分别选中"图层 1"和"图层 2"的第 35 帧，按 F6 键，在选中的帧上插入关键帧。分别选中"图层 1"和"图层 2"的第 1 帧，按住 Shift 键的同时，在舞台窗口中将对应的"海马 1 动"和"海马 2 动"实例水平拖曳到舞台两侧边框的位置，效果如图 7-164 所示。

（8）分别用鼠标右键单击"图层 1"和"图层 2"的第 1 帧，在弹出的菜单中选择"创建传统补间"命令，生成动作补间动画，如图 7-165 所示。

图 7-164　　　　　　　　　图 7-165

（9）选中"图层 1"的第 35 帧，选择"窗口 > 动作"命令，弹出"动作"面板，在面板的左上方将脚本语言版本设置为"ActionScript 1.0&2.0"，在面板中单击"将新项目添加到脚本中"按钮，在弹出的菜单中选择"全局函数 > 时间轴控制 > stop"命令，如图 7-166 所示，在"脚本窗口"中显示出选择的脚本语言，如图 7-167 所示。设置完成动作脚本后，关闭"动作"面板，在"图层 1"的第 35 帧上显示出一个标记"a"。

图 7-166　　　　　　　　　　　　　　图 7-167

2．在舞台窗口中编辑元件

（1）单击舞台窗口左上方的"场景 1"图标 场景1，进入"场景 1"的舞台窗口。将"图层 1"重新命名为"底图"。将"库"面板中的图形元件"01"拖曳到舞台窗口中，并放置到合适的位置，效果如图 7-168 所示。

（2）在"时间轴"面板中创建新图层并将其命名为"一起动"。将"库"面板中的影片剪辑元件"一起动"拖曳到舞台窗口中，效果如图 7-169 所示。

图 7-168　　　　　　　　　　　　　图 7-169

（3）在"时间轴"面板中创建新图层并将其命名为"动作脚本"。调出"动作"面板，在面板中单击"将新项目添加到脚本中"按钮 ，在弹出的菜单中选择"全局函数 > 时间轴控制 > stop"命令，在"脚本窗口"中显示出选择的脚本语言，如图 7-170 所示。设置完成动作脚本后，关闭"动作"面板，在"动作脚本"图层的第 1 帧上显示出一个标记"a"，如图 7-171 所示。情人节贺卡制作完成，按 Ctrl+Enter 组合键即可查看效果，如图 7-172 所示。

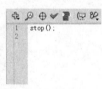

图 7-170　　　　　　　图 7-171　　　　　　　　　图 7-172

7.4.2　动作补间动画

新建空白文档，选择"文件 > 导入 > 导入到库"命令，将"跑步"文件导入到"库"面板中，如图 7-173 所示，将跑步元件拖曳到舞台的左下方，如图 7-174 所示。

图 7-173　　　　　　　　　　　图 7-174

用鼠标右键单击"时间轴"面板中的第 10 帧，在弹出的菜单中选择"插入关键帧"命令，在第 10 帧上插入一个关键帧，如图 7-175 所示。将跑步图形拖曳到舞台的右上方，如图 7-176 所示。

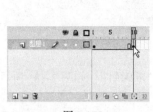

图 7-175　　　　　　　　　　　　　　　　图 7-176

在"时间轴"面板中选中第 1 帧，单击鼠标右键，在弹出的菜单中选择"创建传统补间"命令。

设为"动画"后，"属性"面板中出现多个新的选项，如图 7-177 所示。

"缓动"选项：用于设定动作补间动画从开始到结束时的运动速度。其取值范围为 0～100。当选择正数时，运动速度呈减速度，即开始时速度快，然后逐渐速度减慢；当选择负数时，运动速度呈加速度，即开始时速度慢，然后逐渐速度加快。

"旋转"选项：用于设置对象在运动过程中的旋转样式和次数。

"贴紧"选项：勾选此选项，如果使用运动引导动画，则根据对象的中心点将其吸附到运动路径上。

"调整到路径"选项：勾选此选项，对象在运动引导动画过程中，可以根据引导路径的曲线改变变化的方向。

"同步"选项：勾选此选项，如果对象是一个包含动画效果的图形组件实例，其动画和主时间轴同步。

"缩放"选项：勾选此选项，对象在动画过程中可以改变比例。

在"时间轴"面板中，第 1 帧~第 10 帧出现蓝色的背景和黑色的箭头，表示生成动作补间动画，如图 7-178 所示。完成动作补间动画的制作，按 Enter 键，让播放头进行播放，即可观看制作效果。

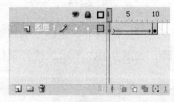

图 7-177　　　　　　　　　　　　　　　　图 7-178

如果想观察制作的动作补间动画中每 1 帧产生的不同效果，可以单击"时间轴"面板下方的"绘图纸外观"按钮，并将标记点的起始点设为第 1 帧，终止点设为第 10 帧，如图 7-179 所示。舞台中显示出在不同的帧中，跑步图形位置的变化效果，如图 7-180 所示。

图 7-179　　　　　　　　　　　图 7-180

如果在帧"属性"面板中，将"旋转"选项设为"顺时针"，如图 7-181 所示，那么在不同的帧中，运动员位置的变化效果，如图 7-182 所示。

图 7-181　　　　　　　　　　　图 7-182

还可以在对象的运动过程中改变其大小、透明度等，下面将进行介绍。

新建空白文档，选择"文件 > 导入 > 导入到库"命令，将"贝壳"文件导入到"库"面板中，如图 7-183 所示，将贝壳图形拖曳到舞台的中心，如图 7-184 所示。

用鼠标右键单击"时间轴"面板中的第 10 帧，在弹出的菜单中选择"插入关键帧"命令，在第 10 帧上插入一个关键帧，如图 7-185 所示。选择"任意变形"工具，在舞台中单击贝壳图形，出现变形控制点，如图 7-186 所示。

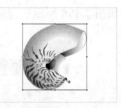

图 7-183　　　　图 7-184　　　　图 7-185　　　　图 7-186

将鼠标放在左侧的控制点上，光标变为双箭头 ↔，按住鼠标不放，选中控制点向右拖曳，将贝壳图形水平翻转，如图 7-187 所示。松开鼠标后效果如图 7-188 所示。

图 7-187　　　　　　　　　　　图 7-188

按 Ctrl+T 组合键，弹出"变形"面板，将"高度"和"宽度"选项设置为 70，其他选项为默认值，如图 7-189 所示。按 Enter 键，确定操作，如图 7-190 所示。

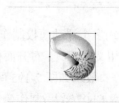

图 7-189　　　　　　　　　　　　　图 7-190

选择"选择"工具 ，选中贝壳图形，选择"窗口 > 属性"命令，弹出图形"属性"面板，在"色彩效果"选项组中的"样式"选项的下拉列表中选择"Alpha"，将下方的"Alpha 数量"选项设为 20，如图 7-191 所示。

舞台中贝壳图形的不透明度被改变，如图 7-192 所示。在"时间轴"面板中，用鼠标右键单击第 1 帧，在弹出的菜单中选择"创建传统补间"命令，第 1 帧 ~ 第 10 帧之间生成动作补间动画，如图 7-193 所示。按 Enter 键，让播放头进行播放，即可观看制作效果。

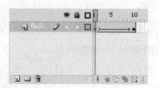

图 7-191　　　　　　　图 7-192　　　　　　　图 7-193

在不同的关键帧中，铃铛图形的动作变化效果如图 7-194 所示。

（a）第 1 帧　　　（b）第 3 帧　　（c）第 5 帧　（d）第 7 帧　（e）第 9 帧　　（f）第 10 帧

图 7-194

7.5 色彩变化动画

色彩变化动画是指对象没有动作和形状上的变化，只是在颜色上产生了变化。

命令介绍

色彩变化动画：在不同的帧中为对象设置不同的颜色，使对象产生颜色上的动画效果。

7.5.1　课堂案例——制作变色文字

【案例学习目标】使用多个浮动面板制作动画效果。

【案例知识要点】使用文本工具、对齐面板、任意变形工具来完成效果的制作，效果如图 7-195 所示。

【效果所在位置】光盘/Ch07/效果/制作变色文字.fla。

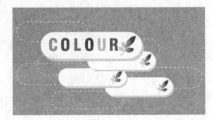

图 7-195

1. 导入并制作图形元件

（1）选择"文件 > 新建"命令，弹出"新建文档"对话框，单击"确定"按钮，进入新建文档舞台窗口。按 Ctrl+F3 组合键，弹出文档"属性"面板，单击"大小"选项后面的按钮，在弹出的对话框中将舞台窗口的宽度设为 550，高度设为 300。将"FPS"选项设为 12。

（2）将"图层 1"重新命名为"背景图层"。选择"文件 > 导入 > 导入到舞台"命令，在弹出的"导入"对话框中选择"Ch07 > 素材 > 制作变色文字> 01"文件，单击"打开"按钮，文件被导入到舞台窗口中。选中导入的图片，在组"属性"面板中，将"X"、"Y"选项设为 0，如图 7-196 所示，舞台窗口中的效果如图 7-197 所示。

（3）按 Ctrl+L 组合键，调出"库"面板，在"库"面板下方单击"新建元件"按钮，弹出"创建新元件"对话框，在"名称"选项的文本框中输入"C"，在"类型"选项的下拉列表中选择"图形"选项，单击"确定"按钮，新建一个图形元件"C"，如图 7-198 所示，舞台窗口也随之转换为图形元件的舞台窗口。

（4）选择"文本"工具，在文字"属性"面板中进行设置，在图像窗口中输入大小为 30，字体为"Swis721 BlkCn BT"的红色（#FF0000）字母"C"，效果如图 7-199 所示。

图 7-196

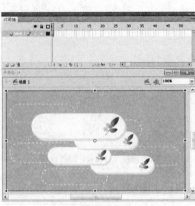
图 7-197

图 7-198

图 7-199

（5）按照相同的方法，创建新的图形元件"O1"，在舞台窗口中输入字母"O"，将字母颜色设置为黄色（#FFCC00），效果如图 7-200 所示。创建新的元件"L"、"O2"、"U"、"R"，并分别在各元件的舞台窗口中输入"L"（赫色#993300）、"O"（蓝色#66CCFF）、"U"（绿色#33CC66）、"R"（粉色#FF33CC）。

（6）在"库"面板下方单击"新建元件"按钮，弹出"创建新元件"对话框，在"名称"选项的文本框中输入"变色文字"，在"类型"选项的下拉列表中选择"影片剪辑"选项，单击"确定"按钮，新建一个影片剪辑元件"变色文字"，如图 7-201 所示，舞台窗口也随之转换为影片剪辑元件的舞台窗口。将"图层 1"重新命名为"C"。将"库"面板中的元件"C"拖曳到舞台窗口中，效果如图 7-202 所示。

（7）单击"时间轴"面板下方的"插入图层"按钮，创建新图层并将其命名为"O1"，将元件"O1"拖曳到舞台窗口中，放置在"C"的右侧，效果如图 7-203 所示。

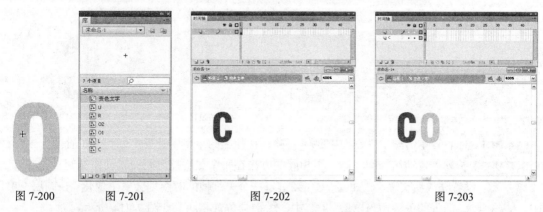

| 图 7-200 | 图 7-201 | 图 7-202 | 图 7-203 |

（8）用相同的方法新建图层"L"、"O2"、"U"、"R"，如图 7-204 所示。将元件"L"、"O2"、"U"、"R"分别放在与自己名称相同的图层中，效果如图 7-205 所示。

（9）用鼠标框选中所有图层中的字母，如图 7-206 所示。按 Ctrl+K 组合键，调出"对齐"面板，单击"上对齐"按钮，如图 7-207 所示，将所有字母的上边线对齐，效果如图 7-208 所示。单击面板中的"水平居中分布"按钮，将所有字母的间距设置为相同，效果如图 7-209 所示。

| 图 7-204 | 图 7-205 | 图 7-206 |
| 图 7-207 | 图 7-208 | 图 7-209 |

2．制作变色文字动画

（1）在图层"C"的第 5 帧、第 10 帧、第 15 帧、第 20 帧、第 25 帧、第 30 帧上分别插入关键帧（其快捷键为 F6 键），如图 7-210 所示。

（2）选中第 5 帧，在舞台窗口中选中文字"C"，按 Ctrl+F3 组合键，弹出图形"属性"面板，在"色彩效果"选项组中的"样式"选项的下拉列表中选择"色调"，在右侧的颜色框中将颜色设为淡蓝色（#00CCCC），文字颜色被改变，如图 7-211 所示，效果如图 7-212 所示。

（3）用相同的方法，在第 10 帧中，将文字颜色设置为棕色（#CC9966），在第 15 帧中，将文字颜色设置为紫色（#9933CC），在第 20 帧中，将文字颜色设置为深粉色（#FF3366），在第 25 帧中，将文字颜色设置为灰色（#666666），在第 30 帧中，将文字颜色设置为黄色（#FFFF00）。

图 7-210

图 7-211

图 7-212

（4）用鼠标右键单击图层"C"中的第 1 帧，在弹出的菜单中选择"创建传统补间"命令，在第 1 帧~第 5 帧创建动作补间动画。用相同的方法在每个关键帧之间设置动作补间动画，如图 7-213 所示。设置完成后文字"C"的颜色在经过每一个关键帧的时候都会发生变化。在图层"O1"中插入关键帧，插入的关键帧与图层"C"中的关键帧位置相同，如图 7-214 所示。

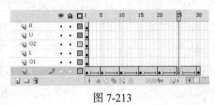
图 7-213

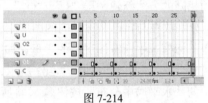
图 7-214

（5）可以根据自己的需要更改图层"O1"中各个关键帧中文字的颜色，并在每个关键帧之间设置动作补间动画，如图 7-215 所示。用相同的方法制作其他图层中的文字，如图 7-216 所示。

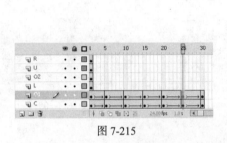
图 7-215

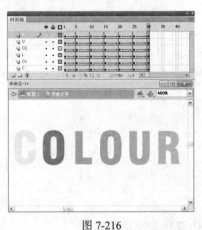
图 7-216

（6）单击舞台窗口左上方的"场景 1"图标 场景1，进入"场景 1"的舞台窗口。将"库"面板中的元件"变色文字"拖曳到舞台窗口中，选择"任意变形"工具，在文字的周围出现控制点，按住 Shift 键的同时，向外拖曳右下方的控制点，成比例地放大文字，效果如图 7-217 所示。放大后，文字效果如图 7-218 所示。变色文字制作完成，按 Ctrl+Enter 组合键即可查看效果。

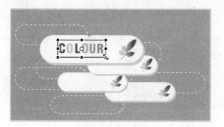

图 7-217　　　　　　　　　　　　　　　　　图 7-218

7.5.2　色彩变化动画

新建空白文档，选择"文件 > 导入 > 导入到舞台"命令，将"玫瑰花"文件导入到舞台中，如图 7-219 所示。选中玫瑰花，反复按 Ctrl+B 组合键，直到图形完全被打散，如图 7-220 所示。

在"时间轴"面板中选择第 10 帧，按 F6 键，在第 10 帧上插入关键帧，如图 7-221 所示。第 10 帧中也显示出第 1 帧中的玫瑰花。

图 7-219 　　　　　　图 7-220　　　　　　　图 7-221

将绿色玫瑰花全部选中，单击工具箱下方的"填充色"按钮，在弹出的色彩框中选择粉色（#FF6699），这时，绿色玫瑰的颜色发生变化，被修改为粉色，如图 7-222 所示。在"时间轴"面板中选中第 1 帧，单击鼠标右键，在弹出的菜单中选择"创建补间形状"命令，如图 7-223 所示。在"时间轴"面板中，第 1 帧～第 10 帧之间生成色彩变化动画，如图 7-224 所示。

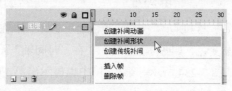
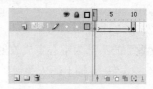

图 7-222　　　　　　　　图 7-223　　　　　　　　　图 7-224

在不同的关键帧中，玫瑰花的颜色变化效果如图 7-225 示。

（a）第 1 帧　　（b）第 3 帧　　（c）第 5 帧　　（d）第 7 帧　　（e）第 9 帧　　（f）第 10 帧

图 7-225

还可以应用渐变色彩来制作色彩变化动画，下面将进行介绍。

新建空白文档，选择"文件 > 导入 > 导入到舞台"命令，将"女歌手"文件导入到舞台中，如图 7-226 所示。选中女歌手图形，按 Ctrl+B 组合键，将女歌手图形打散，如图 7-227 所示。

选择"窗口 > 颜色"命令，弹出"颜色"面板，在"填充样式"选项的下拉列表中选择"径向渐变"命令，如图 7-228 所示。

图 7-226　　　　图 7-227　　　　　　　图 7-228

在"颜色"面板中，在滑动色带上选中左侧的颜色控制点，如图 7-229 所示。在面板的颜色框中设置控制点的颜色，在面板右下方的颜色明暗度调节框中，通过拖动鼠标来设置颜色的明暗度，如图 7-230 所示，将第 1 个控制点设为红色（#F94F31）。再选中右侧的颜色控制点，在颜色选择框和明暗度调节框中设置颜色，如图 7-231 所示，将第 2 个控制点设为绿色（#CCFF00）。

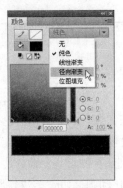

图 7-229　　　　　　　　图 7-230　　　　　　　　图 7-231

将第 2 个控制点向左拖动，如图 7-232 所示。选择"颜料桶"工具，在女歌手头部单击鼠标，以女歌手的头部为中心生成放射状渐变色，如图 7-233 所示。在"时间轴"面板中选择第 10 帧，按 F6 键，在第 10 帧上插入关键帧，如图 7-234 所示。第 10 帧中也显示出第 1 帧中的女歌手图形。

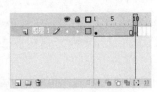

图 7-232　　　　　　　图 7-233　　　　　　　图 7-234

选择"颜料桶"工具，在女歌手脚部单击鼠标，以女歌手的脚部为中心生成放射状渐变色，如图 7-235 所示。在"时间轴"面板中选中第 1 帧，单击鼠标右键，在弹出的菜单中选择"创建补间形状"命令，如图 7-236 所示。

在"时间轴"面板中，第 1 帧 ~ 第 10 帧之间生成色彩变化动画，如图 7-237 所示。

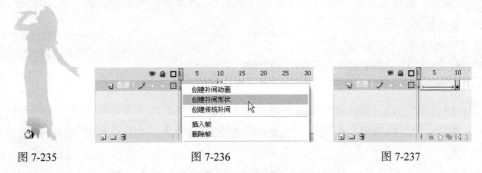

图 7-235　　　　　　　　　图 7-236　　　　　　　　　图 7-237

在不同的关键帧中，女歌手图形颜色变化效果如图 7-238 所示。

（a）第 1 帧　　（b）第 3 帧　　（c）第 5 帧　　（d）第 7 帧　　（e）第 9 帧　　（f）第 10 帧

图 7-238

7.5.3　测试动画

在制作完成动画后，要对其进行测试。可以通过多种方法来测试动画。

1．应用控制器面板

选择"窗口 > 工具栏 > 控制器"命令，弹出"控制器"面板，如图 7-239 所示。

图 7-239

"停止"按钮：用于停止播放动画。"转到第一帧"按钮：用于将动画返回到第 1 帧并停止播放。"后退一帧"按钮：　用于将动画逐帧向后播放。"播放"按钮：用于播放动画。"前进一帧"按钮：用于将动画逐帧向前播放。"转到最后一帧"按钮：用于将动画跳转到最后 1 帧并停止播放。

2．应用播放命令

选择"控制 > 播放"命令，或按 Enter 键，可以对当前舞台中的动画进行浏览。在"时间轴"面板中，可以看见播放头在运动，随着播放头的运动，舞台中显示出播放头所经过的帧上的内容。

3．应用测试影片命令

选择"控制 > 测试影片"命令，或按 Ctrl+Enter 组合键，可以进入动画测试窗口，对动画作品的多个场景进行连续的测试。

4．应用测试场景命令

选择"控制 > 测试场景"命令，或按 Ctrl+Alt+Enter 组合键，可以进入动画测试窗口，测试当前舞台窗口中显示的场景或元件中的动画。

提示 如果需要循环播放动画，可以选择"控制 > 循环播放"命令，再应用"播放"按钮或其他测试命令即可。

7.5.4 "影片浏览器"面板的功能

"影片浏览器"面板，可以将 Flash CS5 文件组成树型关系图。方便用户进行动画分析、管理或修改。在其中可以查看每一个元件，熟悉帧与帧之间的关系，查看动作脚本等，也可快速查找需要的对象。

选择"窗口 > 影片浏览器"命令，弹出"影片浏览器"面板，如图 7-240 所示。

"显示文本"按钮 A ：用于显示动画中的文字内容。

"显示按钮、影片剪辑和图形"按钮 ：用于显示动画中的按钮、影片剪辑和图形。

"显示动作脚本"按钮 ：用于显示动画中的脚本。

"显示视频、声音和位图"按钮 ：用于显示动画中的视频、声音和位图。

图 7-240

"显示帧和图层"按钮 ：用于显示动画中的关键帧和图层。

"自定义要显示的项目"按钮 ：单击此按钮，弹出"影片管理器设置"对话框，在对话框中可以自定义在"影片浏览器"面板中显示的内容。

"查找"选项：可以在此选项的文本框中输入要查找的内容，这样可以快速地找到需要的对象。

课堂练习——制作 LOADING 下载条

【练习知识要点】使用矩形工具、任意变形工具、形状补间动画命令制作下载条的动画效果。使用文本工具添加文字效果，如图 7-241 所示。

【效果所在位置】光盘/Ch07/效果/制作 LOADING 下载条.fla。

图 7-241

课堂练习——制作饮料广告

【练习知识要点】使用创建补间动画命令制作动画效果。使用文本工具添加文本。使用任意变形工具改变图像的大小，如图 7-242 所示。

【效果所在位置】光盘/Ch07/效果/制作饮料广告.fla。

图 7-242

课后习题——制作变色标志

【习题知识要点】使用改变帧数命令制作标志图形的变色效果。使用对齐面板将所有的标志图形进行对齐。使用变形面板调整图形的大小，如图 7-243 所示。

【效果所在位置】光盘/Ch07/效果/制作变色标志.fla。

图 7-243

第8章

层与高级动画

层在 Flash CS5 中有着举足轻重的作用。只有掌握层的概念和熟练应用不同性质的层，才有可能真正成为 Flash 的高手。本章详细介绍层的应用技巧和使用不同性质的层来制作高级动画。读者通过学习要了解并掌握层的强大功能，并能充分利用层来为自己的动画设计作品增光添彩。

课堂学习目标

- 层、引导层与运动引导层的动画
- 遮罩层与遮罩的动画制作
- 分散到图层
- 场景动画

8.1　层、引导层与运动引导层的动画

图层类似于叠在一起的透明纸，下面图层中的内容可以通过上面图层中不包含内容的区域透过来。除普通图层，还有一种特殊类型的图层——引导层。在引导层中，可以像其他层一样绘制各种图形和引入元件等，但最终发布时引导层中的对象不会显示出来。

命令介绍

运动引导层：如果希望创建按照任意轨迹运动的动画就需要添加运动引导层。

8.1.1　课堂案例——制作飘落的花瓣

【案例学习目标】使用绘图工具制作引导层，使用创建补间动画命令制作动画。

【知识要点】使用铅笔工具绘制线条并添加运动引导层，使用创建补间动画命令制作出飘落的花瓣效果，如图 8-1 所示。

【效果所在位置】光盘/Ch08/效果/制作飘落的花瓣.fla。

图 8-1

1．导入图片

（1）选择"文件 > 新建"命令，弹出"新建文档"对话框，单击"确定"按钮，进入新建文档舞台窗口。按 Ctrl+F3 组合键，弹出文档"属性"面板，单击"大小"选项后面的按钮，在弹出的对话框中将舞台窗口的宽度设为 400，高度设为 550。将"FPS"选项设为 12。

（2）按 Ctrl+L 组合键，调出"库"面板，选择"文件 > 导入 > 导入到库"命令，在弹出的"导入到库"对话框中选择"Ch08 > 素材 > 制作飘落的花瓣 > 01、02"文件，单击"打开"按钮，将文件导入到"库"面板中，如图 8-2 所示。

（3）将"库"面板中的位图"01"拖曳到舞台窗口中。选择位图"属性"面板，在对话框中进行设置，如图 8-3 所示，使图片在舞台窗口的正中位置，将"图层 1"重新命名为"底图"，效果如图 8-4 所示。

图 8-2

图 8-3

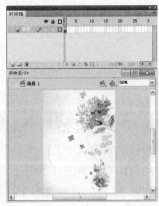

图 8-4

（4）单击"时间轴"面板下方的"新建图层"按钮，创建新的图层并将其命名为"蝴蝶"。将"库"面板中的位图"02"拖曳到舞台窗口中。选择位图"属性"面板，在对话框中进行设置，如图 8-5 所示，将 02 图片放置在舞台窗口的左上方，如图 8-6 所示。

（5）选择"文件 > 导入 > 导入到库"命令，在弹出的"导入到库"对话框中选择"Ch08 > 素材 > 制作飘落的花瓣 > 03"文件，单击"打开"按钮，将文件导入到"库"面板中，效果如图 8-7 所示。

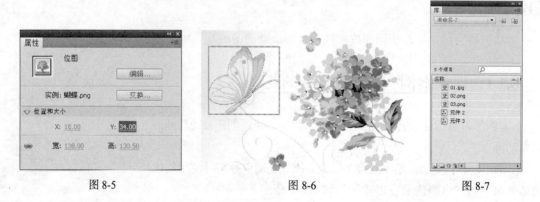

图 8-5　　　　　　　　　　　　图 8-6　　　　　　　　　　　　图 8-7

2．绘制引导线制作落花效果

（1）在"库"面板下方单击"新建元件"按钮，弹出"创建新元件"对话框，在"名称"选项的文本框中输入"花瓣动 1"，在"类型"选项的下拉列表中选择"影片剪辑"选项，单击"确定"按钮，新建一个影片剪辑元件"花瓣动 1"，舞台窗口也随之转换为影片剪辑元件的舞台窗口。在"图层 1"上单击鼠标右键，在弹出的菜单中选择"添加传统运动引导层"命令，为"图层 1"添加运动引导层，如图 8-8 所示。

（2）选择"铅笔"工具，在工具箱中将"笔触颜色"设为黑色，选中工具箱下方"选项"选项组中的"平滑"选项，在引导层上绘制出一条曲线，效果如图 8-9 所示。选中引导层的第 55 帧，按 F5 键插入普通帧，如图 8-10 所示。选中"图层 1"的第 1 帧，将"库"面板中的图形元件"元件 3"拖曳到舞台窗口中，放在曲线上方的端点上，效果如图 8-11 所示。

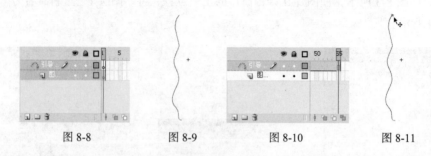

图 8-8　　　　　　　　图 8-9　　　　　　　　图 8-10　　　　　　　　图 8-11

（3）选中"图层 1"的第 55 帧，按 F6 键插入关键帧，如图 8-12 所示。用选择工具将第 55 帧中的花瓣移动到曲线下方的端点上，效果如图 8-13 所示。

（4）用鼠标右键单击"图层 1"中的第 1 帧，在弹出的菜单中选择"创建传统补间"命令，在第 1 帧和第 55 帧之间生成动作补间动画，如图 8-14 所示。创建新的影片剪辑元件"花瓣动 2"，如图 8-15 所示，舞台窗口也随之转换为影片剪辑元件"花瓣动 2"的舞台窗口。在"图层 1"上单击鼠标右键，在弹出的菜单中选择"添加传统运动引导层"命令，为"图层 1"添加运动引导层。选择"铅笔"工具，在引导层上绘制出一条曲线，效果如图 8-16 所示。

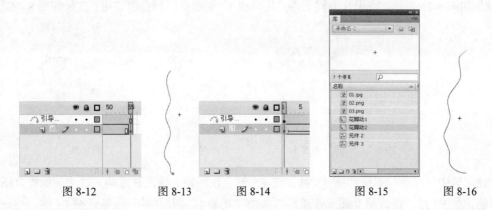

图 8-12　　　　图 8-13　　　　图 8-14　　　　　　　　图 8-15　　　　图 8-16

（5）选中引导层的第 65 帧，按 F5 键插入普通帧。选中"图层 1"的第 1 帧，将"库"面板中的图形元件"元件 3"拖曳到舞台窗口中，放在曲线上方的端点上，效果如图 8-17 所示。选中"图层 1"的第 65 帧，按 F6 键插入关键帧。用选择工具将第 65 帧中的花瓣移动到曲线下方的端点上，效果如图 8-18 所示。

（6）用鼠标右键单击"图层 1"中的第 1 帧，在弹出的菜单中选择"创建传统补间"命令，在第 1 帧~第 65 帧生成动作补间动画，如图 8-19 所示。创建新的影片剪辑元件"花瓣动 3"，如图 8-20 所示，舞台窗口也随之转换为影片剪辑元件"花瓣动 3"的舞台窗口。在"图层 1"上单击鼠标右键，在弹出的菜单中选择"添加传统运动引导层"命令，为"图层 1"添加运动引导层。选择"铅笔"工具，在引导层上绘制出一条曲线，效果如图 8-21 所示。

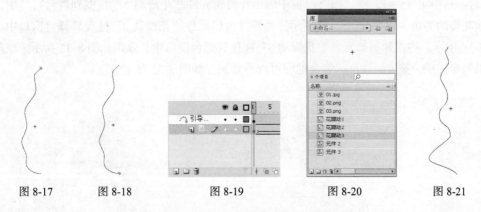

图 8-17　　　图 8-18　　　　　　图 8-19　　　　　　图 8-20　　　　图 8-21

（7）选中引导层的第 85 帧，按 F5 键插入普通帧。选中"图层 1"的第 1 帧，将"库"面板中的图形元件"元件 3"拖曳到舞台窗口中，放在曲线上方的端点上，效果如图 8-22 所示。选中"图层 1"的第 85 帧，按 F6 键插入关键帧。用选择工具将第 85 帧中的花瓣移动到曲线下方的端点上，效果如图 8-23 所示。用鼠标右键单击"图层 1"中的第 1 帧，在弹出的菜单中选择"创建传统补间"命令，在第 1 帧和第 85 帧之间生成动作补间动画。

（8）单击舞台窗口左上方的"场景 1"图标，进入"场景 1"的舞台窗口。单击"时间轴"面板下方的"新建图层"按钮，创建新图层并将其命名为"花朵 1"。选中图层"花朵 1"，将"库"面板中的影片剪辑元件"花瓣动 1"拖曳到舞台窗口中，效果如图 8-24 所示。

（9）将"库"面板中的影片剪辑元件"花瓣动 2"拖曳到舞台窗口中，放置在其他花瓣的旁边，效果如图 8-25 所示。将影片剪辑元件"花瓣动 3"也拖曳到舞台窗口中，效果如图 8-26 所示。

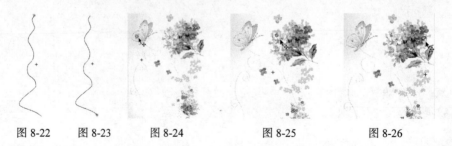

图 8-22　　图 8-23　　　　图 8-24　　　　　图 8-25　　　　　图 8-26

（10）选中"底图"图层的第 85 帧，按 F5 键，在该帧上插入普通帧。选中"蝴蝶"图层的第 85 帧，按 F5 键，在该帧上插入普通帧。选中"花朵 1"图层的第 85 帧，按 F5 键，在该帧上插入普通帧，如图 8-27 所示。单击"时间轴"面板下方的"新建图层"按钮，创建新图层并将其命名为"花朵 2"。选中图层"花朵 2"图层的第 15 帧，按 F6 键，在该帧上插入关键帧，如图 8-28 所示。

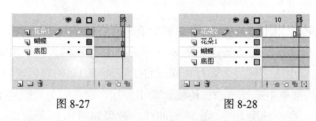

图 8-27　　　　　　　　　图 8-28

（11）选中第 15 帧，将"库"面板中的影片剪辑元件"花瓣动 1"拖曳到舞台窗口中，放置在其他花瓣的旁边，效果如图 8-29 所示。将影片剪辑元件"花瓣动 2"拖曳到舞台窗口中，效果如图 8-30 所示。将影片剪辑元件"花瓣动 3"拖曳到舞台窗口中，效果如图 8-31 所示。飘落的花瓣效果制作完成，按 Ctrl+Enter 组合键即可查看效果，如图 8-32 所示。

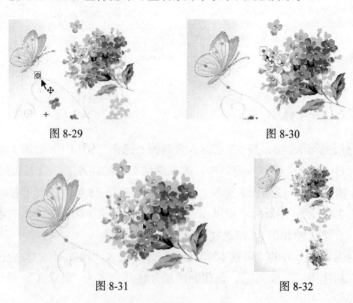

图 8-29　　　　　　　　　　图 8-30

图 8-31　　　　　　　　　　图 8-32

8.1.2 层的设置

1．层的弹出式菜单

鼠标右键单击"时间轴"面板中的图层名称，弹出菜单，如图 8-33 所示。

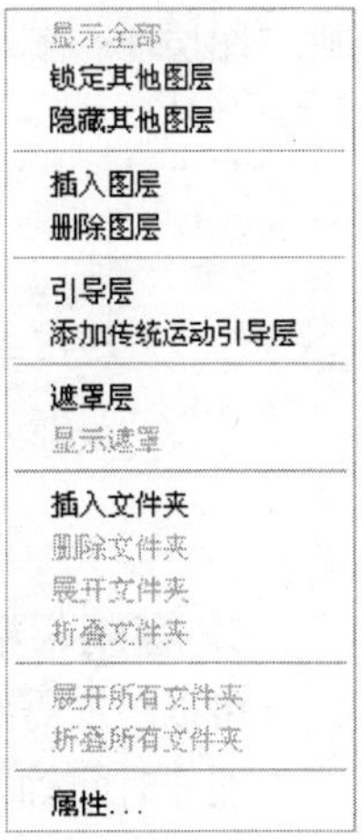

"显示全部"命令：用于显示所有的隐藏图层和图层文件夹。

"锁定其他图层"命令：用于锁定除当前图层以外的所有图层。

"隐藏其他图层"命令：用于隐藏除当前图层以外的所有图层。

"插入图层"命令：用于在当前图层上创建一个新的图层。

"删除图层"命令：用于删除当前图层。

"引导层"命令：用于将当前图层转换为普通引导层。

"添加传统运动引导层"命令：用于将当前图层转换为运动引导层。

"遮罩层"命令：用于将当前图层转换为遮罩层。

"显示遮罩"命令：用于在舞台窗口中显示遮罩效果。

"插入文件夹"命令：用于在当前图层上创建一个新的层文件夹。

"删除文件夹"命令：用于删除当前的层文件夹。

图 8-33

"展开文件夹"命令：用于展开当前的层文件夹，显示出其包含的图层。

"折叠文件夹"命令：用于折叠当前的层文件夹。

"展开所有文件夹"命令：用于展开"时间轴"面板中所有的层文件夹，显示出所包含的图层。

"折叠所有文件夹"命令：用于折叠"时间轴"面板中所有的层文件夹。

"属性"命令：用于设置图层的属性。

2．创建图层

为了分门别类地组织动画内容，需要创建普通图层。 选择"插入 > 时间轴 > 图层"命令，创建一个新的图层，或在"时间轴"面板下方单击"新建图层"按钮，创建一个新的图层。

> **提示**　　系统默认状态下，新创建的图层按"图层 1"、"图层 2"……的顺序进行命名，也可以根据需要自行设定图层的名称。

3．选取图层

选取图层就是将图层变为当前图层，用户可以在当前层上放置对象、添加文本和图形以及进行编辑。要使图层成为当前图层的方法很简单，在"时间轴"面板中选中该图层即可。当前图层会在"时间轴"面板中以深色显示，铅笔图标 表示可以对该图层进行编辑，如图 8-34 所示。

按住 Ctrl 键的同时，用鼠标在要选择的图层上单击，可以一次选择多个图层，如图 8-35 所示。按住 Shift 键的同时，用鼠标单击两个图层，在这两个图层中间的其他图层也会被同时选中，如图 8-36 所示。

图 8-34 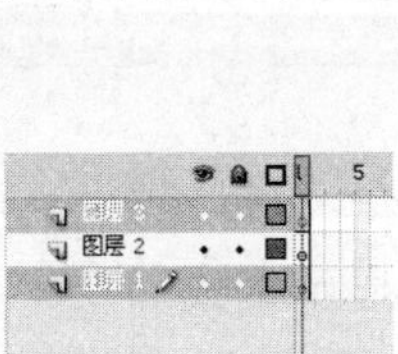　　　　　　　　图 8-35 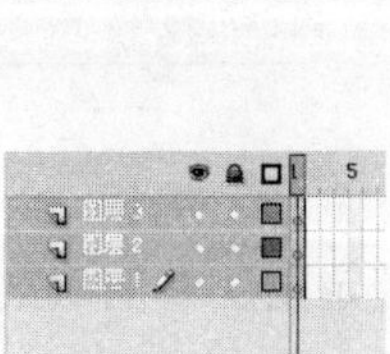　　　　　　　　图 8-36

4．排列图层

可以根据需要，在“时间轴”面板中为图层重新排列顺序。

在“时间轴”面板中选中“图层 3”，如图 8-37 所示，按住鼠标不放，将“图层 3”向下拖曳，这时会出现一条前方带圆环的粗线，如图 8-38 所示，将虚线拖曳到“图层 1”的下方，释放鼠标，则“图层 3”移动到“图层 1”的下方，如图 8-39 所示。

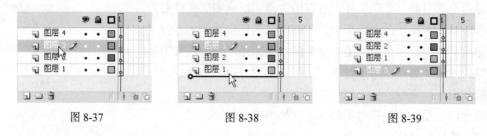

图 8-37   图 8-38   图 8-39

5．复制、粘贴图层

可以根据需要，将图层中的所有对象复制并粘贴到其他图层或场景中。

在“时间轴”面板中单击要复制的图层，如图 8-40 所示，选择“编辑 > 时间轴 > 复制帧”命令，进行复制。在“时间轴”面板下方单击“新建图层”按钮，创建一个新的图层，选中新的图层，如图 8-41 所示，选择“编辑 > 时间轴 > 粘贴帧”命令，在新建的图层中粘贴复制过的内容，如图 8-42 所示。

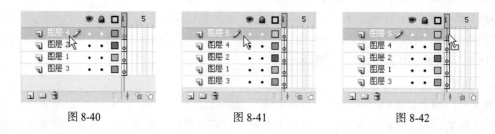

图 8-40   图 8-41   图 8-42

6．删除图层

如果某个图层不再需要，可以将其进行删除。删除图层有以下两种方法：在“时间轴”面板中选中要删除的图层，在面板下方单击“删除”按钮，即可删除选中图层，如图 8-43 所示，还可在“时间轴”面板中选中要删除的图层，按住鼠标不放，将其向下拖曳，这时会出现一条前方带圆环的粗线，将其拖曳到“删除”按钮上进行删除，如图 8-44 所示。

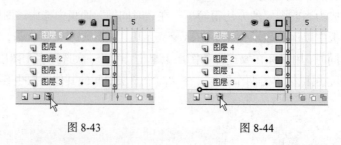

图 8-43   图 8-44

7．隐藏、锁定图层和图层的线框显示模式

（1）隐藏图层：动画经常是多个图层叠加在一起的效果，为了便于观察某个图层中对象的效果，可以把其他的图层先隐藏起来。

在"时间轴"面板中单击"显示 > 隐藏所有图层"按钮 下方的小黑圆点，这时小黑圆点所在的图层就被隐藏，在该图层上显示出一个叉号图标 ，如图 8-45 所示，此时图层将不能被编辑。

在"时间轴"面板中单击"显示 > 隐藏所有图层"按钮 ，面板中的所有图层将被同时隐藏，如图 8-46 所示。再单击此按钮，即可解除隐藏。

图 8-45　　　　　　　　　　　图 8-46

（2）锁定图层：如果某个图层上的内容已符合要求，则可以锁定该图层，以避免内容被意外地更改。

在"时间轴"面板中单击"锁定 > 解除锁定所有图层"按钮 下方的小黑圆点，这时小黑圆点所在的图层就被锁定，在该图层上显示出一个锁状图标 ，如图 8-47 所示，此时图层将不能被编辑。

在"时间轴"面板中单击"锁定 > 解除锁定所有图层"按钮 ，面板中的所有图层将被同时锁定，如图 8-48 所示。再单击此按钮，即可解除锁定。

　　　　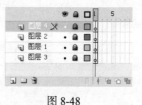

图 8-47　　　　　　　　　　　图 8-48

（3）图层的线框显示模式：为了便于观察图层中的对象，可以将对象以线框的模式进行显示。

在"时间轴"面板中单击"显示所有图层的轮廓"按钮 下方的实色正方形，这时实色正方形所在图层中的对象就呈线框模式显示，在该图层上实色正方形变为线框图标 ，如图 8-49 所示，此时并不影响编辑图层。

在"时间轴"面板中单击"显示所有图层的轮廓"按钮 ，面板中的所有图层将被同时以线框模式显示，如图 8-50 所示。再单击此按钮，即可返回到普通模式。

图 8-49　　　　　　　　　　　图 8-50

8．重命名图层

可以根据需要更改图层的名称，更改图层名称有以下两种方法。

（1）双击"时间轴"面板中的图层名称，名称变为可编辑状态，如图 8-51 所示，输入要更改的图层名称，如图 8-52 所示，在图层旁边单击鼠标，完成图层名称的修改，如图 8-53 所示。

图 8-51　　　　　　　　　图 8-52　　　　　　　　　图 8-53

（2）还可选中要修改名称的图层，选择"修改 > 时间轴 > 图层属性"命令，在弹出的"图层属性"对话框中修改图层的名称。

8.1.3　图层文件夹

在"时间轴"面板中可以创建图层文件夹来组织和管理图层，这样"时间轴"面板中图层的层次结构将非常清晰。

1．创建图层文件夹

选择"插入 > 时间轴 > 图层文件夹"命令，在"时间轴"面板中创建图层文件夹，如图 8-54 所示。还可单击"时间轴"面板下方的"新建文件夹"按钮，在"时间轴"面板中创建图层文件夹，如图 8-55 所示。

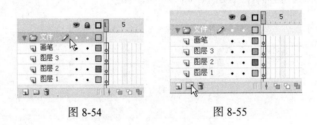

图 8-54　　　　　　　　　图 8-55

2．删除图层文件夹

在"时间轴"面板中选中要删除的图层文件夹，单击面板下方的"删除"按钮，即可删除图层文件夹，如图 8-56 所示。还可在"时间轴"面板中选中要删除的图层文件夹，按住鼠标不放，将其向下拖曳，这时会出现一条前方带圆环的粗线，将其拖曳到"删除"按钮上进行删除，如图 8-57 所示。

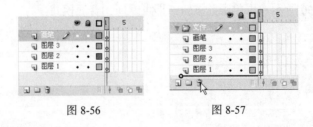

图 8-56　　　　　　　　　图 8-57

8.1.4　普通引导层

普通引导层主要用于为其他图层提供辅助绘图和绘图定位，引导层中的图形在播放影片时是不会显示的。

1. 创建普通引导层

鼠标右键单击"时间轴"面板中的某个图层，在弹出的菜单中选择"引导层"命令，如图 8-58 所示，该图层转换为普通引导层，此时，图层前面的图标变为 ，如图 8-59 所示。

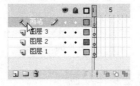

图 8-58   图 8-59

还可在"时间轴"面板中选中要转换的图层，选择"修改 > 时间轴 > 图层属性"命令，弹出"图层属性"对话框，在"类型"选项组中选择"引导层"单选项，如图 8-60 所示，单击"确定"按钮，选中的图层转换为普通引导层，此时，图层前面的图标变为 ，如图 8-61 所示。

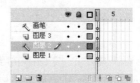

图 8-60   图 8-61

2. 将普通引导层转换为普通图层

如果要播放影片时显示引导层上的对象，还可将引导层转换为普通图层。

鼠标右键单击"时间轴"面板中的引导层，在弹出的菜单中选择"引导层"命令，如图 8-62 所示，引导层转换为普通图层，此时，图层前面的图标变为 ，如图 8-63 所示。

图 8-62   图 8-63

还可在"时间轴"面板中选中引导层，选择"修改 > 时间轴 > 图层属性"命令，弹出"图层属性"对话框，在"类型"选项组中选择"一般"单选项，如图 8-64 所示，单击"确定"按钮，选中的引导层转换为普通图层，此时，图层前面的图标变为 ，如图 8-65 所示。

图 8-64   图 8-65

3. 应用普通引导层制作动画

新建空白文档，在"时间轴"面板中，鼠标右键单击"图层 1"，在弹出的菜单中选择"引导层"命令，如图 8-66 所示。"图层 1"由普通图层转换为引导层，如图 8-67 所示。

选择"椭圆"工具 ○，在引导层的舞台窗口中绘制出一个正圆形，如图 8-68 所示。在"时间轴"面板下方单击"新建图层"按钮 ，创建新的图层"图层 2"，如图 8-69 所示。

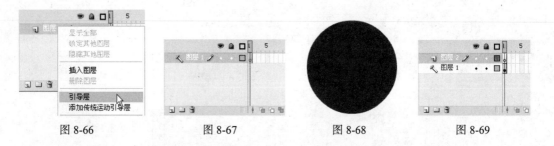

图 8-66   图 8-67   图 8-68   图 8-69

选择"多角星形"工具 ○，按 Ctrl+F3 组合键，弹出多角星形工具"属性"面板，单击"选项"按钮，如图 8-70 所示，弹出"工具设置"对话框，在对话框中进行设置，如图 8-71 所示，单击"确定"按钮。

图 8-70   图 8-71

选中"图层 2"，在正圆形的上方绘制出一个星形图形，如图 8-72 所示。选择"选择"工具 ，按住 Alt 键的同时，用鼠标将星形图形向右侧拖曳，如图 8-73 所示，释放鼠标，星形图形被复制，如图 8-74 所示。

用相同的方法，再复制出多个星形图形，并将它们绕着正圆形的外边线进行排列，如图 8-75 所示。图形绘制完成，按 Ctrl+Enter 组合键，测试图形效果，如图 8-76 所示，引导层中的正圆形没有被显示。

图 8-72　　　　　图 8-73　　　　　图 8-74　　　　　图 8-75　　　　　图 8-76

8.1.5　运动引导层

运动引导层的作用是设置对象运动路径的导向，使与之相链接的被引导层中的对象沿着路径运动，运动引导层上的路径在播放动画时不显示。在引导层上还可创建多个运动轨迹，以引导被引导层上的多个对象沿不同的路径运动。要创建按照任意轨迹运动的动画就需要添加运动引导层，但创建运动引导层动画时要求是动作补间动画，形状补间动画不可用。

1．创建运动引导层

用鼠标右键单击"时间轴"面板中要添加引导层的图层，在弹出的菜单中选择"添加传统运动引导层"命令，如图 8-77 所示，为图层添加运动引导层，此时引导层前面出现图标 ，如图 8-78 所示。

图 8-77　　　　　　　　　　图 8-78

> **提示**　　一个引导层可以引导多个图层上的对象按运动路径运动。如果要将多个图层变成某一个运动引导层的被引导层，只需在"时间轴"面板上将要变成被引导层的图层拖曳至引导层下方即可。

2．将运动引导层转换为普通图层

将运动引导层转换为普通图层的方法与普通引导层转换的方法一样，这里不再赘述。

3．应用运动引导层制作动画

新建空白文档，用鼠标右键单击"时间轴"面板中的"图层 1"，在弹出的菜单中选择"添加传统运动引导层"命令，为"图层 1"添加运动引导层，如图 8-79 所示。选择"线条"工具 ，在引导层的舞台窗口中绘制一条平行直线，如图 8-80 所示。

选择"选择"工具 ，鼠标按住直线的中部向上拖曳，使直线转换为弧线，如图 8-81 所示。选择"时间轴"面板，单击引导层中的第 15 帧，按 F5 键，在第 15 帧上插入普通帧，如图 8-82 所示。

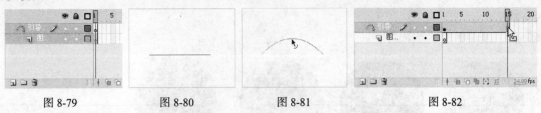

| 图 8-79 | 图 8-80 | 图 8-81 | 图 8-82 |

选择"文件 > 导入 > 导入到库"命令，将"甲壳虫"图形导入到"库"面板中，如图 8-83 所示。在"时间轴"面板中选中"图层 1"，将"库"面板中的图形拖曳到舞台窗口中，放置在弧线的右端点上，如图 8-84 所示。选择"任意变形"工具 ，调整图形的倾斜度，并将图形的中心点和弧线对齐，如图 8-85 所示。

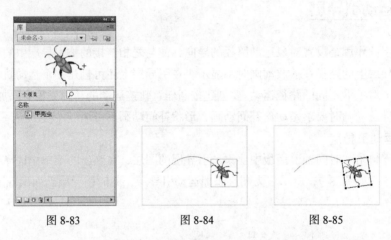

| 图 8-83 | 图 8-84 | 图 8-85 |

选择"时间轴"面板，单击"图层 1"中的第 15 帧，按 F6 键，在第 15 帧上插入关键帧，如图 8-86 所示。将舞台窗口中的汽车图形拖曳到弧线的左端点，并改变其倾斜度，如图 8-87 所示。

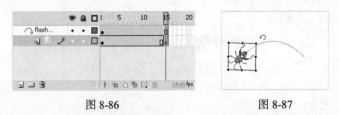

| 图 8-86 | 图 8-87 |

选中"图层 1"中的第 1 帧，单击鼠标右键，在弹出的菜单中选择"创建传统补间"命令，如图 8-88 所示，在"图层 1"中，第 1 帧～第 15 帧生成动作补间动画，如图 8-89 所示。运动引导层动画制作完成。

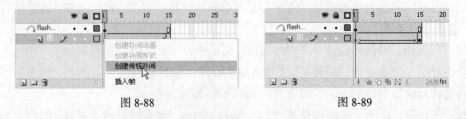

| 图 8-88 | 图 8-89 |

在不同的帧中，动画显示的效果如图 8-90 所示。按 Ctrl+Enter 组合键，测试动画效果，在动画中，弧线将不被显示。

| （a）第1帧 | （b）第5帧 | （c）第10帧 | （d）第15帧 |

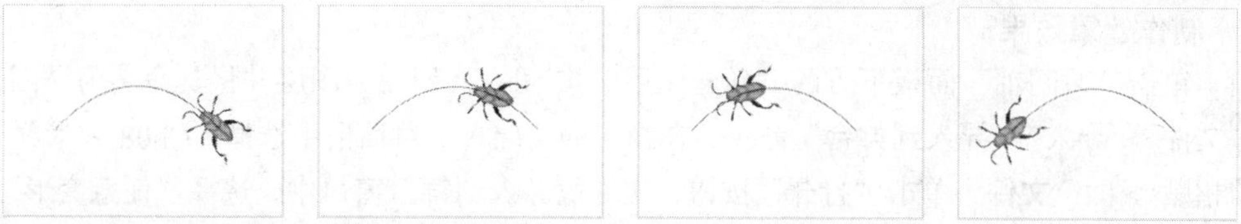

图 8-90

8.2　遮罩层与遮罩的动画制作

　　遮罩层就像一块不透明的板，如果要看到它下面的图像，只能在板上挖"洞"，而遮罩层中有对象的地方就可看成是"洞"，通过这个"洞"，被遮罩层中的对象显示出来。

命令介绍

　　遮罩层：遮罩层可以创建类似探照灯的特殊动画效果。

8.2.1　课堂案例——制作遮罩招贴

　　【案例学习目标】使用遮罩层命令制作遮罩图层，使用创建补间动画命令制作动画效果。

　　【知识要点】使用任意变形工具为图形变形，使用遮罩层命令制作遮罩效果，如图 8-91 所示。

　　【效果所在位置】光盘/Ch08/效果/制作遮罩招贴.fla。

图 8-91

1．绘制背景

　　（1）选择"文件 > 新建"命令，弹出"新建文档"对话框，单击"确定"按钮，进入新建文档舞台窗口，将"图层1"重新命名为"背影图"。

　　（2）选择"文件 > 导入 > 导入到库"命令，在弹出的"导入到库"对话框中选择"Ch08 > 素材 > 绘制遮罩招贴 > 01"文件，单击"打开"按钮，文件被导入到"库"面板中，效果如图 8-92 所示。单击舞台窗口左上方的"场景 1"图标 ，进入"场景 1"的舞台窗口。将"库"面板中的图形元件"01"拖曳到舞台窗口的中心位置，效果如图 8-93 所示。

图 8-92　　　　　　　　　　　图 8-93

2. 制作遮罩效果

（1）单击"时间轴"面板下方的"新建图层"按钮，创建新图层并将其命名为"图片"。选择"文件 > 导入 > 导入到舞台"命令，在弹出的"导入"对话框中选择"Ch08 > 素材 > 制作遮罩招贴 > 02"文件，单击"打开"按钮，文件被导入到舞台窗口中，选择"任意变形"工具，按住 Shift 键的同时，将其等比缩放，效果如图 8-94 所示。

（2）单击"时间轴"面板下方的"新建图层"按钮，创建新图层并将其命名为"人物"。将"Ch08 > 素材 > 绘制遮罩招贴 > 03"文件导入到舞台窗口中，效果如图 8-95 所示。

图 8-94   图 8-95

（3）鼠标右键单击"人物"图层，在弹出的菜单中选择"遮罩层"命令，将"人物"图层设置为遮罩层，"图片"图层为被遮罩层，如图 8-96 所示。舞台窗口中的效果如图 8-97 所示。遮罩招贴效果制作完成，按 Ctrl+Enter 组合键即可查看效果，如图 8-98 所示。

图 8-96   图 8-97   图 8-98

8.2.2 遮罩层

1. 创建遮罩层

要创建遮罩动画首先要创建遮罩层。在"时间轴"面板中，鼠标右键单击要转换遮罩层的图层，在弹出的菜单中选择"遮罩层"命令，如图 8-99 所示。选中的图层转换为遮罩层，其下方的图层自动转换为被遮罩层，并且它们都自动被锁定，如图 8-100 所示。

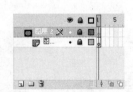

图 8-99   图 8-100

提示　如果想解除遮罩，只需单击"时间轴"面板上遮罩层或被遮罩层上的图标🔒将其解锁。遮罩层中的对象可以是图形、文字、元件的实例等，但不显示位图、渐变色、透明色和线条。一个遮罩层可以作为多个图层的遮罩层，如果要将一个普通图层变为某个遮罩层的被遮罩层，只需将此图层拖曳至遮罩层下方即可。

2．将遮罩层转换为普通图层

在"时间轴"面板中，鼠标右键单击要转换的遮罩层，在弹出的菜单中选择"遮罩层"命令，如图 8-101 所示，遮罩层转换为普通图层，如图 8-102 所示。

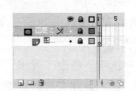

图 8-101　　　　　　　　　图 8-102

8.2.3　静态遮罩动画

在"图层 1"中绘制一个七彩花图形，如图 8-103 所示。在"时间轴"面板下方单击"新建图层"按钮，创建新的图层"图层 2"，如图 8-104 所示。在"图层 2"的舞台窗口中绘制火炬图形，如图 8-105 所示。反复按 Ctrl+B 组合键，将火炬图形打散。在"时间轴"面板中，鼠标右键单击"图层 2"，在弹出的菜单中选择"遮罩层"命令，如图 8-106 所示。

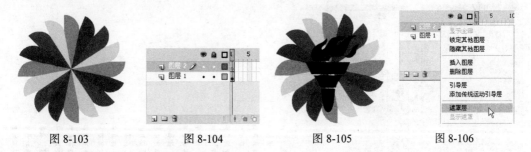

图 8-103　　　　　图 8-104　　　　　图 8-105　　　　　图 8-106

"图层 2"转换为遮罩层，"图层 1"转换为被遮罩层，两个图层被自动锁定，如图 8-107 所示。舞台窗口中图形的遮罩效果如图 8-108 所示。

图 8-107　　　　　　　　图 8-108

命令介绍

遮罩层动画：应用此命令可以制作遮罩层的动态动画效果。

8.2.4　课堂案例——文字遮罩效果

【案例学习目标】使用绘图工具、浮动面板制作图形，使用创建补间动画命令制作动画效果，使用遮罩层命令制作遮罩动画。

【知识要点】使用矩形工具和颜色面板绘制渐变矩形，使用创建补间动画命令制作动画效果，使用遮罩层命令制作遮罩动画效果，效果如图 8-109 所示。

图 8-109

【效果所在位置】光盘/Ch08/效果/文字遮罩效果.fla。

1．导入图片并制作图形元件

（1）选择"文件 > 新建"命令，弹出"新建文档"对话框，单击"确定"按钮，进入新建文档舞台窗口。按 Ctrl+F3 组合键，弹出文档"属性"面板，将背景颜色设为淡黄色（#FFFFE6），将"FPS"选项设为 12。选择"文件 > 导入 > 导入到库"命令，在弹出的"导入到库"对话框中选择"Ch08>素材 > 文字遮罩效果 > 01、02"文件，单击"打开"按钮，文件被导入到"库"面板中，如图 8-110 所示。

（2）在"库"面板下方单击"新建元件"按钮，弹出"创建新元件"对话框，在"名称"选项的文本框中输入"文字"，在"类型"选项的下拉列有中选择"图形"选项，单击"确定"按钮，新建图形元件"文字"，如图 8-111 所示，舞台窗口也随之转换为图形元件的舞台窗口，选择"文本"工具，在文字"属性"面板中进行设置，在舞台窗口中输入大小为 16，字体为隶书的黑色文字，舞台窗口中的效果如图 8-112 所示。

图 8-110　　　　图 8-111

图 8-112

（3）单击舞台窗口左上方的"场景 1"图标，进入"场景 1"的舞台窗口。将"图层 1"重新命名为"底图"。将"库"面板中的位图图像"01"拖曳到舞台窗口中，效果如图 8-113 所示。选中"底图"图层的第 400 帧，按 F5 键，在该帧上插入普通帧。

（4）单击"时间轴"面板下方的"新建图层"按钮，创建新的图层并将其命名为"人物"。将"库"面板中的图形元件"02"拖曳到舞台窗口的左侧，效果如图 8-114 所示。

图 8-113

图 8-114

2．制作遮罩文字效果

（1）单击"时间轴"面板下方的"新建图层"按钮，创建新的图层并将其命名为"遮罩"。选择"窗口 > 颜色"命令，弹出"颜色"面板，在"类型"选项的下拉列表中选择"线性渐变"，单击色带，添加两个色块，选中色带上左右两侧的色块，将其设为白色，在"Alpha"选项中将其不透明度设为 0%，选中色带上中间的两个色块，将其设为黑色，如图 8-115 所示。

（2）选择"矩形"工具，在工具箱中将"笔触颜色"设为无，在舞台窗口中绘制一个长方形作为遮罩图形。选中长方形，在形状"属性"面板中将"宽"和"高"选项分别设为 175 和 157，舞台窗口中的效果如图 8-116 所示。

图 8-115

图 8-116

（3）单击"时间轴"面板下方的"新建图层"按钮，创建新的图层并将其命名为"文字"。将"库"面板中的图形元件"文字"拖曳到舞台窗口的左下方，效果如图 8-117 所示。选中"文字"图层的第 400 帧，按 F6 键，在该帧上插入关键帧，如图 8-118 所示。

图 8-117

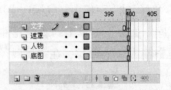
图 8-118

（4）选中"文字"图层的第 400 帧，按住 Shift 键的同时，用鼠标将"文字"实例水平移动到"遮罩"图形的右边，效果如图 8-119 所示。鼠标右键单击"文字"图层的第 1 帧，在弹出的菜单中选择"创建传统补间"命令，生成动作补间动画，如图 8-120 所示。

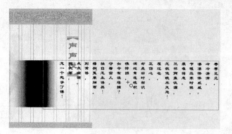

图 8-119

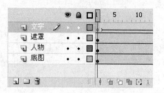

图 8-120

（5）鼠标右键单击"文字"图层的名称，在弹出的菜单中选择"遮罩层"命令，将"文字"图层转换为遮罩层，如图 8-121 所示。文字遮罩效果制作完成，按 Ctrl+Enter 组合键即可查看效果，如图 8-122 所示。

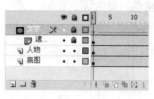

图 8-121

图 8-122

8.2.5 动态遮罩动画

（1）新建空白文档，在"时间轴"面板下方单击"新建图层"按钮，创建新的图层"图层2"，如图 8-123 所示。选择"椭圆"工具，在"图层 2"的舞台窗口中绘制一个正圆形，如图 8-124 所示。

图 8-123

图 8-124

（2）在"时间轴"面板中，鼠标选中第 15 帧，按 F5 键，在第 15 帧上插入普通帧，如图 8-125 所示。在"库"面板下方单击"新建元件"按钮，弹出"创建新元件"对话框，在"名称"选项的文本框中输入"元件 1"，在"类型"选项的下拉列表中选择"图形"选项，如图 8-126 所示。

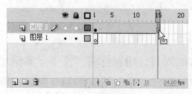

图 8-125

图 8-126

（3）单击"确定"按钮，在"库"面板中创建"元件 1"，如图 8-127 所示。舞台窗口也显示出"元件 1"的舞台窗口。选择"多角星形"工具 ⬡，在多角星形工具"属性"栏中单击"选项"按钮，如图 8-128 所示。

图 8-127　　　　　　　　　图 8-128

在弹出"工具设置"对话框中进行设置，如图 8-129 所示，单击"确定"按钮，在"元件 1"的舞台窗口中绘制五角星图形，如图 8-130 所示。在舞台窗口左上方单击"返回"按钮 ⬅，如图 8-131 所示，返回到场景的舞台窗口中。选中"图层 1"，将"库"面板中的"元件 1"拖曳到舞台窗口中，将五角星图形放置在圆形的左半部，如图 8-132 所示。

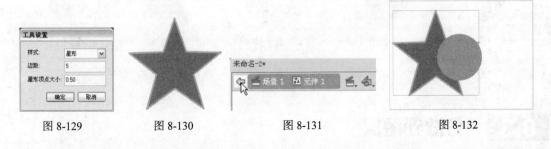

图 8-129　　　　　图 8-130　　　　　图 8-131　　　　　图 8-132

（4）在"时间轴"面板中，选中"图层 1"的第 15 帧，按 F6 键，在第 15 帧上插入关键帧，如图 8-133 所示。将第 15 帧中的五角星图形移动到圆形的右半部，如图 8-134 所示。

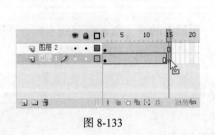

图 8-133　　　　　　　　　　　图 8-134

（5）选中"图层 1"的第 1 帧，单击鼠标右键，在弹出的菜单中选择"创建传统补间"命令，如图 8-135 所示。在"时间轴"面板中，"图层 1"的第 1 帧 ~ 第 15 帧之间生成动作补间动画，如图 8-136 所示。

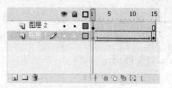

图 8-135 　　　　　　　　　　　　　　　　图 8-136

（6）在"时间轴"面板中，鼠标右键单击"图层 2"的名称，在弹出的菜单中选择"遮罩层"命令，如图 8-137 所示，"图层 2"转换为遮罩层，"图层 1"转换为被遮罩层，如图 8-138 所示。动态遮罩动画制作完成，按 Ctrl+Enter 组合键，测试动画效果。

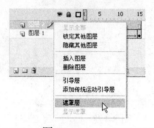

图 8-137 　　　　　　　　　　　　　　　图 8-138

在不同的帧中，动画显示的效果如图 8-139 所示。

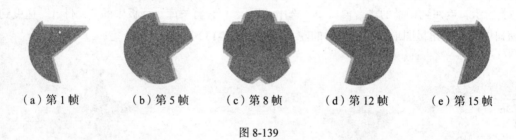

（a）第 1 帧 　　　（b）第 5 帧 　　　（c）第 8 帧 　　　（d）第 12 帧 　　　（e）第 15 帧

图 8-139

8.3　分散到图层

分散到图层命令是将同一层上的多个对象分散到多个图层当中。

命令介绍

分散到图层：应用分散到图层命令可以将同一图层上的多个对象分配到不同的图层中并为图层命名。如果对象是元件或位图，那么新图层的名字将按其原有的名字命名。

8.3.1　课堂案例——制作风吹字效果

【案例学习目标】使用分散到图层命令将对象进行分散。

【知识要点】使用分散到图层命令将文字分散到多个图层，使用转换为元件命令将文字转换为元件，使用水平翻转命令对文字进行水平翻转，效果如图 8-140 所示。

【效果所在位置】光盘/Ch08/效果/制作风吹文字效果.fla。

图 8-140

1. 导入图片并输入文字

（1）选择"文件 > 新建"命令，弹出"新建文档"对话框，单击"确定"按钮，进入新建文档舞台窗口。按 Ctrl+F3 组合键，弹出文档"属性"面板，单击"大小"选项后面的按钮，在弹出的对话框中将舞台窗口的宽度设为 650，高度设为 300。将"FPS"选项设为 12。

（2）将"图层 1"重新命名为"背景图层"。选择"文件 > 导入 > 导入到舞台"命令，在弹出的"导入"对话框中选择"Ch08 > 素材 > 制作风吹字效果 > 01"文件，单击"打开"按钮，文件被导入到舞台窗口中。选中图片，在组"属性"面板中，将"X"和"Y"选项分别设为 0，将图片放置在舞台窗口的中心位置，效果如图 8-141 所示。选择"文本"工具 T，在文字"属性"面板中进行设置，如图 8-142 所示。

图 8-141

图 8-142

（3）在舞台窗口中输入需要的白色字母"colour"，将文字"属性"面板中的"字母间距"选项设为 10，舞台窗口中的效果如图 8-143 所示。选中文字，按 Ctrl+B 组合键，将文字打散，效果如图 8-144 所示。

图 8-143

图 8-144

（4）选择"修改 > 时间轴 > 分散到图层"命令，将每个字母分散到不同的图层中，每个图层都以其所包含的字母来自动命名，将"背景图层"拖曳到所有图层的下方，如图 8-145 所示。

（5）选中字母"c"，按 F8 键，弹出"转换为元件"对话框，在"名称"选项的文本框中输入"c"，在"类型"选项的下拉列表中选择"图形"选项，如图 8-146 所示，单击"确定"按钮，将字母"c"转换为图形元件"c","库"面板中的效果如图 8-147 所示。

（6）用相同的方法将其他字母也转换为图形元件，效果如图 8-148 所示。因为在文字中存在 2 个字母 o，而且"库"面板中不能有相同名称的元件，所以在转换元件时，将其中一个字母"o"转换为元件"o2"。

| 图 8-145 | 图 8-146 | 图 8-147 | 图 8-148 |

2．制作动画效果

（1）单击"背景图层"图层的第 40 帧，按 F5 键，在该帧上插入普通帧。单击"c"图层的第 40 帧，按 F5 键，在该帧上插入普通帧，效果如图 8-149 所示。

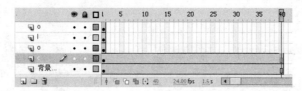

图 8-149

（2）单击"c"图层的第 14 帧和第 29 帧，按 F6 键，在选中的帧上插入关键帧。选中第 29 帧，在舞台窗口中，将字母"c"拖曳到背景图的外侧，效果如图 8-150 所示。选中字母"c"，调出"变形"面板，选中"倾斜"单选项，在"垂直倾斜"选项的数值框中输入"180 度"，如图 8-151 所示，按 Enter 键确定操作，将字母"c"进行水平翻转，效果如图 8-152 所示。

| 图 8-150 | 图 8-151 | 图 8-152 |

（3）选中字母"c"，选择图形"属性"面板，在"色彩效果"选项组中"样式"选项的下

拉列表中选择"Alpha"，将其值设为 0%，将字母"c"的不透明度设为 0。鼠标右键单击"c"图层的第 14 帧，在弹出的菜单中选择"创建传统补间"命令，在第 14 帧~第 29 帧生成动作补间动画，如图 8-153 所示。

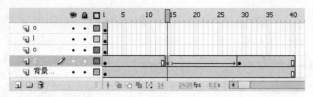

图 8-153

（4）选择"o"图层，用相同的方法在第 40 帧上插入普通帧，在第 16 帧和第 31 帧上插入关键帧。选中第 31 帧，将字母"o"拖曳到背景图的外侧，用相同的方法将字母"o"进行水平翻转并将其不透明度设为 0%，在"o"图层的第 16 帧~第 31 帧创建补间动画，效果如图 8-154 所示。

（5）选择"l"图层，用相同的方法在第 40 帧上插入普通帧，在第 18 帧和第 33 帧上插入关键帧。选中第 33 帧，将字母"l"拖曳到背景图的外侧，将字母"l"进行水平翻转并将其不透明度设为 0%，在"l"图层的第 18 帧~第 33 帧创建补间动画，如图 8-155 所示。

图 8-154　　　　　　　　　　　　　　　　图 8-155

（6）选择"o"图层，用相同的方法在第 40 帧上插入普通帧，在第 20 帧和第 35 帧上插入关键帧。选中第 35 帧，将字母"o"拖曳到背景图的外侧，将字母"o"进行水平翻转并将其不透明度设为 0%，在"o"图层的第 20 帧~第 35 帧创建补间动画，如图 8-156 所示。

（7）选择"u"图层，用相同的方法在第 40 帧上插入普通帧，在第 22 帧和第 37 帧上插入关键帧。选中第 37 帧，将字母"u"拖曳到背景图的外侧，将字母"u"进行水平翻转并将其不透明度设为 0%，在"u"图层的第 22 帧~第 37 帧创建补间动画，如图 8-157 所示。

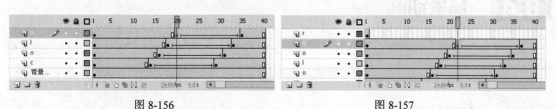

图 8-156　　　　　　　　　　　　　　　　图 8-157

（8）选择"r"图层，用相同的方法在第 40 帧上插入普通帧，在第 24 帧和第 39 帧上插入关键帧。选中第 39 帧，将字母"r"拖曳到背景图的外侧，将字母"r"进行水平翻转并将其不透明度设为 0%，在"r"图层的第 24 帧~第 39 帧创建补间动画，如图 8-158 所示。"时间轴"面板和舞台窗口中的效果如图 8-159 所示。风吹字效果制作完成，按 Ctrl+Enter 组合键即可查看效果。

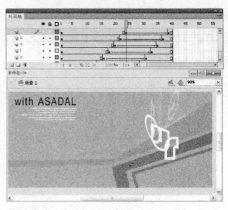

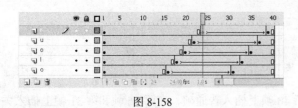

图 8-158　　　　　　　　　　图 8-159

8.3.2　分散到图层

新建空白文档，选择"文本"工具 T，在"图层 1"的舞台窗口中输入文字"秋天的田野"，如图 8-160 所示。选中文字，按 Ctrl+B 组合键，将文字打散，如图 8-161 所示。选择"修改 > 时间轴 > 分散到图层"命令，将"图层 1"中的文字分散到不同的图层中并按文字设定图层名，如图 8-162 所示。

图 8-160　　　　　　　图 8-161　　　　　　　图 8-162

 提示　文字分散到不同的图层中后，"图层 1"中没有任何对象。

8.4　场景动画

制作多场景动画，首先要创建场景，然后在场景中制作动画。在播放影片时，按照场景排列次序依次播放各场景中的动画。所以，在播放影片前还要调整场景的排列次序或删除无用的场景。

8.4.1　创建场景

选择"窗口 > 其它面板 > 场景"命令，弹出"场景"面板。单击"添加场景"按钮，创建新的场景，如图 8-163 所示。如果需要复制场景，可以选中要复制的场景，单击"重制场景"按钮，即可进行复制，如图 8-164 所示。

还可选择"插入 > 场景"命令，创建新的场景。

图 8-163　　　图 8-164

8.4.2　选择当前场景

在制作多场景动画时常需要修改某场景中的动画，此时应该将该场景设置为当前场景。

单击舞台窗口上方的"编辑场景"按钮 ，在弹出的下拉列表中选择要编辑的场景，如图 8-165 所示。

图 8-165

8.4.3　调整场景动画的播放次序

在制作多场景动画时常需要设置各个场景动画播放的先后顺序。

选择"窗口 > 其它面板 > 场景"命令，弹出"场景"面板。在面板中选中要改变顺序的"场景 3"，如图 8-166 所示，将其拖曳到"场景 2"的上方，这时出现一个场景图标，并在"场景 2"上方出现一条带圆环头的绿线，其所在位置表示"场景 3"移动后的位置，如图 8-167 所示。释放鼠标，"场景 3"移动到"场景 2"的上方，这就表示在播放场景动画时，"场景 3"中的动画要先于"场景 2"中的动画播放，如图 8-168 所示。

图 8-166　　　　　　　　图 8-167　　　　　　　　图 8-168

8.4.4　删除场景

在制作动画过程中，没有用的场景可以将其删除。

选择"窗口 > 其它面板 > 场景"命令，弹出"场景"面板。选中要删除的场景，单击"删除场景"按钮 ，如图 8-169 所示，弹出提示对话框，单击"确定"按钮，场景被删除，如图 8-170 所示。

图 8-169　　　　　　　　　　　图 8-170

课堂练习——制作文字走光效果

【练习知识要点】使用矩形工具和颜色面板制作文字变形效果，使用墨水瓶工具勾画文字的轮廓，如图 8-171 所示。

【效果所在位置】光盘/Ch08/效果/制作文字走光效果.fla。

图 8-171

课堂练习——绘制光盘效果

【练习知识要点】使用刷子工具和分离命令制作人物剪影效果，使用将线条转换为填充命令制作图形相剪效果，如图 8-172 所示。

【效果所在位置】光盘/Ch08/效果/绘制光盘效果.fla。

图 8-172

课后习题——制作转动的地球

【习题知识要点】使用矩形工具和颜色面板绘制背景效果，使用创建补间动画命令制作动画效果，使用遮罩层命令制作遮罩效果，如图 8-173 所示。

【效果所在位置】光盘/Ch08/效果/制作转动的地球.fla。

图 8-173

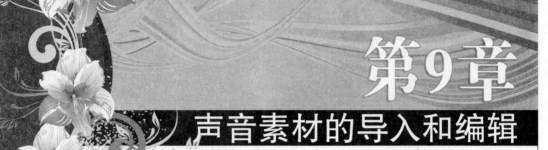

第9章

声音素材的导入和编辑

在 Flash CS5 中可以导入外部的声音素材作为动画的背景音乐或音效。本章主要讲解了声音素材的多种格式，以及导入声音和编辑声音的方法。通过这些内容的学习，可以了解并掌握如何导入声音、编辑声音，从而使制作的动画音效更加生动。

课堂学习目标

- 音频的基本知识和声音素材的格式
- 导入并编辑声音素材

9.1 音频的基本知识及声音素材的格式

声音以波的形式在空气中传播,声音的频率单位是赫兹(Hz),一般人听到的声音频率在 20~20 kHz, 低于这个频率范围的声音为次声波,高于这个频率范围的声音为超声波。下面介绍一下关于音频的基本知识。

9.1.1 音频的基本知识

⊙ 取样率

取样率是指在进行数字录音时,单位时间内对模拟的音频信号进行提取样本的次数。取样率越高,声音越好。Flash 经常使用 44 kHz、22kHz 或 11kHz 的取样率对声音进行取样。例如:使用 22kHz 取样率取样的声音,每秒钟要对声音进行 22000 次分析,并记录每两次分析之间的差值。

⊙ 位分辨率

位分辨率是指描述每个音频取样点的比特位数。例如:8 位的声音取样表示 2 的 8 次方或 256 级。可以将较高位分辨率的声音转换为较低位分辨率的声音。

⊙ 压缩率

压缩率是指文件压缩前后大小的比率,用于描述数字声音的压缩效率。

9.1.2 声音素材的格式

Flash CS5 提供了许多使用声音的方式。它可以使声音独立于时间轴连续播放,或使动画和一个音轨同步播放;可以向按钮添加声音,使按钮具有更强的互动性;还可以通过声音淡入淡出产生更优美的声音效果。下面介绍可导入 Flash 中的常见的声音文件格式。

⊙ WAV 格式

WAV 格式可以直接保存对声音波形的取样数据,数据没有经过压缩,所以音质较好,但 WAV 格式的声音文件通常文件量比较大,会占用较多的磁盘空间。

⊙ MP3 格式

MP3 格式是一种压缩的声音文件格式。同 WAV 格式相比,MP3 格式的文件量只占 WAV 格式的十分之一。优点为体积小、传输方便、声音质量较好,已经被广泛应用到电脑音乐中。

⊙ AIFF 格式

AIFF 格式支持 MAC 平台,支持 16bit 44kHz 立体声。只有系统上安装了 QuickTime 4 或更高版本,才可使用此声音文件格式。

⊙ AU 格式

AU 格式是一种压缩声音文件格式,只支持 8bit 的声音,是互联网上常用的声音文件格式。只有系统上安装了 QuickTime 4 或更高版本,才可使用此声音文件格式。

声音要占用大量的磁盘空间和内存。所以,一般为提高作品在网上的下载速度,常使用 MP3 声音文件格式,因为它的声音资料经过了压缩,比 WAV 或 AIFF 格式的文件量小。在 Flash 中只能导入采样比率为 11 kHz、22 kHz 或 44 kHz,8 位或 16 位的声音。通常,为了作品在网上有较满意的下载速度而使用 WAV 或 AIFF 文件时,最好使用 16 位 22 kHz 单声。

9.2　导入并编辑声音素材

导入声音素材后，可以将其直接应用到动画作品中，也可以通过声音编辑器对声音素材进行编辑，然后再进行应用。

命令介绍

添加按钮音效：要向动画中添加声音，必须先将声音文件导入到当前的文档中。

9.2.1　课堂案例——跟我学英语

【案例学习目标】使用声音文件为按钮添加音效。

【案例知识要点】使用椭圆工具和颜色面板绘制按钮图形。使用变形面板改变图形的大小。使用对齐面板将按钮图形对齐，效果如图 9-1 所示。

【效果所在位置】光盘/Ch09/效果/跟我学英语.fla。

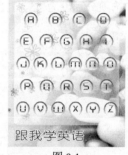

跟我学英语

图 9-1

1．绘制按钮图形

（1）选择"文件 > 新建"命令，弹出"新建文档"对话框，单击"确定"按钮，进入新建文档舞台窗口。按 Ctrl+F3 组合键，弹出文档"属性"面板，单击面板中的"编辑"按钮 编辑… ，弹出"文档属性"对话框，将舞台窗口的宽设为480，高设为 600，将背景颜色设为黄色（#FFCC00），单击"确定"按钮，改变舞台窗口的大小。

（2）在"库"面板中新建按钮元件"A"，舞台窗口也随之转换为图形元件的舞台窗口。选择"文件 > 导入 > 导入到舞台"命令，在弹出的"导入"对话框中选择"Ch09 > 素材 > 跟我学英语 > 01"文件，单击"打开"按钮，文件分别被导入到舞台窗口并调整位置，效果如图 9-2 所示。选择"文本"工具 T ，在文本"属性"面板中进行设置，在舞台窗口中输入需要的深蓝色（#000066）字母"A"，将字母"A"放置在圆环的中心位置，效果如图 9-3 所示。

图 9-2

图 9-3

（3）选中"时间轴"面板中的"指针"帧，按 F6 键，在该帧上插入关键帧。在"指针"帧所对应的舞台窗口中选中所有图形，调出"变形"面板，将"缩放宽度"选项设为 90，"缩放高度"选项也随之转换为 90，图形被缩小，效果如图 9-4 所示。

（4）选中圆环中的字母，在"变形"面板中，将"缩放宽度"和"缩放高度"选项分别设为70，字母被缩小，效果如图 9-5 所示。

（5）选中字母，在文本"属性"面板中将文本颜色设为红色（#CC0000）。选中"指针"帧中的所有图形，在混合"属性"面板中，观察到图形的"宽"和"高"选项分别为 45，"X"和"Y"选项分别为 2.5，如图 9-6 所示。

（6）选择"时间轴"面板中的"按下"帧，按 F5 键，在该帧上插入普通帧。用鼠标右键单击"点击"帧，在弹出的菜单中选择"插入空白关键帧"命令，在"点击"帧上插入空白关键帧。

图 9-4

图 9-5

图 9-6

（7）选择"椭圆"工具 ，在工具箱中将笔触颜色设为无，填充色设为灰色，按住 Shift 键的同时，在舞台窗口中绘制出一个圆形。选中圆形，在形状"属性"面板中将"宽度"和"高度"选项分别设为 45，"X"和"Y"选项分别设为 2.5，如图 9-7 所示（此处的选项设置，是为了使图形与"指针"帧中的图形大小、位置保持一致）。

（8）设置完成后，舞台窗口中的图形效果如图 9-8 所示。在"时间轴"面板中创建新图层"图层 2"。选中"图层 2"中的"指针"帧，按 F6 键，在该帧上插入关键帧。

图 9-7

图 9-8

（9）选择"文件 > 导入 > 导入到库"命令，在弹出的"导入到库"对话框中选择"Ch09 > 素材 > 跟我学英语 > A .wav"文件，单击"打开"按钮，将声音文件导入到"库"面板中。选中"图层 2"中的"指针"帧，将"库"面板中的声音文件"A.wav"拖曳到舞台窗口中，"时间轴"面板中的效果如图 9-9 所示。按钮"A"制作完成。

（10）用相同的方法在"库"面板中导入声音文件"B .wav"，如图 9-10 所示，制作按钮"B"，效果如图 9-11 所示。再导入其他的声音文件，制作其他的字母，"库"面板中的效果如图 9-12 所示。

图 9-9

图 9-10

图 9-11

图 9-12

2．排列按钮元件

（1）单击舞台窗口左上方的"场景 1"图标 ，进入"场景 1"的舞台窗口。将"图层 1"重命名为"底图"。选择"文件 > 导入 > 导入到舞台"命令，在弹出的"导入"对话框中选择"Ch09 > 素材 > 跟我学英语 > 02"文件，单击"打开"按钮，文件被导入到舞台窗口中，效果如图 9-13 所示。在"时间轴"面板中创建新图层并将其命名为"字母"。将"库"面板中的所有字母元件都拖曳到舞台窗口中，调整其大小并将它们排列成 5 排，效果如图 9-14 所示。

（2）选中第 1 排中的 4 个按钮实例，如图 9-15 所示，调出"对齐"面板，单击"顶对齐"按钮 ，将按钮以上边线为基准进行对齐。单击"水平居中分布"按钮 ，将按钮进行等间距对齐，如图 9-16 所示。

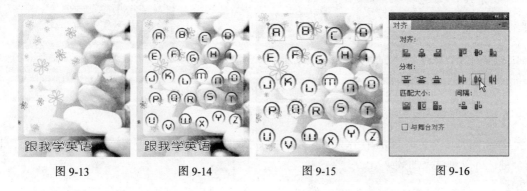

图 9-13　　　　　　图 9-14　　　　　　图 9-15　　　　　　图 9-16

（3）选中第 1 排的 4 个按钮，按 Ctrl+G 组合键，将第 1 排中的所有按钮进行组合，效果如图 9-17 所示。用相同的方法将其他排的按钮也进行"顶对齐"和"水平居中分布"的设置，效果如图 9-18 所示。分别选中每 1 排中的字母，按 Ctrl+G 组合键，将同排中的字母分别进行组合。

（4）选中所有组合过的字母，效果如图 9-19 所示。在"对齐"面板中单击"垂直居中分布"按钮 ，将每排的字母进行等间距对齐，效果如图 9-20 所示。跟我学英语效果制作完成，按 Ctrl+Enter 组合键即可查看效果。

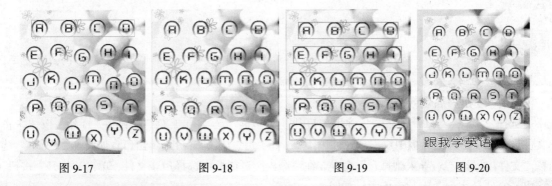

图 9-17　　　　　　图 9-18　　　　　　图 9-19　　　　　　图 9-20

9.2.2　添加声音

1．为动画添加声音

选择"文件 > 打开"命令，弹出"打开"对话框，选择动画文件，单击"打开"按钮，将文件打开，如图 9-21 所示。选择"文件 > 导入 > 导入到库"命令，在"导入到库"对话框中选择声音文件，单击"打开"按钮，将声音文件导入到"库"面板中，如图 9-22 所示。

创建新的图层并重命名为"声音"，作为放置声音文件的图层。在"库"面板中选中声音文件，按住鼠标不放，将其拖曳到舞台窗口中，如图 9-23 所示。

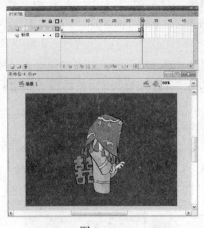

图 9-21　　　　　　　　　　图 9-22　　　　　　　　　　图 9-23

松开鼠标，在"声音"图层中出现声音文件的波形，如图 9-24 所示。声音添加完成，按 Ctrl+Enter 组合键，可以测试添加效果。

图 9-24

提示　　一般情况下，将每个声音放在一个独立的层上，使每个层都作为一个独立的声音通道。这样在播放动画文件时，所有层上的声音就混合在一起了。

2．为按钮添加音效

选择"文件 > 打开"命令，弹出"打开"对话框，选择动画文件，单击"打开"按钮，将文件打开，在"库"面板中双击"元件 1"，进入"元件 1"的舞台编辑窗口，如图 9-25 所示。选择"文件 > 导入 > 导入到舞台"命令，在"导入"对话框中选择声音文件，单击"打开"按钮，将声音文件导入到"库"面板中，如图 9-26 所示。

创建新的图层"图层 2"作为放置声音文件的图层，选中"指针"帧，按 F6 键，在"指针"帧上插入关键帧，如图 9-27 所示。

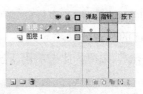

图 9-25　　　　　　　　　图 9-26　　　　　　　　　图 9-27

选中"指针"帧，将"库"面板中的声音文件拖曳到按钮元件的舞台编辑窗口中，如图 9-28 所示。

松开鼠标，在"指针"帧中出现声音文件的波形，这表示动画开始播放后，当鼠标指针经过按钮时，按钮将响应音效，如图 9-29 所示。按钮音效添加完成，按 Ctrl+Enter 组合键，可以测试添加效果。

图 9-28　　　　　　　　　　　　　　图 9-29

9.2.3　属性面板

在"时间轴"面板中选中声音文件所在图层的第 1 帧，按 Ctrl+F3 组合键，弹出帧"属性"面板，如图 9-30 所示。

"名称"选项：可以在此选项的下拉列表中选择"库"面板中的声音文件。

"效果"选项：可以在此选项的下拉列表中选择声音播放的效果，如图 9-31 所示。其中各选项的含义如下。

"无"选项：选择此选项，将不对声音文件应用效果。选择此选项后可以删除以前应用于声音的特效。

"左声道"选项：选择此选项，只在左声道播放声音。

图 9-30

"右声道"选项：选择此选项，只在右声道播放声音。

"向右淡出"选项：选择此选项，声音从左声道渐变到右声道。

"向左淡出"选项：选择此选项，声音从右声道渐变到左声道。

"淡入"选项：选择此选项，在声音的持续时间内逐渐增加其音量。

"淡出"选项：选择此选项，在声音的持续时间内逐渐减小其音量。

"自定义"选项：选择此选项，弹出"编辑封套"对话框，通过自定义声音的淡入和淡出点，创建自己的声音效果。

"同步"选项：此选项用于选择何时播放声音，如图 9-32 所示。其中各选项的含义如下。

图 9-31   图 9-32

"事件"选项：将声音和发生的事件同步播放。事件声音在它的起始关键帧开始显示时播放，并独立于时间轴播放完整个声音，即使影片文件停止也继续播放。当播放发布的 SWF 影片文件时，事件声音混合在一起。一般情况下，当用户单击一个按钮播放声音时选择事件声音。如果事件声音正在播放，而声音再次被实例化（如用户再次单击按钮），则第一个声音实例继续播放，另一个声音实例同时开始播放。

"开始"选项：与"事件"选项的功能相近，但如果所选择的声音实例已经在时间轴的其他地方播放，则不会播放新的声音实例。

"停止"选项：使指定的声音静音。在时间轴上同时播放多个声音时，可指定其中一个为静音。

"数据流"选项：使声音同步，以便在 Web 站点上播放。Flash 强制动画和音频流同步。换句话说，音频流随动画的播放而播放，随动画的结束而结束。当发布 SWF 文件时，音频流混合在一起。一般给帧添加声音时使用此选项。音频流声音的播放长度不会超过它所占帧的长度。

注意 　在 Flash 中有两种类型的声音：事件声音和音频流。事件声音必须完全下载后才能开始播放，并且除非明确停止，否则它将一直连续播放。音频流则可以在前几帧下载了足够的资料后就开始播放，音频流可以和时间轴同步，以便在 Web 站点上播放。

"重复"选项：用于指定声音循环的次数。可以在选项后的数值框中设置循环次数。

"循环"选项：用于循环播放声音。一般情况下，不循环播放音频流。如果将音频流设为循环播放，帧就会添加到文件中，文件的大小就会根据声音循环播放的次数而倍增。

"编辑声音封套"按钮 ✎：选择此选项，弹出"编辑封套"对话框，通过自定义声音的淡入和淡出点，创建自己的声音效果。

课堂练习——情人节音乐贺卡

【练习知识要点】使用颜色面板设置字母的不透明度。使用分散到图层命令将每个字母分散到不同的图层中。使用钢笔工具绘制心形图形。使用声音文件添加声音效果，如图 9-33 所示。

　　【效果所在位置】光盘/Ch09/效果/情人节音乐贺卡.fla。

图 9-33

课后习题——做蛋糕

　　【习题知识要点】使用铅笔工具绘制热气图形。使用遮罩层命令遮罩面粉图层。使用声音文件添加声音效果。使用动作面板设置脚本语言，如图 9-34 所示。

　　【效果所在位置】光盘/Ch09/效果/做蛋糕.fla。

图 9-34

第10章
动作脚本应用基础

在 Flash CS5 中，要实现一些复杂多变的动画效果就要使用动作脚本，可以通过输入不同的动作脚本来实现高难度的动画制作。本章主要讲解了动作脚本的基本术语和使用方法。通过这些内容的学习，读者可以了解并掌握如何应用不同的动作脚本来实现千变万化的动画效果。

课堂学习目标

- 动作脚本的使用

10.1　动作脚本的使用

和其他脚本语言相同，动作脚本依照自己的语法规则，保留关键字、提供运算符，并且允许使用变量存储和获取信息。动作脚本包含内置的对象和函数，并且允许用户创建自己的对象和函数。动作脚本程序一般由语句、函数和变量组成，主要涉及数据类型、语法规则、变量、函数、表达式和运算符等。

10.1.1　课堂案例——跟随系统时间走的表

图 10-1

【案例学习目标】使用脚本语言控制动画播放。

【案例知识要点】使用任意变形工具改变图像的中心点。使用动作面板设置脚本语言，效果如图 10-1 所示。

【效果所在位置】光盘/Ch10/效果/跟随系统时间走的表.fla。

1．导入素材创建元件

（1）选择"文件 > 新建"命令，弹出"新建文档"对话框，单击"确定"按钮，进入新建文档舞台窗口。按 Ctrl+F3 组合键，弹出文档"属性"面板，单击面板中的"编辑"按钮 编辑... ，弹出"文档属性"对话框，将舞台窗口的宽设为 550，高设为 550，单击"确定"按钮。单击"发布"选项组中的"配置文件"右侧的"编辑"按钮 编辑... ，弹出"发布设置"对话框，选择"播放器"选项下拉列表中的"Flash Player 8"，如图 10-2 所示，单击"确定"按钮。

（2）选择"文件 > 导入 > 导入到库"命令，在弹出的"导入到库"对话框中选择"Ch10 > 素材 > 跟随系统时间走的表 > 01、02、03、04、05"文件，单击"打开"按钮，文件被导入到"库"面板中。

（3）在"库"面板中新建一个影片剪辑元件"hours"，舞台窗口也随之转换为影片剪辑元件的舞台窗口。

（4）将"库"面板中的位图"03"拖曳到舞台窗口中，效果如图 10-3 所示。在"库"面板中新建一个影片剪辑元件"minutes"，舞台窗口也随之转换为"minutes"元件的舞台窗口。将"库"面板中的位图"04"拖曳到舞台窗口中，效果如图 10-4 所示。

（5）在"库"面板中新建一个影片剪辑元件"seconds"，舞台窗口也随之转换为"seconds"元件的舞台窗口。将"库"面板中的位图"05"拖曳到舞台窗口中，效果如图 10-5 所示。

图 10-2

图 10-3

图 10-4

图 10-5

2. 为实例添加脚本语言

（1）单击舞台窗口左上方的"场景 1"图标 ，进入"场景 1"的舞台窗口。将"图层 1"重新命名为"表盘"。将"库"面板中的位图"01"拖曳到舞台窗口中，效果如图 10-6 所示。

（2）选中"表盘"图层的第 2 帧，按 F5 键，在该帧上插入普通帧。在"时间轴"面板中创建新图层并将其命名为"圆心"。将"库"面板中的位图"02"拖曳到舞台窗口中，放置在表盘的中心位置，效果如图 10-7 所示。

（3）在"时间轴"面板中创建新图层并将其命名为"指针"。将"库"面板中的影片剪辑元件"hours"拖曳到舞台窗口中，并将时针的下端放置在圆心的中心位置，效果如图 10-8 所示。选中"hours"实例，选择"任意变形"工具 ，在实例周围出现控制点，将中心点移动到圆心的中心位置，效果如图 10-9 所示。

图 10-6　　　　　　图 10-7　　　　　　图 10-8　　　图 10-9

（4）选择"选择"工具 ，选择"窗口 > 动作"命令，弹出"动作"面板。在"脚本窗口"中输入脚本语言，"动作"面板中的效果如图 10-10 所示。

（5）将"库"面板中的影片剪辑元件"minutes"拖曳到舞台窗口中，并将分针的下端放置在圆心的中心位置，这时分针遮挡住了时针，效果如图 10-11 所示。选中"minutes"实例，选择"任意变形"工具 ，在实例周围出现控制点，将中心点移动到圆心的中心位置，效果如图 10-12 所示。

（6）选择"选择"工具 ，在"动作"面板的"脚本窗口"中输入脚本语言，"动作"面板中的效果如图 10-13 所示（这时，脚本语言最后一行的"hours"被更改为"minutes"）。

```
1  onClipEvent (enterFrame) {
2      setProperty(this, _rotation, _root.hours);
3  }
```

图 10-10　　　　　　图 10-11　　　图 10-12

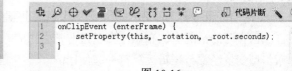

图 10-13

（7）将"库"面板中的影片剪辑元件"seconds"拖曳到舞台窗口中，并将秒针的下端放置在圆心的中心位置，这时秒针遮挡住了分针，效果如图 10-14 所示。选中"seconds"实例，选择"任意变形"工具，在实例周围出现控制点，将中心点移动到圆心的中心位置，效果如图 10-15 所示。

（8）选择"选择"工具，在"动作"面板的"脚本窗口"中输入脚本语言，"动作"面板中的效果如图 10-16 所示（这时，脚本语言最后一行的"hours"被更改为"seconds"）。

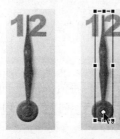

图 10-14　　图 10-15

图 10-16

（9）在"时间轴"面板中，将"指针"图层拖曳到"圆心"图层的下方。在"时间轴"面板中创建新图层并将其命名为"动作脚本"。选中"动作脚本"图层的第 2 帧，按 F6 键，在该帧上插入关键帧。

（10）选中第 1 帧，在"动作"面板的"脚本窗口"中输入脚本语言，"动作"面板中的效果如图 10-17 所示。

（11）选中第 2 帧，在"动作"面板的"脚本窗口"中输入脚本语言，如图 10-18 所示。跟随系统时间走的表效果制作完成，按 Ctrl+Enter 组合键即可查看效果。

图 10-17

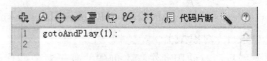

图 10-18

10.1.2　数据类型

数据类型描述了动作脚本的变量或元素可以包含的信息种类。动作脚本有 2 种数据类型：原始数据类型和引用数据类型。原始数据类型是指 String（字符串）、Number（数字）和 Boolean（布尔值），它们拥有固定类型的值，因此可以包含它们所代表元素的实际值。引用数据类型是指影片剪辑和对象，它们值的类型是不固定的，因此它们包含对该元素实际值的引用。

下面将介绍各种数据类型。

⊙ String（字符串）。

字符串是字母、数字和标点符号等字符的序列。字符串必须用一对双引号标记。字符串被当作字符而不是变量进行处理。

例如，在下面的语句中，"L7" 是一个字符串：

favoriteBand = "L7";

⊙ Number（数字型）。

数字型是指数字的算术值，要进行正确的数学运算必须使用数字数据类型。可以使用算术运算符加（+）、减（−）、乘（*）、除（/）、求模（%）、递增（++）和递减（−−）来处理数字，也可以使用内置的 Math 对象的方法处理数字。

例如，使用 sqrt( )（平方根）方法返回数字 100 的平方根：

Math.sqrt(100);

⊙ Boolean（布尔型）。

值为 true 或 false 的变量被称为布尔型变量。动作脚本也会在需要时将值 true 和 false 转换为 1 和 0。在确定"是/否"的情况下，布尔型变量是非常有用的。在进行比较以控制脚本流的动作脚本语句中，布尔型变量经常与逻辑运算符一起使用。

例如，在下面的脚本中，如果变量 userName 和 password 为 true，则会播放该 SWF 文件：

onClipEvent (enterFrame) {

if (userName == true && password == true){

play( );

}

}

⊙ Movie Clip（影片剪辑型）。

影片剪辑是 Flash 影片中可以播放动画的元件，它们是唯一引用图形元素的数据类型。Flash 中的每个影片剪辑都是一个 Movie Clip 对象，它们拥有 Movie Clip 对象中定义的方法和属性。通过点（.）运算符可以调用影片剪辑内部的属性和方法。

例如以下调用：

my_mc.startDrag(true);

parent_mc.getURL("http://www.macromedia.com/support/" + product);

⊙ Object（对象型）。

对象型指所有使用动作脚本创建的基于对象的代码。对象是属性的集合，每个属性都拥有自己的名称和值，属性的值可以是任何 Flash 数据类型，甚至可以是对象数据类型。通过（.）运算符可以引用对象中的属性。

例如，在下面的代码中，hoursWorked 是 weeklyStats 的属性，而后者是 employee 的属性：

employee.weeklyStats.hoursWorked

⊙ Null（空值）。

空值数据类型只有一个值，即 null。这意味着没有值，即缺少数据。null 可以用在各种情况中，如作为函数的返回值、表明函数没有可以返回的值、表明变量还没有接收到值、表明变量不再包含值等。

⊙ Undefined（未定义）。

未定义的数据类型只有一个值，即 undefined，用于尚未分配值的变量。如果一个函数引用了未在其他地方定义的变量，那么 Flash 将返回未定义数据类型。

10.1.3　语法规则

动作脚本拥有自己的一套语法规则和标点符号，下面将进行介绍。

⊙　点运算符。

在动作脚本中，点（.）用于表示与对象或影片剪辑相关联的属性或方法，也可以用于标识影片剪辑或变量的目标路径。点（.）运算符表达式以影片或对象的名称开始，中间为点（.）运算符，最后是要指定的元素。

例如，_x 影片剪辑属性指示影片剪辑在舞台上的 x 轴位置，而表达式 ballMC._x 则引用了影片剪辑实例 ballMC 的 _x 属性。

又例如，submit 是 form 影片剪辑中设置的变量，此影片剪辑嵌在影片剪辑 shoppingCart 之中，表达式 shoppingCart.form.submit = true 将实例 form 的 submit 变量设置为 true。

无论是表达对象的方法还是表达影片剪辑的方法，均遵循同样的模式。例如，ball_mc 影片剪辑实例的 play( ) 方法在 ball_mc 的时间轴中移动播放头，如下面的语句所示：

ball_mc.play( );

点语法还使用两个特殊别名——_root 和 _parent。别名 _root 是指主时间轴，可以使用 _root 别名创建一个绝对目标路径。例如，下面的语句调用主时间轴上影片剪辑 functions 中的函数 buildGameBoard( )：

_root.functions.buildGameBoard( );

可以使用别名 _parent 引用当前对象嵌入到的影片剪辑，也可以使用 _parent 创建相对目标路径。例如，如果影片剪辑 dog_mc 嵌入影片剪辑 animal_mc 的内部，则实例 dog_mc 的如下语句会指示 animal_mc 停止：

_parent.stop( );

⊙　界定符。

大括号：动作脚本中的语句被大括号包括起来组成语句块。例如：

```
// 事件处理函数
on (release) {
    myDate = new Date( );
    currentMonth = myDate.getMonth( );
}


on(release)
{
    myDate = new Date( );
    currentMonth = myDate.getMonth( );
}
```

分号：动作脚本中的语句可以由一个分号结尾。如果在结尾处省略分号，Flash 仍然可以成功编译脚本。例如：

var column = passedDate.getDay( );

var row = 0;

圆括号：在定义函数时，任何参数定义都必须放在一对圆括号内。例如：

function myFunction (name, age, reader){

}

调用函数时，需要被传递的参数也必须放在一对圆括号内。例如：

myFunction ("Steve", 10, true);

可以使用圆括号改变动作脚本的优先顺序或增强程序的易读性。

⊙ 区分大小写。

在区分大小写的编程语言中，仅大小写不同的变量名(book 和 Book)被视为互不相同。Action Script 2.0 中标识符区分大小写，例如，下面 2 条动作语句是不同的：

cat.hilite = true;

CAT.hilite = true;

对于关键字、类名、变量、方法名等，要严格区分大小写。如果关键字大小写出现错误，在编写程序时就会有错误信息提示。如果采用了彩色语法模式，那么正确的关键字将以深蓝色显示。

⊙ 注释。

在“动作”面板中，使用注释语句可以在一个帧或者按钮的脚本中添加说明，有利于增加程序的易读性。注释语句以双斜线 // 开始，斜线显示为灰色，注释内容可以不考虑长度和语法，注释语句不会影响 Flash 动画输出时的文件量。例如：

on (release) {

// 创建新的 Date 对象

myDate = new Date( );

currentMonth = myDate.getMonth( );

// 将月份数转换为月份名称

monthName = calcMonth(currentMonth);

year = myDate.getFullYear( );

currentDate = myDate.getDate( );

}

⊙ 关键字。

动作脚本保留一些单词用于该语言总的特定用途，因此不能将它们用作变量、函数或标签的名称。如果在编写程序的过程中使用了关键字，动作编辑框中的关键字会以蓝色显示。为了避免冲突，在命名时可以展开动作工具箱中的 Index 域，检查是否使用了已定义的关键字。

⊙ 常量。

常量中的值永远不会改变。所有的常量可以在“动作”面板的工具箱和动作脚本字典中找到。

例如，常数 BACKSPACE、ENTER、QUOTE、RETURN、SPACE 和 TAB 是 Key 对象的属性，指代键盘的按键。若要测试是否按下了 Enter 键，可以使用下面的语句：

```
if(Key.getCode( ) == Key.ENTER) {
    alert = "Are you ready to play?";
    controlMC.gotoAndStop(5);
}
```

10.1.4　变量

变量是包含信息的容器。容器本身不会改变，但其内容可以更改。第一次定义变量时，最好为变量定义一个已知值，这就是初始化变量，通常在 SWF 文件的第 1 帧中完成。每一个影片剪辑对象都有自己的变量，而且不同的影片剪辑对象中的变量相互独立且互不影响。

变量中可以存储的常见信息类型包括 URL、用户名、数字运算的结果、事件发生的次数等。

为变量命名必须遵循以下规则：

⊙ 变量名在其作用范围内必须是唯一的。

⊙ 变量名不能是关键字或布尔值（true 或 false）。

⊙ 变量名必须以字母或下划线开始，由字母、数字、下划线组成，其间不能包含空格（变量名没有大小写的区别）。

变量的范围是指变量在其中已知并且可以引用的区域，它包含 3 种类型：

⊙ 本地变量。

在声明它们的函数体（由大括号决定）内可用。本地变量的使用范围只限于它的代码块，会在该代码块结束时到期，其余的本地变量会在脚本结束时到期。若要声明本地变量，可以在函数体内部使用 var 语句。

⊙ 时间轴变量。

可用于时间轴上的任意脚本。要声明时间轴变量，应在时间轴的所有帧上都初始化这些变量。应先初始化变量，然后再尝试在脚本中访问它。

⊙ 全局变量。

对于文档中的每个时间轴和范围均可见。如果要创建全局变量，可以在变量名称前使用_global 标识符，不使用 var 语法。

10.1.5　函数

函数是用来对常量、变量等进行某种运算的方法，如产生随机数、进行数值运算、获取对象属性等。函数是一个动作脚本代码块，它可以在影片中的任何位置上重新使用。如果将值作为参数传递给函数，则函数将对这些值进行操作。函数也可以返回值。

调用函数可以用一行代码来代替一个可执行的代码块。函数可以执行多个动作，并为它们传递可选项。函数必须要有唯一的名称，以便在代码行中可以知道访问的是哪一个函数。

Flash 具有内置的函数，可以访问特定的信息或执行特定的任务。例如，获得 Flash 播放器的版本号等。属于对象的函数叫方法，不属于对象的函数叫顶级函数，可以在"动作"面板的"函数"类别中找到。

每个函数都具备自己的特性，而且某些函数需要传递特定的值。如果传递的参数多于函数的需要，多余的值将被忽略。如果传递的参数少于函数的需要，空的参数会被指定为 undefined 数据类型，这在导出脚本时，可能会导致出现错误。如果要调用函数，该函数必须存在于播放头到达的帧中。

动作脚本提供了自定义函数的方法，可以自行定义参数，并返回结果。在主时间轴上或影片剪辑时间轴的关键帧中添加函数时，即是在定义函数。所有的函数都有目标路径。所有的函数都需要在名称后跟一对括号( )，但括号中是否有参数是可选的。一旦定义了函数，就可以从任何一个时间轴中调用它，包括加载的 SWF 文件的时间轴。

10.2 表达式和运算符

表达式是由常量、变量、函数和运算符按照运算法则组成的计算式。运算符是可以提供对数值、字符串、逻辑值进行运算的关系符号。运算符有很多种类：数值运算符、字符串运算符、比较运算符、逻辑运算符、位运算符和赋值运算符等。

⊙ 算术运算符及表达式。

算术表达式是数值进行运算的表达式。它由数值、以数值为结果的函数和算术运算符组成，运算结果是数值或逻辑值。

在 Flash 中可以使用如下算术运算符。

+、-、*、/ —— 执行加、减、乘、除运算。

=、<> —— 比较两个数值是否相等、不相等。

<、<=、>、>= —— 比较运算符前面的数值是否小于、小于等于、大于、大于等于后面的数值。

⊙ 字符串表达式。

字符串表达式是对字符串进行运算的表达式。它由字符串、以字符串为结果的函数和字符串运算符组成，运算结果是字符串或逻辑值。

在 Flash 中可以使用如下字符串表达式的运算符。

& —— 连接运算符两边的字符串。

Eq、Ne —— 判断运算符两边的字符串是否相等、不相等。

Lt、Le、Qt、Qe —— 判断运算符左边字符串的 ASCII 码是否小于、小于等于、大于、大于等于右边字符串的 ASCII 码。

⊙ 逻辑表达式。

逻辑表达式是对正确、错误结果进行判断的表达式。它由逻辑值、以逻辑值为结果的函数、以逻辑值为结果的算术或字符串表达式和逻辑运算符组成，运算结果是逻辑值。

⊙ 位运算符。

位运算符用于处理浮点数。运算时先将操作数转化为 32 位的二进制数，然后对每个操作数分别按位进行运算，运算后再将二进制的结果按照 Flash 的数值类型返回。

动作脚本的位运算符包括：

&（位与）、/（位或）、^（位异或）、~（位非）、<<（左移位）、>>（右移位）、>>>(填 0 右移位)等。

⊙ 赋值运算符

赋值运算符的作用是为变量、数组元素或对象的属性赋值。

课堂练习——计算器

【练习知识要点】使用文本工具添加文本。使用矩形工具绘制显示屏幕。使用动作面板为实例按钮添加脚本语言，如图 10-19 所示。

【效果所在位置】光盘/Ch10/效果/计算器.fla。

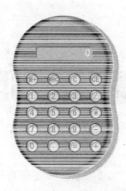

图 10-19

课后习题——数码科技动画

【习题知识要点】使用钢笔工具绘制路径。使用任意变形工具改变文字的形状。使用垂直翻转命令将文字翻转，如图 10-20 所示。

【效果所在位置】光盘/Ch10/效果/数码科技动画.fla。

图 10-20

第11章
制作交互式动画

Flash 动画存在着交互性，可以通过对按钮的更改来控制动画的播放形式。本章主要讲解了控制动画播放、声音改变、按钮状态变化的方法。通过这些内容的学习，可以了解并掌握如何制作动画的交互功能，从而实现人机交互的操作方式。

课堂学习目标

- 播放和停止动画
- 控制声音
- 按钮事件

11.1 播放和停止动画

交互就是用户通过菜单、按钮、键盘、文字输入等方式，来控制动画的播放。交互是为了在用户与计算机之间产生互动，对互相的指示作出相应的反应。交互式动画就是在播放时支持事件响应和交互功能的一种动画。动画在播放时不是从头播到尾，而是可以接受用户控制。

在交互操作过程中，使用频率最多的就是控制动画的播放和停止。

11.2 控制声音

在制作 Flash 动画时，可以为其添加音乐和音效。可以通过对动作脚本的设置，实现在播放动画时，随意调节声音的大小及按照需要更改播放的曲目。

命令介绍

控制声音：通过脚本语言的设置为动画添加音乐或音效。

11.2.1 课堂案例——控制声音开关及音量

【案例学习目标】使用脚本语言设置控制声音开关及音量。

【案例知识要点】使用矩形工具绘制控制条图形。使用变形面板改变图形的大小。使用动作面板设置脚本语言，效果如图 11-1 所示。

【效果所在位置】光盘/Ch11/效果/控制声音开关及音量.fla。

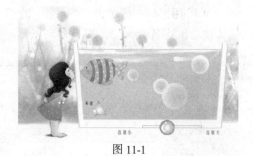

图 11-1

1. 导入图片并绘制控制条图形

（1）选择"文件 > 新建"命令，在弹出的"新建文档"对话框中选择"Flash 文件"选项，单击"确定"按钮，进入新建文档舞台窗口。按 Ctrl+F3 组合键，弹出文档"属性"面板，单击面板中的"编辑"按钮 编辑... ，弹出"文档属性"对话框，将舞台窗口的宽设为 550，高设为 322，单击"确定"按钮，改变舞台窗口的大小。

（2）在"属性"面板中，单击"配置文件"选项右侧的按钮，弹出"发布设置"对话框，选中"版本"选项下拉列表中的"Flash Player 7"，如图 11-2 所示，单击"确定"按钮。

（3）选择"文件 > 导入 > 导入到库"命令，在弹出的"导入到库"对话框中选择"Ch11 > 素材 > 控制声音开关及音量 > 01、02、03、04、05、06"文件，单击"打开"按钮，弹出提示对话框，单击"确定"按钮，将文件导入到"库"面板中。

（4）在"库"面板中新建影片剪辑组件"按钮"，舞台窗口也随之转换为影片剪辑组件的舞台窗口。将"库"面板中的图形组件"组件 5"拖曳到舞台窗口中，效果如图 11-3 所示。

（5）在"库"面板中新建影片剪辑组件"控制条"，舞台窗口也随之转换为影片剪辑组件的舞台窗口。选择"矩形"工具 ，在工具箱中将笔触颜色设为灰色（#999999），填充色设为白色，在舞台窗口中绘制一个矩形。选中矩形，调出形状"属性"面板，分别将"宽度"、"高度"选项设为 150、5，舞台窗口中的效果如图 11-4 所示。

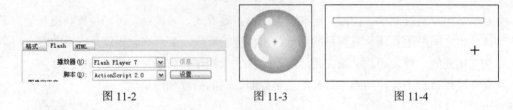

图 11-2　　　　　　　　图 11-3　　　　　　　　图 11-4

2．制作出泡泡动画效果

（1）单击"新建组件"按钮，新建影片剪辑组件"泡泡动"。将"库"面板中的图形组件"组件 2"拖曳到舞台窗口中并调整大小，调出图形"属性"面板，将"X"、"Y"选项均设为－106，舞台窗口中的效果如图 11-5 所示。

（2）选中"图层 1"的第 20 帧，按 F6 键，在该帧上插入关键帧，在舞台窗口中选中"组件 2"实例，调出图形"属性"面板，分别将"X"、"Y"选项设为 372.7、－632.8，选择面板下方的"色彩效果"选项组，在"样式"选项的下拉列表中选择"Alpha"，将其值设为 0，舞台窗口中的效果如图 11-6 所示。

（3）选中"图层 1"的第 1 帧，在舞台窗口中选中"泡泡"实例。选择"窗口 > 变形"命令，弹出"变形"面板，单击"约束"按钮，将"宽度"和"高度"的缩放比例均设为 30。

（4）用鼠标右键单击"图层 1"的第 1 帧，在弹出的菜单中选择"创建传统补间"命令，生成传统动作补间动画，如图 11-7 所示。

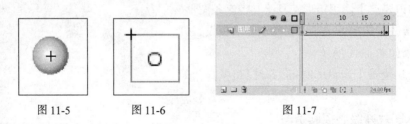

图 11-5　　　　　　图 11-6　　　　　　　　图 11-7

3．制作声音变大变小

（1）单击"新建组件"按钮，新建影片剪辑组件"声音 1"。将"图层 1"重新命名为"喇叭"。将"库"面板中的图形组件"组件 3"拖曳到舞台窗口中。在"时间轴"面板中创建新图层并将其命名为"泡泡动"。将"库"面板中的影片剪辑组件"泡泡动"向舞台窗口中拖曳 3 次并调整大小，效果如图 11-8 所示。将"泡泡动"图层拖曳到"喇叭"图层的下方。

（2）单击"新建组件"按钮，新建影片剪辑组件"声音 2"。将"库"面板中的图形组件"组件 4"拖曳到舞台窗口中，效果如图 11-9 所示。

（3）单击"新建组件"按钮，新建影片剪辑组件"开关声音"。将"库"面板中的影片剪辑组件"声音 1"拖曳到舞台窗口中，调出影片剪辑"属性"面板，在"实例名称"选项的文本框中输入"stop_con"，将"X"、"Y"选项均设为 0，舞台窗口中的效果如图 11-10 所示。

（4）选中"图层 1"的第 2 帧，按 F7 键，在该帧上插入空白关键帧。将"库"面板中的影片剪辑组件"声音 2"拖曳到舞台窗口中，调出影片剪辑"属性"面板，在"实例名称"选项的文本框中输入"play_con"，将"X"、"Y"选项均设为 0，舞台窗口中的效果如图 11-11 所示。

图 11-8

图 11-9

图 11-10

图 11-11

（5）在"时间轴"面板中创建新图层并将其命名为"动作脚本"。选中"动作脚本"图层的第 2 帧，在该帧上插入关键帧。选中"动作脚本"图层的第 1 帧，选择"窗口 > 动作"命令，弹出"动作"面板，在"动作"面板中设置脚本语言（脚本语言的具体设置可以参考附带光盘中的实例原文件），"脚本窗口"中显示的效果如图 11-12 所示。在"动作脚本"图层的第 1 帧上显示出一个标记"a"。

（6）选中"动作脚本"图层的第 2 帧，在"动作"面板中设置脚本语言，"脚本窗口"中显示的效果如图 11-13 所示。设置好动作脚本后，关闭"动作"面板。在"动作脚本"图层的第 2 帧上显示出一个标记"a"。

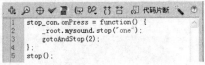

```
1  stop_con.onPress = function() {
2      _root.mysound.stop("one");
3      gotoAndStop(2);
4  };
5  stop();
```

图 11-12

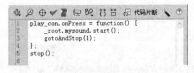

```
1  play_con.onPress = function() {
2      _root.mysound.start();
3      gotoAndStop(1);
4  };
5  stop();
```

图 11-13

（7）单击舞台窗口左上方的"场景 1"图标 ，进入"场景 1"的舞台窗口。将"图层 1"重新命名为"背景"。将"库"面板中的位图"01"拖曳到舞台窗口中，效果如图 11-14 所示。

（8）在"时间轴"面板中创建新图层并将其命名为"声音开关"。把"库"面板中的影片剪辑组件"开关声音"拖曳到舞台窗口中并调整大小，效果如图 11-15 所示。

（9）在"时间轴"面板中创建新图层并将其命名为"控制条"。将"库"面板中的影片剪辑组件"控制条"拖曳到舞台窗口中，效果如图 11-16 所示。调出影片剪辑"属性"面板，在"实例名称"选项的文本框中输入"bar_sound"。

（10）在"时间轴"面板中创建新图层并将其命名为"按钮"。将"库"面板中的影片剪辑组件"按钮"拖曳到舞台窗口中的控制条上并调整大小，效果如图 11-17 所示。调出影片剪辑"属性"面板，在"实例名称"选项的文本框中输入"bar_con2"。

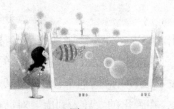
图 11-14

图 11-15

图 11-16

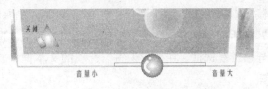
图 11-17

（11）在"时间轴"面板中创建新图层并将其命名为"动作脚本"。调出"动作"面板，在"动作"面板中设置脚本语言，"脚本窗口"中显示的效果如图 11-18 所示。设置好动作脚本后，关闭"动作"面板。在"动作脚本"图层的第 1 帧上显示出一个标记"a"。

（12）用鼠标右键单击"库"面板中的声音文件"06.mp3"，在弹出的菜单中选择"属性"命令，弹出"声音属性"对话框，单击对话框下方的"高级"按钮，勾选"为 ActionScript 导出"复选框，"在帧一中导出"复选框也随之被选中，在"标识符"选项的文本框中输入"one"，如图 11-19 所示，单击"确定"按钮。控制声音开关及音量效果制作完成，按 Ctrl+Enter 组合键即可查看效果。

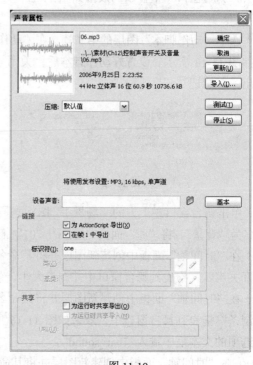

图 11-18   图 11-19

11.2.2 控制声音

新建空白文档，调出"属性"面板，单击"配置文件"右侧的"编辑"按钮 编辑...，弹出"发布设置"对话框，选择"播放器"选项下拉列表中的"Flash Player 8"，单击"确定"按钮。单击面板中的"编辑"按钮 编辑...，在弹出的"文档属性"对话框中，将宽度设为 300，高度设为 250。

选择"文件 > 导入 > 导入到库"命令，在弹出的"导入到库"对话框中选择声音文件，单击"打开"按钮，声音文件被导入到"库"面板中，如图 11-20 所示。

用鼠标右键单击"库"面板中的声音文件，在弹出的菜单中选择"属性"选项，弹出"声音属性"对话框，单击"高级"按钮，展开对话框，选中"为 ActionScript 导出"复选框和"在帧 1 中导出"复选框，在"标识符"选项的文本框中输入"music"，如图 11-21 所示，单击"确定"按钮。

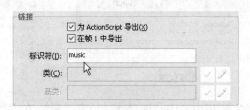

图 11-20　　　　　　　　　　　　　　　图 11-21

选择"窗口 > 公用库 > 按钮"命令，弹出公用库中的按钮"库-BUTTONS.FLA"面板（此面板是系统所提供的），如图 11-22 所示。选中按钮"库-BUTTONS.FLA"面板中的"classic buttons"文件夹下的"Playback"子文件夹中的按钮组件"playback - play"和"playback - stop"，如图 11-23 所示，将其拖曳到舞台窗口中，效果如图 11-24 所示。

选中按钮"库-BUTTONS.FLA"面板中的"Knobs & Faders"文件夹中的按钮组件"fader - gain"，将其拖曳到舞台窗口中，效果如图 11-25 所示。

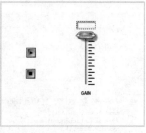

图 11-22　　　　　　图 11-23　　　　　　图 11-24　　　　　　　　图 11-25

在舞台窗口中选中"playback - play"按钮实例，在按钮"属性"面板中，将"实例名称"选项设为 bofang，如图 11-26 所示。在舞台窗口中选中"playback - stop"按钮实例，在按钮"属性"面板中，将"实例名称"选项设为 ting，如图 11-27 所示。

图 11-26　　　　　　图 11-27

选中"playback - play"按钮实例，选择"窗口 > 动作"命令，弹出"动作"面板，在"脚

本窗口"中设置脚本语言。"动作"面板中的效果如图 11-28 所示。

选中"playback - stop"按钮实例,在"动作"面板的"脚本窗口"中设置脚本语言。"动作"面板中的效果如图 11-29 所示。

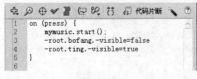

图 11-28　　　　　　　　　　　　　　　　图 11-29

在"时间轴"面板中选中"图层 1"的第 1 帧,在"动作"面板的"脚本窗口"中设置脚本语言。"动作"面板中的效果如图 11-30 所示。

在"库"面板中双击影片剪辑组件"fader - gain",舞台窗口随之转换为影片剪辑组件"fade - gain"的舞台窗口。在"时间轴"面板中选中图层"Layer 4"的第 1 帧,在"动作"面板中显示出脚本语言。

将脚本语言的最后一句"sound.setVolume(level)"改为"_root.mymusic.setVolume(level)",如图 11-31 所示。

单击舞台窗口左上方的"场景 1"图标 ，进入"场景 1"的舞台窗口。将舞台窗口中的"playback - play"按钮实例放置在"playback - stop"按钮实例上,效果如图 11-32 所示,按 Ctrl+Enter 组合键即可查看动画效果。

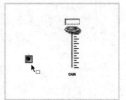

图 11-30　　　　　　　　　　　　图 11-31　　　　　　　　　　　　图 11-32

11.3　按钮事件

按钮是交互式动画的常用控制方式,可以利用按钮来控制和影响动画的播放,实现页面的链接、场景的跳转等功能。

将"库"面板中的按钮组件拖曳到舞台窗口中,如图 11-33 所示。选中按钮组件,选择"窗口 > 动作"命令,弹出"动作"面板,在面板中单击"将新项目添加到脚本中"按钮，在弹出的菜单中选择"全局函数 > 影片剪辑控制 > on"命令,如图 11-34 所示。

在"脚本窗口"中显示出选择的脚本语言,在下拉列表中列出了多种按钮事件,如图 11-35 所示。

图 11-33   图 11-34   图 11-35

"press"（按下）：按钮被鼠标按下的事件。

"release"（弹起）：按钮被按下后，弹起时的动作，即鼠标按键被松开时的事件。

"releaseOutside"（在按钮外放开）：将按钮按下后，移动鼠标的光标到按钮外面，然后再松开鼠标的事件。

"rollOver"（指针经过）：鼠标光标经过目标按钮上的事件。

"rollOut"（指针离开）：鼠标光标进入目标按钮，然后再离开的事件。

"dragOver"（拖曳指向）：第 1 步，用鼠标选中按钮，并按住鼠标左键不放；第 2 步，继续按住鼠标左键并拖动鼠标指针到按钮的外面；第 3 步，将鼠标指针再拖回到按钮上。

"dragOut"（拖曳离开）：鼠标单击按钮后，按住鼠标左键不放，然后拖拽按钮的事件。

"keyPress"（键盘按下）：当按下键盘时，事件发生。在下拉列表中系统设置了多个键盘按键名称，可以根据需要进行选择。

课堂练习——系统登录界面

【练习知识要点】使用颜色面板和矩形工具绘制按钮效果。使用文本工具添加输入文本框。使用动作面板为按钮组件添加脚本语言，如图 11-36 所示。

【效果所在位置】光盘/Ch11/效果/系统登录界面.fla。

图 11-36

课后习题——动态按钮

【习题知识要点】使用矩形工具和属性面板绘制出线条图形。使用任意变形工具改变图形的形状效果。使用文本工具添加文字效果，如图 11-37 所示。

【效果所在位置】光盘/Ch11/效果/动态按钮.fla。

图 11-37

第12章

组件与行为

在 Flash CS5 中，系统预先设定了组件、行为等功能来协助用户制作动画，以提高制作效率。本章主要讲解了组件、行为的分类及使用方法。通过这些内容的学习，可以了解并掌握如何应用系统自带的功能，事半功倍地完成动画制作。

课堂学习目标

- 组件
- 行为

12.1 组件

组件是一些复杂的带有可定义参数的影片剪辑符号。一个组件就是一段影片剪辑，其中所带的参数由用户在创作 Flash 影片时进行设置，其中所带的动作脚本 API 供用户在运行时自定义组件。组件旨在让开发人员重用和共享代码，封装复杂功能，让用户在没有"动作脚本"时也能使用和自定义这些功能。

命令介绍

组件：一个组件就是一段影片剪辑。

12.1.1 课堂案例——制作奥运知识问答

【案例学习目标】使用组件制作课件。

【案例知识要点】使用动作面板、组件面板、文本工具来完成效果的制作，如图 12-1 所示。

【效果所在位置】光盘/Ch12/效果/制作奥运知识问答.fla。

1 导入图片

（1）选择"文件 > 新建"命令，弹出"新建文档"对话框，单击"确定"按钮，进入新建文档舞台窗口。按 Ctrl+F3 键，弹出文档"属性"面板，单击"大小"选项右侧的"编辑"按钮 编辑...，在弹出的对话框中将舞台窗口的宽度设为 400，高度设为 600，单击"确定"按钮。

图 12-1

（2）单击"属性"面板的"发布"选项组中的"配置文件"选项右侧的"编辑"按钮 编辑...，在弹出的"发布设置"对话框中将"版本"选项设为"Flash Player 7"，将"ActionScript 版本"选项设为"ActionScript 2"，如图 12-2 所示，单击"确定"按钮。

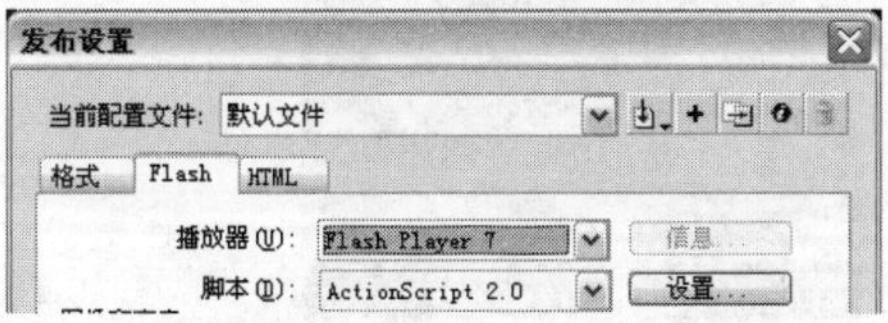

图 12-2

（3）将"图层 1"重新命名为"底图"。选择"文件 > 导入 > 导入到库"命令，在弹出的"导入到库"对话框中选择"Ch12 > 素材 > 制作奥运知识问答 > 01"文件，单击"打开"按钮，弹出提示对话框，单击"确定"按钮，文件被导入到"库"面板中，如图 12-3 所示。将"库"面板中的图形元件"01"，拖曳到舞台窗口的中心位置，效果如图 12-4 所示。在"时间轴"面板中选中第 3 帧，按 F5 键，在该帧上插入普通帧。

（4）调出"库"面板，在"库"面板下方单击"新建元件"按钮，弹出"创建新元件"对话框，在"名称"选项的文本框中输入"箭头"，在"类型"选项的下拉列表中选择"按钮"选项，单击"确定"按钮，新建一个按钮元件"箭头"，如图 12-5 所示，舞台窗口也随之转换为按钮元件的舞台窗口。

图 12-3　　　　　图 12-4　　　　　图 12-5

（5）选择"文件 > 导入 > 导入到舞台"命令，在弹出的"导入"对话框中选择"Ch12 > 素材 > 制作奥运知识问答 > 02"文件，单击"打开"按钮，弹出提示对话框，单击"确定"按钮，图片被导入到舞台窗口中，效果如图 12-6 所示。

（6）单击舞台窗口左上方的"场景 1"图标，进入"场景 1"的舞台窗口。单击"时间轴"面板下方的"新建图层"按钮，创建新图层并将其命名为"箭头按钮"。将"库"面板中的按钮元件"箭头"拖曳到舞台窗口中，放置在底图的右侧，效果如图 12-7 所示。

（7）在"时间轴"面板中分别选中"箭头按钮"图层的第 2 帧和第 3 帧，按 F6 键，在选中的帧上插入关键帧，如图 12-8 所示。

图 12-6　　　　　图 12-7　　　　　图 12-8

2　添加动作脚本

（1）选中第 1 帧，选中舞台窗口中的"箭头"实例，选择"窗口 > 动作"命令，弹出"动作"面板（其快捷键为 F9）。在"脚本窗口"中输入脚本语言，"动作"面板中的效果如图 12-9 所示。

（2）选中第 2 帧，选中舞台窗口中的"箭头"实例，在"动作"面板的"脚本窗口"中输入脚本语言，效果如图 12-10 所示。选中第 3 帧，选中舞台窗口中的"箭头"实例，在"动作"面板的"脚本窗口"中输入脚本语言，效果如图 12-11 所示。

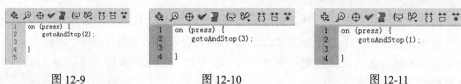

图 12-9　　　　　　　　　　图 12-10　　　　　　　　　　图 12-11

（3）单击"时间轴"面板下方的"新建图层"按钮，创建新图层并将其命名为"问题"。选择"文本"工具，在文本工具"属性"面板中将"字体大小"设为 24，"字体"设为"汉仪菱心体简"将"文本填充颜色"设为深蓝色（#333366）。在舞台窗口中输入需要的文字，将文字放置在白色的底图上，效果如图 12-12 所示。再输入大小为 15 的文字"1.北京奥运会圣火在上海市的传递日期为："，效果如图 12-13 所示。

图 12-12　　　　　　　　图 12-13

（4）输入大小为 15 的黑色文字"答案"，并将其放置在底图的下方，效果如图 12-14 所示。选择"文本"工具，选择文本工具"属性"面板，在"文本类型"选项的下拉列表中选择"动态文本"，如图 12-15 所示。

图 12-14　　　　　　　　　　图 12-15

（5）在舞台窗口中文字"答案"的右侧拖曳出动态文本框，效果如图 12-16 所示。选中动态文本框，在动态文本"属性"面板中的"字符"选项组中选中"在文本周围显示边框"按钮，在"选项"选项组中的"变量"选项的文本框中输入"answer"，如图 12-17 所示。舞台中的动态文本框效果如图 12-18 所示。

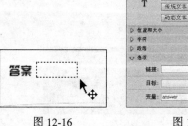

图 12-16　　　　　　　　图 12-17　　　　　　　　图 12-18

（6）分别选中"问题"图层的第 2 帧和第 3 帧，按 F6 键，在选中的帧上插入关键帧。选中第 2 帧，将舞台窗口中的文字"1. 北京奥运会圣火在上海市的传递日期为："更改为文字"2. 北京奥运会圣火上海站传递的首棒火炬手庄泳在 1992 年巴塞罗那奥运会上获得游泳哪个项目的冠军："，效果如图 12-19 所示。

（7）选中第 3 帧，将舞台窗口中的文字"2. 北京奥运会圣火上海站传递的首棒火炬手庄泳在 1992 年巴塞罗那奥运会上获得游泳哪个项目的冠军："更改为文字"3. 获得 2004 年雅典奥运会女子曲棍球比赛冠军的球队是："，效果如图 12-20 所示。

（8）单击"时间轴"面板下方的"新建图层"按钮，创建新图层并将其命名为"答案"，如图 12-21 所示。

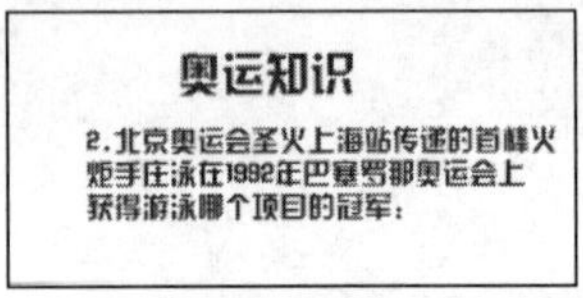

图 12-19

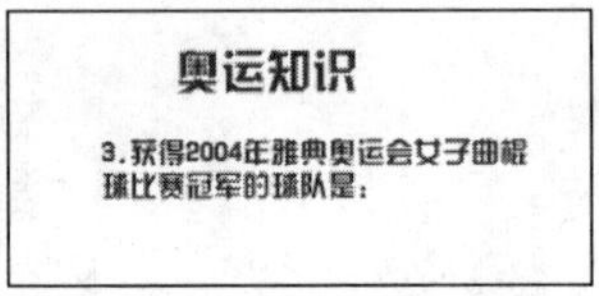

图 12-20

图 12-21

3　添加组件

（1）选择"窗口 > 组件"命令，弹出"组件"面板，选中"User Interface"组中的"Button"组件，如图 12-22 所示。将"Button"组件拖曳到舞台窗口中，放置在底图的左侧，效果如图 12-23 所示。

图 12-22

图 12-23

（2）选中"Button"组件，选择"属性"面板，在"组件参数"选项组的"label"选项的文本框中输入"确定"，如图 12-24 所示。"Button"组件上的文字变为"确定"，效果如图 12-25 所示。

图 12-24

图 12-25

（3）选中"Button"组件，在"动作"面板的"脚本窗口"中输入脚本语言，在"动作"面板中的效果如图 12-26 所示。选中"答案"图层的第 2 帧和第 3 帧，按 F6 键，在选中的帧上插入关键帧，如图 12-27 所示。

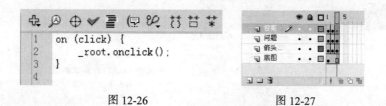

图 12-26　　　　　　　　　　　　　图 12-27

（4）选中"答案"图层的第 1 帧，在"组件"面板中选中"User Interface"组中的"CheckBox"组件▣，如图 12-28 所示。将"CheckBox"组件拖曳到舞台窗口中，放置在问题文字的下方，效果如图 12-29 所示。

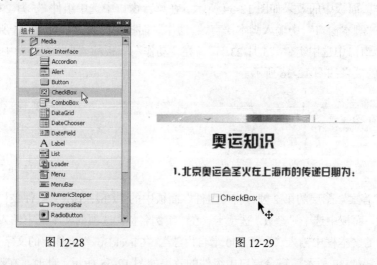

图 12-28　　　　　　　　　　　　　图 12-29

（5）选中"CheckBox"组件，选择"属性"面板，在"组件参数"选项组的"实例名称"选项的文本框中输入"poyang"，在"label"选项的文本框中输入"5 月 22 日-23 日"，如图 12-30 所示。"CheckBox"组件上的文字变为"5 月 22 日-23 日"，效果如图 12-31 所示。

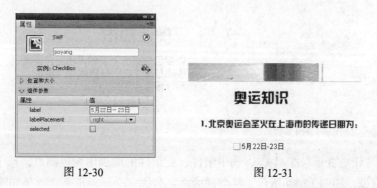

图 12-30　　　　　　　　　　　　　图 12-31

（6）用相同的方法再拖曳到舞台中 1 个"CheckBox"组件，选择组件"属性"面板，在"实例名称"选项的文本框中输入"qinghai"，在"label"选项的文本框中输入"5 月 23 日-24 日"，如图 12-32 所示。再拖曳到舞台中 1 个"CheckBox"组件，选择组件"属性"面板，在"实例名称"选项的文本框中输入"kunming",在"label"选项的文本框中输入"5 月 23 日",舞台窗口中组件的效果如图 12-33 所示。

图 12-32　　　　　　　　　　　图 12-33

（7）在舞台窗口中选中组件"5 月 22 日-23 日",在"动作"面板的"脚本窗口"中输入脚本语言,在"动作"面板中的效果如图 12-34 所示。在舞台窗口中选中组件"5 月 23 日-24 日",在"动作"面板的"脚本窗口"中输入脚本语言,"动作"面板中的效果如图 12-35 所示。

（8）在舞台窗口中选中组件"5 月 23 日",在"动作"面板的"脚本窗口"中输入脚本语言,"动作"面板中的效果如图 12-36 所示。

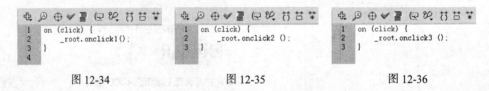

图 12-34　　　　　　　　图 12-35　　　　　　　　图 12-36

（9）选中"答案"图层的第 2 帧,将"组件"面板中的"CheckBox"组件📧,拖曳到舞台窗口中。在"属性"面板中选中"参数"选项卡,在"实例名称"选项的文本框中输入"changjiang",在"label"选项的文本框中输入"女子 100 米自由泳","CheckBox"组件上的文字变为"女子 100米自由泳",如图 12-37 所示,舞台窗口中组件的效果如图 12-38 所示。此时,在舞台窗口中,组件的文字名称没有完全显示出来。

图 12-37　　　　　　　　　　　图 12-38

（10）选择"任意变形"工具📧,选中组件,在组件的周围出现控制点,选中组件右侧中间的控制点向右拖曳,如图 12-39 所示,将组件的文字名称完全显示出来,效果如图 12-40 所示。

图 12-39　　　　　　　　　　　图 12-40

（11）用相同的方法再拖曳到舞台中 1 个"CheckBox"组件，在"属性"面板中选中"参数"选项卡，在"实例名称"选项的文本框中输入"guilin"，在"label"选项的文本框中输入"女子 50 米自由泳"，如图 12-41 所示。再拖曳到舞台中 1 个"CheckBox"组件，在"属性"面板中选中"参数"选项卡，在"实例名称"选项的文本框中输入"changcheng"，在"label"选项的文本框中输入"女子 200 米自由泳"，应用"任意变形"工具 ，将组件上的文字名称全部显示出来，舞台窗口中组件的效果如图 12-42 所示。

图 12-41

图 12-42

（12）在舞台窗口中选中组件"女子 100 米自由泳"，在"动作"面板的"脚本窗口"中输入脚本语言，效果如图 12-43 所示。在舞台窗口中选中组件"女子 50 米自由泳"，在"动作"面板的"脚本窗口"中输入脚本语言，效果如图 12-44 所示。

（13）在舞台窗口中选中组件"女子 200 米自由泳"，在"动作"面板的"脚本窗口"中输入脚本语言，效果如图 12-45 所示。

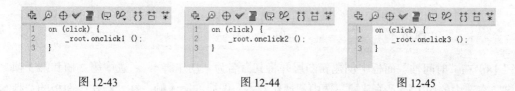

图 12-43   图 12-44   图 12-45

（14）选中"答案"图层的第 3 帧，将"组件"面板中的"CheckBox"组件 ，拖曳到舞台窗口中。在"属性"面板中选中"参数"选项卡，在"实例名称"选项的文本框中输入"huangtu"，在"label"选项的文本框中输入"澳大利亚"，"CheckBox"组件上的文字变为"澳大利亚"，如图 12-46 所示，舞台窗口中组件的效果如图 12-47 所示。

图 12-46

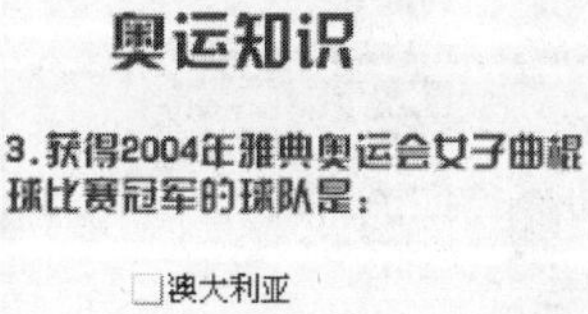

奥运知识
3.获得2004年雅典奥运会女子曲棍球比赛冠军的球队是：

□澳大利亚

图 12-47

（15）用相同的方法再拖曳到舞台中 1 个"CheckBox"组件，在"属性"面板中选中"参数"

选项卡，在"实例名称"选项的文本框中输入"sichuan"，在"label"选项的文本框中输入"阿根廷"，如图 12-48 所示。再拖曳到舞台中 1 个"CheckBox"组件，在"属性"面板中选中"参数"选项卡，在"实例名称"选项的文本框中输入"huabei"，在"label"选项的文本框中输入"德国"，效果如图 12-49 所示。

图 12-48   图 12-49

（16）在舞台窗口中选中组件"澳大利亚"，在"动作"面板的"脚本窗口"中输入脚本语言，效果如图 12-50 所示。在舞台窗口中选中组件"阿根廷"，在"动作"面板的"脚本窗口"中输入脚本语言，效果如图 12-51 所示。

（17）在舞台窗口中选中组件"德国"，在"动作"面板的"脚本窗口"中输入脚本语言，效果如图 12-52 所示。

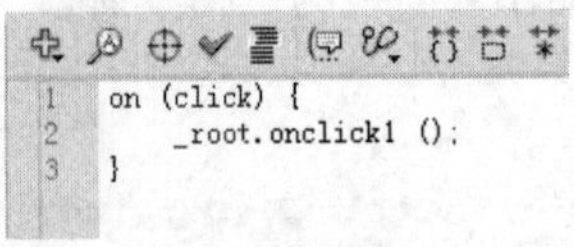

```
on (click) {
    _root.onclick1 ();
}
```

```
on (click) {
    _root.onclick2 ();
}
```

```
on (click) {
    _root.onclick3 ();
}
```

图 12-50 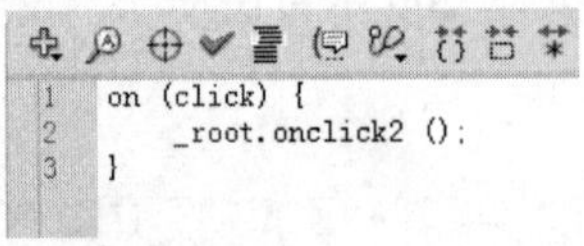   图 12-51 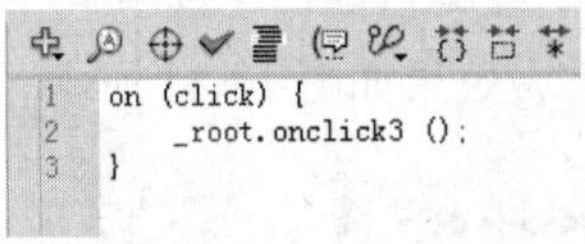   图 12-52

（18）在"时间轴"面板中创建新图层并将其命名为"动作脚本"。选中第 2 帧和第 3 帧，按 F6 键，在选中的帧上插入关键帧。选中"动作脚本"图层的第 1 帧，在"动作"面板的"脚本窗口"中输入脚本语言，如图 12-53 所示。选中"动作脚本"图层的第 2 帧，在"动作"面板的"脚本窗口"中输入脚本语言，如图 12-54 所示。

图 12-53

图 12-54

（19）选中"动作脚本"图层的第 3 帧，在"动作"面板的"脚本窗口"中输入脚本语言，如图 12-55 所示。"时间轴"面板和舞台窗口中的效果如图 12-56、图 12-57 所示。知识问答制作完成，按 Ctrl+Enter 键即可查看效果。

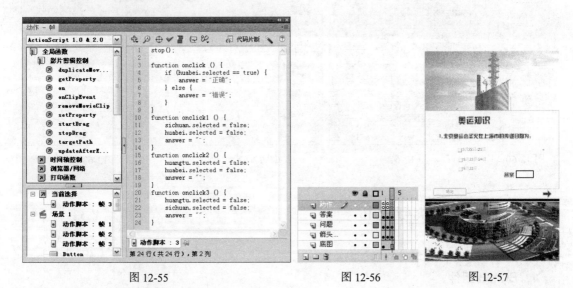

图 12-55　　　　　　　　　　图 12-56　　　　　　　　图 12-57

12.1.2　设置组件

选择"窗口 > 组件"命令，弹出"组件"面板，如图 12-58 所示。Flash CS5 提供了 3 类组件，包括媒体组件 Media、用于创建界面的 User Interface 类组件和控制视频播放的 Video 组件。可以在"组件"面板中选中要使用的组件，将其直接拖曳到舞台窗口中，如图 12-59 所示。

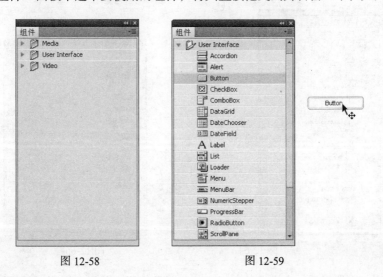

图 12-58　　　　　　　　　　图 12-59

在舞台窗口中选中组件，如图 12-60 所示，按 Ctrl+F3 组合键，弹出"属性"面板，如图 12-61 所示。可以在参数值上单击，在数值框中输入数值，如图 12-62 所示，也可以在其下拉列表中选择相应的选项，如图 12-63 所示。

| 图 12-60 | 图 12-61 | 图 12-62 | 图 12-63 |

12.1.3　组件分类与应用

下面将介绍几个典型组件的参数设置与应用。

1．Button 组件

Button 组件▢ 是一个可调整大小的矩形用户界面按钮。可以给按钮添加一个自定义图标。也可以将按钮的行为从按下改为切换。在单击切换按钮后，它将保持按下状态，直到再次单击时才会返回到弹起状态。可以在应用程序中启用或者禁用按钮。在禁用状态下，按钮不接收鼠标或键盘输入。

在"组件"面板中，将 Button 组件▢ 拖曳到舞台窗口中，如图 12-64 所示。

在"属性"面板中，显示出组件的参数，如图 12-65 所示。

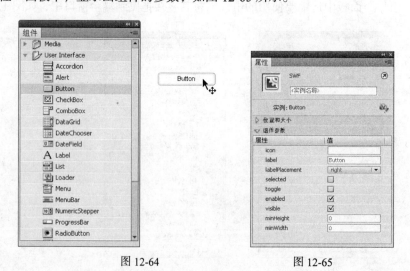

| 图 12-64 | 图 12-65 |

"icon"选项：为按钮添加自定义的图标。该值是库中影片剪辑或图形元件的链接标识符。

"label"选项：设置组件上显示的文字，默认状态下为"Button"。

"labelPlacement"选项：确定组件上的文字相对于图标的方向。

"selected"选项：如果"toggle"参数值为"true"，则该参数指定组件是处于按下状态"true"

还是释放状态"false"。

"toggle"选项：将组件转变为切换开关。如果参数值为"true"，那么按钮在按下后保持按下状态，直到再次按下时才返回到弹起状态；如果参数值为"false"，那么按钮的行为与普通按钮相同。

"enabled"选项：设置组件是否为激活状态。

"visible"选项：设置组件的可见性。

2．CheckBox 组件

复选框是一个可以选中或取消选中的方框。可以在应用程序中启用或者禁用复选框。如果复选框已启用，用户单击它或者它的名称，复选框会出现对号标记☑显示为按下状态。如果用户在复选框或其名称上按下鼠标后，将鼠标指针移动到复选框或其名称的边界区域之外，那么复选框没有被按下，也不会出现对号标记☑。如果复选框被禁用，它会显示其禁用状态，而不响应用户的交互操作。在禁用状态下，按钮不接收鼠标或键盘输入。

在"组件"面板中，将 CheckBox 组件☑拖曳到舞台窗口中，如图 12-66 所示。

在"属性"面板中，显示出组件的参数，如图 12-67 所示。

"label"选项：设置组件的名称，默认状态下为"CheckBox"。

"labelPlacement"选项：设置名称相对于组件的位置，默认状态下，名称在组件的右侧。

"selected"选项：将组件的初始值设为选中或取消选中。

下面将介绍 CheckBox 组件☑的应用。

将 CheckBox 组件☑拖曳到舞台窗口中，选择"属性"面板，在"label"选项的文本框中输入"语文成绩"，如图 12-68 所示，组件的名称也随之改变，如图 12-69 所示。

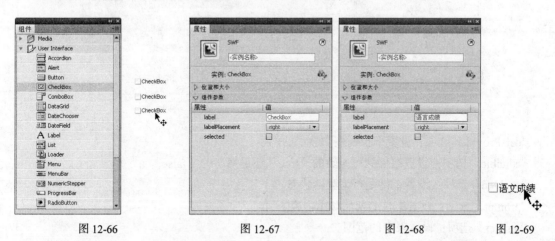

图 12-66　　　　　　　　图 12-67　　　　　　　　图 12-68　　　　　图 12-69

用相同的方法再制作两个组件，如图 12-70 所示。按 Ctrl+Enter 组合键测试影片，可以随意勾选多个复选框，如图 12-71 所示。

在"labelPlacement"选项中可以选择名称相对于复选框的位置，如果选择"left"，那么名称在复选框的左侧，如图 12-72 所示。

如果勾选"语文成绩"组件的"selected"选项，那么"语文成绩"复选框的初始状态为被选中，如图 12-73 所示。

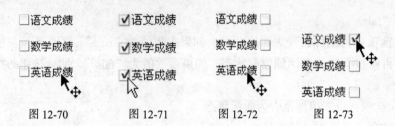

| 图 12-70 | 图 12-71 | 图 12-72 | 图 12-73 |

3. ComboBox 组件

ComboBox 组件可以向 Flash 影片中添加可滚动的单选下拉列表。组合框可以是静态的，也可以是可编辑的。使用静态组合框，用户可以从下拉列表中做出一项选择。使用可编辑的组合框，用户可以在列表顶部的文本框中直接输入文本，也可以从下拉列表中选择一项。如果下拉列表超出文档底部，该列表将会向上打开，而不是向下。

在"组件"面板中，将 ComboBox 组件拖曳到舞台窗口中，如图 12-74 所示。

在"属性"面板中，显示出组件的参数，如图 12-75 所示。

| 图 12-74 | 图 12-75 |

"dataProvider"选项：设置下拉列表中显示的内容。

"editable"选项：设置组件为可编辑的"true"还是静态的"false"。

"enabled"选项：设置组件是否为激活状态。

"prompt"选项：设置组件的初始显示内容。

"restrict"选项：设置限定的范围。

"rowCount"选项：设置在组件下拉列表中不使用滚动条的话，一次最多可显示的项目数。

"visible"选项：设置组件的可见性。

下面将介绍 ComboBox 组件的应用。

将 ComboBox 组件拖曳到舞台窗口中，选择"属性"面板，单击"dataProvider"选项右侧的，弹出"值"对话框，如图 12-76 所示，在对话框中单击"加号"按钮，单击值，输入第一个要显示的值文字"一年级"，如图 12-77 所示。

用相同的方法添加多个值，如图 12-78 所示。

图 12-76　　　　　　　　　图 12-77　　　　　　　　　图 12-78

如果想删除一个值，可以先选中这个值，再单击"减号"按钮━进行删除。

如果想改变值的顺序，可以单击"向下箭头"按钮▽或"向上箭头"按钮△进行调序。例如，要将值"五年级"向上移动，可以先选中它（被选中的值，显示出灰色长条），再单击"向上箭头"按钮△3 次，值"五年级"就移动到了值"二年级"的上方，如图 12-79、图 12-80所示。

设置好值后，单击"确定"按钮，"属性"面板的显示如图 12-81 所示。

图 12-79　　　　　　　图 12-80　　　　　　　　　　　　图 12-81

按 Ctrl+Enter 组合键测试影片，显示出下拉列表，下拉列表中的选项为刚才设置好的值，如图 12-82 所示。

如果在"属性"面板中将"rowCount"选项的数值设置为"3"，如图 12-83 所示，表示下拉列表一次最多可显示的项目数为 4。按 Ctrl+Enter 组合键测试影片，显示出的下拉列表有滚动条，可以拖曳滚动条来查看选项，如图 12-84 所示。

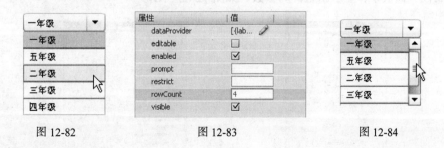

图 12-82　　　　　　　　　图 12-83　　　　　　　　　图 12-84

4．RadioButton 组件

RadioButton 组件◉是单选按钮。使用该组件可以强制用户只能选择一组选项中的一项。RadioButton 组件◉必须用于至少有两个 RadioButton 实例的组。在任何选定的时刻，都只有一个组成员被选中。选择组中的一个单选按钮，将取消选择组内当前已选定的单选按钮。

在"组件"面板中，将 RadioButton 组件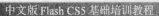拖曳到舞台窗口中，如图 12-85 所示。

在"属性"面板中，显示出组件的参数，如图 12-86 所示。

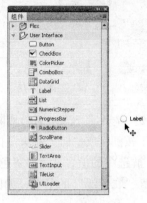

图 12-85   图 12-86

"enabled"选项：设置组件是否为激活状态。

"groupName"选项：单选按钮的组名称，默认状态下为"RadioButtonGroup"。

"label"选项：设置单选按钮的名称，默认状态下为"Label"。

"labelPlacement"选项：设置名称相对于单选按钮的位置，默认状态下，名称在单选按钮的右侧。

"selected"选项：设置单选按钮初始状态下，是处于选中状态"true"还是未选中状态"false"。

"value"选项：设置在初始状态下，组件中显示的数值。

"visible"选项：设置组件的可见性。

5. ScrollPane 组件

ScrollPane 组件能够在一个可滚动区域中显示影片剪辑、JPEG 文件和 SWF 文件。可以让滚动条在一个有限的区域中显示图像。可以显示从本地位置或网络加载的内容。

ScrollPane 组件既可以显示含有大量内容的区域，又不会占用大量的舞台空间。该组件只能显示影片剪辑，不能应用于文字。

在"组件"面板中，将 ScrollPane 组件拖曳到舞台窗口中，如图 12-87 所示。

在"属性"面板中，显示出组件的参数，如图 12-88 所示。

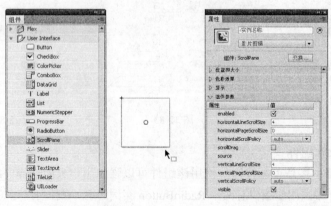

图 12-87   图 12-88

"enabled"选项：设置组件是否为激活状态。

"horizontalLineScrollSize"选项：设置每次按下箭头时水平滚动条移动多少个单位，其默认值为 4。

"horizontalPageScrollSize"选项：设置每次按轨道时水平滚动条移动多少个单位，其默认值为 0。

"horizontalScrollSizePolicy"选项：设置是否显示水平滚动条。

选择"auto"时，可以根据电影剪辑与滚动窗口的相对大小来决定是否显示水平滚动条。在电影剪辑水平尺寸超出滚动窗口的宽度时会自动出现滚动条；选择"on"时，无论电影剪辑与滚动窗口的大小如何都显示水平滚动条；选择"off"时，无论电影剪辑与滚动窗口的大小如何都不显示水平滚动条。

"scrollDrag"选项：设置是否允许用户使用鼠标拖曳滚动窗口中的对象。选择"true"时，用户可以不通过滚动条而使用鼠标直接拖曳窗口中的对象。

"source"选项：一个要转换为对象的字符串，它表示源的实例名。

"verticalLineScrollSize"选项：设置每次按下箭头时垂直滚动条移动多少个单位，其默认值为 4。

"verticalPageScrollSize"选项：设置每次按轨道时垂直滚动条移动多少个单位，其默认值为 0。

"verticalScrollSizePolicy"选项：设置是否显示垂直滚动条。其用法与"horizontalScrollSizePolicy"相同。

"visible"选项：设置组件的可见性。

12.2 行为

除了应用自定义的动作脚本，还可以应用行为控制文档中的影片剪辑和图形实例。行为是程序员预先编写好的动作脚本，用户可以根据自身需要来灵活运用脚本代码。

选择"窗口 > 行为"命令，弹出"行为"面板，如图 12-89 所示。单击面板左上方的"添加行为"按钮 ，弹出下拉菜单，如图 12-90 所示。可以从菜单中显示的 6 个方面应用行为。

图 12-89   图 12-90

"添加行为"按钮：用于在"行为"面板中添加行为。

"删除行为"按钮：用于将"行为"面板中选定的行为删除。

在"行为"面板上方的"图层 1：帧 1"表示的是当前所在图层和当前所在帧。

在"库"面板中创建一个按钮元件，将其拖曳到舞台窗口中，如图 12-91 所示。选中按钮元件，单击"行为"面板中的"添加行为"按钮，在弹出的菜单中选择"Web > 转到 Web 页"

命令，如图 12-92 所示。

弹出"转到 URL"对话框，如图 12-93 所示。

图 12-91   图 12-92   图 12-93

"URL"选项：其文本框中可以设置要链接的 URL 地址。

"打开方式"选项中各选项的含义如下。

"_self"：在同一窗口中打开链接。

"_parent"：在父窗口中打开链接。

"_blank"：在一个新窗口中打开链接。

"_top"：在最上层窗口中打开链接。

设置好后单击"确定"按钮，动作脚本被添加到"行为"面板中，如图 12-94 所示。

当运行按钮动画时，单击按钮则打开网页浏览器，自动链接到刚才输入的 URL 地址上。

图 12-94

技巧　因 ActionScript3.0 不支持行为功能，故只在将发布设为 ActionScript1.0 或 ActionScript2.0 时才可使用。

课后习题——美食知识问答

【练习知识要点】使用 CheckBox 组件和 Button 组件制作美食知识问答效果。使用文本工具添加输入文本框制作答案效果。使用动作面板为组件添加脚本语言，如图 12-95 所示。

【效果所在位置】光盘/Ch12/效果/美食知识问答.fla。

图 12-95

第13章
商业案例实训

本章结合多个应用领域商业案例的实际应用，通过案例分析、案例设计、案例制作进一步详解了 Flash 强大的应用功能和制作技巧。读者在学习商业案例并完成大量商业练习和习题后，可以快速地掌握商业动画设计的理念和软件的技术要点，设计制作出专业的动画作品。

13.1 网络公司网页标志

13.1.1 案例分析

本例是为航克斯网络公司制作网页标志，航克斯网络公司是一家专业的网络服务公司，公司致力于为个人、企业提供基于互联网的全套解决方案——从最基本的网页设计及制作和企业网站的策划、建设、维护、推广，到域名的注册、虚拟主机的建置和 Internet 规划设计等，全力为客户缔造个性化的网络空间，为企业提供良好的发展空间。其网页标志的设计要简洁大气、稳重，同时符合网络公司的特征，能融入行业的理念和特色。

在设计制作过程中，把标志定位为文字型标志，充分利用网络公司的名称——航克斯作为品牌名称。在字体设计上进行变形，通过字体表现出向上、进取的企业形象。通过动感的背景图设计表现新技术的前沿性，通过蓝色系的同类色变化表现出稳重、智慧的企业理念。

本例将使用文本工具输入标志名称；使用钢笔工具添加画笔效果；使用属性面板改变元件的颜色，使标志产生阴影效果。

13.1.2 案例设计

本案例的设计流程如图 13-1 所示。

图 13-1

13.1.3 案例制作

1. 输入文字

（1）选择"文件 > 新建"命令，在弹出的"新建文档"对话框中选择"Flash 文件"选项，单击"确定"按钮，进入新建文档舞台窗口。按 Ctrl+F3 组合键，弹出文档"属性"面板，单击面板中的"编辑"按钮 编辑... ，弹出"文档属性"对话框，将"宽度"选项设为 500，"高度"选项设为 350，将"背景颜色"选项设为灰色（#CCCCCC），单击"确定"按钮，改变舞台窗口的大小。

（2）调出"库"面板，单击"库"面板下方的"新建元件"按钮，弹出"创建新元件"对话框，在"名称"选项的文本框中输入"标志"，在"类型"选项的下拉列表中选择"图形"选项，单击"确定"按钮，新建图形元件"标志"，如图 13-2 所示，舞台窗口也随之转换为图形元件的舞台窗口。

（3）将"图层 1"重新命名为"文字"。选择"文本"工具，在文本"属性"面板中进行设置，在舞台窗口中输入需要的白色文字，效果如图 13-3 所示。选中文字，按两次 Ctrl+B 组合键，将文字打散，效果如图 13-4 所示。

图 13-2　　　　　　　　图 13-3　　　　　　　　图 13-4

2．添加画笔

（1）单击"时间轴"面板下方的"新建图层"按钮，创建新图层并将其命名为"钢笔绘制"。选择"钢笔"工具，在钢笔"属性"面板中，将笔触颜色设为黑色，在"航"字的左上方单击鼠标，设置起始点，如图 13-5 所示，在空白处单击鼠标，设置第 2 个节点，按住鼠标不放，向上拖曳控制手柄，调节控制手柄改变路径的弯度，效果如图 13-6 所示。使用相同的方法，应用"钢笔"工具绘制出如图 13-7 所示的边线效果。

图 13-5　　　　　　　图 13-6　　　　　　　　图 13-7

（2）在工具箱的下方将填充色设为白色。选择"颜料桶"工具，在工具箱下方的"空隙大小"选项组中选择"不封闭空隙"选项，在边线内部单击鼠标，填充图形，如图 13-8 所示。选择"选择"工具，双击边线将其选中，如图 13-9 所示，按 Delete 键将其删除。使用相同的方法，在"斯"字的下方绘制图形，效果如图 13-10 所示。

图 13-8　　　　　　　图 13-9　　　　　　　　图 13-10

（3）选择"选择"工具 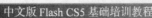，在"克"字的上方拖曳出一个矩形，如图 13-11 所示。按 Delete 键将其删除，效果如图 13-12 所示。按住 Shift 键的同时，选中"克"字下方和"斯"左下方的笔画，按 Delete 键将其删除，效果如图 13-13 所示。

图 13-11   图 13-12   图 13-13

（4）单击"时间轴"面板下方的"新建图层"按钮，创建新图层并将其命名为"线条绘制"。选择"椭圆"工具，在工具箱中将笔触颜色设为无，填充色设为白色，按住 Shift 键的同时绘制圆形，效果如图 13-14 所示。

（5）选择"线条"工具，在线条工具"属性"面板中将笔触颜色设为白色，其他选项的设置如图 13-15 所示。在"克"字的左下方绘制出一条斜线，效果如图 13-16 所示。

图 13-14   图 13-15   图 13-16

（6）在线条工具"属性"面板中的"端点"选项下拉列表中选择"方形"，在"接合"选项的下拉列表中选择"尖角"，如图 13-17 所示。在"克"字的右下方绘制直线，效果如图 13-18 所示。

图 13-17   图 13-18

（7）选择"选择"工具，选中"航"字里边的点，如图 13-19 所示。按 Ctrl+G 组合键，将其组合，按 Ctrl+T 组合键，调出"变形"面板，在面板中进行设置，如图 13-20 所示，效果如图 13-21 所示。

图 13-19　　　　　　图 13-20　　　　　　图 13-21

3．制作标志

（1）单击舞台窗口左上方的"场景 1"图标 ，进入"场景 1"的舞台窗口。将"图层 1"重命名为"底图"。按 Ctrl+R 组合键，在弹出的"导入"对话框中选择"Ch13 > 素材 > 网络公司网页标志 > 01"文件，单击"打开"按钮，图片被导入到舞台窗口中，效果如图 13-22 所示。

（2）单击"时间轴"面板下方的"新建图层"按钮 ，创建新图层并将其命名为"标志"。将"库"面板中的图形"标志"拖曳到舞台窗口中，效果如图 13-23 所示。

图 13-22　　　　　　　　　　图 13-23

（3）调出"变形"面板，单击面板下方的"重制选区和变形"按钮 ，复制元件。在图形"属性"面板中的"样式"选项下拉列表中选择"色调"，各选项的设置如图 13-24 所示，舞台效果如图 13-25 所示。

（4）按 Ctrl+↓ 组合键，将文字向下移一层，按 6 次键盘上的向下键，将文字向下移动，使文字产生阴影效果。网络公司网页标志效果绘制完成，如图 13-26 所示。

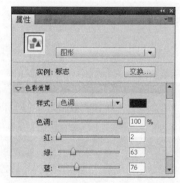

图 13-24　　　　　　　　图 13-25　　　　　　　　图 13-26

课堂练习 1——化妆品公司网页标志

【案例知识要点】使用文本工具输入标志名称。使用套索工具删除多余的笔画。使用椭圆工具和变形面板制作花形图案。使用属性面板设置笔触样式，制作底图图案效果。化妆品公司网页标志效果如图 13-27 所示。

【效果所在位置】光盘/Ch13/效果/化妆品公司网页标志.fla。

图 13-27

课堂练习 2——传统装饰图案网页标志

【案例知识要点】使用属性面板改变元件的颜色。使用遮罩层命令制作文字遮罩效果。使用将线条转换为填充命令制作将线条转换为图形效果。传统装饰图案网页标志效果如图 13-28 所示。

【效果所在位置】光盘/Ch13/效果/传统装饰图案网页标志.fla。

图 13-28

课后习题 1——商业中心信息系统图标

【案例知识要点】使用矩形工具绘制底图效果。使用颜色面板和颜料桶工具制作高光效果。使用文本工具添加月份效果。使用矩形工具、线条工具、椭圆工具、钢笔工具、多角星形工具添加图案效果。商业中心信息系统图标效果如图 13-29 所示。

图 13-29

课后习题 2——设计公司标志

【案例知识要点】使用矩形工具和颜色面板制作文字变形效果。使用墨水瓶工具勾画文字的轮廓。公司标志效果如图 13-30 所示。

【效果所在位置】光盘/Ch13/效果/设计公司标志.fla。

图 13-30

13.2 圣诞节贺卡

13.2.1 案例分析

圣诞节已经成为一个全世界人民都喜欢的节日。在这个节日里，大家交换礼物，邮寄圣诞贺卡。本例将设计制作圣诞节电子贺卡，贺卡要表现出圣诞节的重要元素，表达出欢快温馨的节日气氛。

红色与白色相映成趣的圣诞老人是圣诞节活动中最受欢迎的人物。在设计过程中，通过软件对圣诞老人进行有趣的动画设计，目的是活跃贺卡的气氛。再通过舞台、礼物和祝福语等元素充分体现出圣诞节的欢庆和喜悦。

本例将使用任意变形工具旋转图形的角度；使用椭圆工具和颜色面板制作透明圆效果；使用逐帧动画制作圣诞老人动画效果；使用属性面板调整图形的颜色。

13.2.2　案例设计

本案例的设计流程如图 13-31 所示。

图 13-31

13.2.3　案例制作

1．制作铃铛晃动效果

（1）选择"文件 > 新建"命令，弹出"新建文档"对话框，单击"确定"按钮，进入新建文档舞台窗口。按 Ctrl+F3 组合键，弹出文档"属性"面板，单击面板中的"编辑"按钮 编辑... ，弹出"文档属性"对话框，将舞台窗口的宽设为 500，高设为 384，"背景颜色"选项设为粉色（#FFCFFF），单击"确定"按钮，改变舞台窗口的大小。

（2）选择"文件 > 导入 > 导入到库"命令，在弹出的"导入到库"对话框中选择"Ch13 > 素材 > 圣诞节贺卡 > 01、02、03、04、05、06、07、08、09、10"文件，单击"打开"按钮，文件被导入到库面板中。

（3）选择"窗口 > 库"命令，弹出"库"面板，单击面板下方的"新建元件"按钮 ，弹出"创建新元件"对话框，在"名称"选项的文本框中输入"铃铛动"，在"类型"选项下拉列表中选择"影片剪辑"选项，单击"确定"按钮，新建影片剪辑元件"铃铛动"，舞台窗口也随之转换为影片剪辑的舞台窗口。

（4）将"库"面板中的图形"元件 3"拖曳到舞台窗口中，效果如图 13-32 所示。选择"任意变形"工具 ，在图形的周围出现控制点，将中心点移动到适当的位置，如图 13-33 所示。选择"选择"工具 ，选中"图层 1"的第 15 帧、第 30 帧、第 45 帧、第 60 帧，按 F6 键，在选中的帧上插入关键帧，如图 13-34 所示。

图 13-32　　　　　　　图 13-33　　　　　　　　　　　　　图 13-34

（5）选中"图层 1"的第 1 帧，调出"变形"面板，将"旋转"选项设为 – 35，如图 13-35 所示，按 Enter 键，图形逆时针旋转 35°，效果如图 13-36 所示。选中第 30 帧，在"变形"面板中将"旋转"选项设为 35，按 Enter 键，图形顺时针旋转 35°，如图 13-37 所示。

图 13-35

图 13-36

图 13-37

（6）选中第 60 帧，在"变形"面板中将"旋转"选项设为 – 35，按 Enter 键，图形逆时针旋转 35°。用鼠标右键分别单击"图层 1"的第 1 帧、第 15 帧、第 30 帧、第 45 帧，在弹出的菜单中选择"创建传统补间"命令，生成动作补间动画，效果如图 13-38 所示。

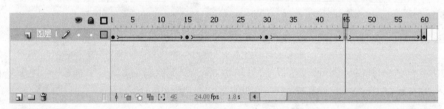
图 13-38

2．制作圆动画效果

（1）单击"库"面板下方的"新建元件"按钮 ，弹出"创建新元件"对话框，在"名称"选项的文本框中输入"圆"，在"类型"选项下拉列表中选择"图形"选项，单击"确定"按钮，新建图形元件"圆"，如图 13-39 所示。舞台窗口也随之转换为图形元件的舞台窗口。

（2）调出"颜色"面板，将笔触颜色设为无，选中"填充颜色"按钮 ，在"类型"选项的下拉列表中选择"放射状"，将左侧的控制点设为白色，并向右拖曳，在"Alpha"选项中将不透明度选项设为 0%；将右侧的控制点设为白色，在"Alpha"选项中将不透明度选项设为 50%，如图 13-40 所示。

（3）选择"椭圆"工具 ，选中工具箱下方的"对象绘制"按钮 ，按住 Shift 键的同时绘制圆形。选中圆形，在"属性"面板中，将"宽度"和"高度"选项均设为 74，图形效果如图 13-41 所示。

（4）选择"椭圆"工具 ，将填充色设为白色，按住 Shift 键的同时绘制圆形。选中圆形，在"属性"面板中，将"宽度"和"高度"选项均设为 50，如图 13-42 所示。在"颜色"面板中的"类型"选项下拉列表中选择"线性"，将控制点全部设为白色，将左侧控制点的"Alpha"选项设为 0%，右侧控制点的"Alpha"选项设为 100%，如图 13-43 所示。

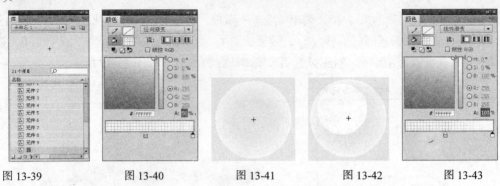

| 图 13-39 | 图 13-40 | 图 13-41 | 图 13-42 | 图 13-43 |

（5）选择"颜料桶"工具 ，从白色圆形的右下方向左上方拖曳渐变色，如图 13-44 所示，松开鼠标，效果如图 13-45 所示。选择"选择"工具 ，选中圆形，在"变形"面板中单击"重制选区和变形"按钮 ，复制图形，将"缩放宽度"和"缩放高度"选项均设为 70，"旋转"选项设为 180，如图 13-46 所示。拖曳复制出的图形到适当的位置，效果如图 13-47 所示。

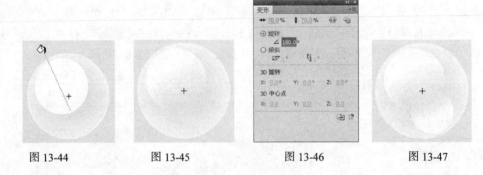

| 图 13-44 | 图 13-45 | 图 13-46 | 图 13-47 |

（6）单击"库"面板下方的"新建元件"按钮 ，弹出"创建新元件"对话框，在"名称"选项的文本框中输入"圆动"，在"类型"选项下拉列表中选择"影片剪辑"选项，单击"确定"按钮，新建影片剪辑元件"圆动"，舞台窗口也随之转换为影片剪辑的舞台窗口。将"库"面板中的图形"圆"拖曳到舞台窗口中，选中"图层 1"的第 40 帧、第 80 帧，在选中的帧上按 F6 键，插入关键帧，如图 13-48 所示。

（7）选中第 40 帧，在舞台窗口中选中"圆"实例，在"变形"面板中，将"缩放宽度"和"缩放高度"选项均设为 150，如图 13-49 所示，按 Enter 键，实例变大，效果如图 13-50 所示。分别用鼠标右键单击"图层 1"的第 1 帧、第 40 帧，在弹出的菜单中选择"创建传统补间"命令，生成动作补间动画。

| 图 13-48 | 图 13-49 | 图 13-50 |

3. 制作舞台光和圣诞老人动画效果

（1）单击"库"面板下方的"新建元件"按钮，弹出"创建新元件"对话框，在"名称"选项的文本框中输入"舞台光"，在"类型"选项下拉列表中选择"图形"选项，单击"确定"按钮，新建图形元件"舞台光"，如图 13-51 所示，舞台窗口也随之转换为图形元件的舞台窗口。

（2）选择"文件 > 导入 > 导入到舞台"命令，在弹出的"导入"对话框中选择"Ch13 > 素材 > 圣诞节贺卡 >11"文件，单击"打开"按钮，文件被导入到舞台窗口中，如图 13-52 所示。单击"新建元件"按钮，新建影片剪辑元件"舞台光动"，如图 13-53 所示。将"库"面板中的图形"舞台光"拖曳到舞台窗口中，选择"任意变形"工具，在实例的周围出现控制点，将中心点移动到下方中间控制点上，效果如图 13-54 所示。

| 图 13-51 | 图 13-52 | 图 13-53 | 图 13-54 |

（3）选择"选择"工具，选中"图层 1"的第 10 帧、第 20 帧，按 F6 键，在选中的帧上插入关键帧，如图 13-55 所示。选中第 10 帧，在舞台窗口中选择实例，在"变形"面板中，将"缩放宽度"和"缩放高度"选项均设为 110，如图 13-56 所示。分别用鼠标右键单击"图层 1"的第 1 帧、第 10 帧，在弹出的菜单中选择"创建传统补间"命令，生成动作补间动画。

（4）单击"新建元件"按钮，新建影片剪辑元件"圣诞老人"。将"库"面板中的图形"元件 7"和"元件 8"拖曳到舞台窗口中，效果如图 13-57 所示。选中"图层 1"的第 6 帧，插入关键帧，选中第 10 帧，插入普通帧，效果如图 13-58 所示。

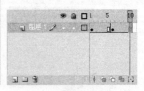

| 图 13-55 | 图 13-56 | 图 13-57 | 图 13-58 |

（5）选中第 6 帧，在舞台窗口中选中"元件 7"实例，按两次键盘上的向下键，移动图形的位置，如图 13-59 所示。单击"时间轴"面板下方的"新建图层"按钮，新建"图层 2"，再次拖曳"库"面板中的图形"元件 7"和"元件 8"到舞台窗口中。单击"图层 2"的图层名称，将图形全部选中，在图形"属性"面板中的"样式"选项下拉列表中选择"色调"，将颜色设为白

色，如图 13-60 所示，舞台效果如图 13-61 所示。

图 13-59   图 13-60   图 13-61

（6）将"图层2"拖曳到"图层1"的下方。选择"任意变形"工具，等比放大"图层2"中的图形，效果如图 13-62 所示。

（7）单击"新建元件"按钮，新建图形元件"字 1"。选择"文本"工具 T，在文本"属性"面板中进行设置，在舞台窗口中输入需要的橘红色（#FF6600）文字，如图 13-63 所示。选择"选择"工具，选中文字，按住 Alt 键的同时，向右上方拖曳文字，将复制出的文字填充色设为黄色（#FFFF00），效果如图 13-64 所示。

图 13-62   图 13-63   图 13-64

（8）用相同的方法，制作图形元件"字 2"、"字 3"，如图 13-65 所示。单击"新建元件"按钮，新建图形元件"字 4"。选择"文本"工具 T，在文本"属性"面板中进行设置，在舞台窗口中输入需要的橘红色（#FF6600）英文，选择"选择"工具，选中英文，按住 Alt 键的同时，向右上方拖曳英文，复制英文并调整大小，文字效果如图 13-66 所示。

（9）选择"刷子"工具，在工具箱中将填充色设为白色，在工具箱下方的"刷子大小"选项中将笔刷设为第 2 个，将"刷子形状"选项设为第 1 个，在舞台窗口的文字上绘制积雪效果，如图 13-67 所示。

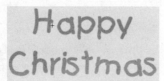

图 13-65   图 13-66   图 13-67

4．制作动画效果

（1）单击舞台窗口左上方的"场景 1"图标 ，进入"场景 1"的舞台窗口。将"图层 1"重命名为"舞台光"，选中"舞台光"图层的第 168 帧，按 F5 键，插入普通帧。选中第 132 帧，插入关键帧，将"库"面板中的影片剪辑元件"舞台光动"向舞台窗口拖曳 3 次，并应用"任意变形"工具 调整大小和适当的角度，效果如图 13-68 所示。

（2）选择左侧的"舞台光动"实例，在影片剪辑"属性"面板中的"样式"选项下拉列表中选择"色调"，各选项的设置如图 13-69 所示。选择右侧的"舞台光动"实例，在影片剪辑"属性"面板中的"样式"选项下拉列表中选择"色调"，各选项的设置如图 13-70 所示，舞台效果如图 13-71 所示。

图 13-68　　　　　　图 13-69　　　　　　图 13-70　　　　　　图 13-71

（3）在"时间轴"面板中创建新图层并将其命名为"舞台"，选中"舞台"图层的第 91 帧，在该帧上插入关键帧，将"库"面板中的图形"元件 5"拖曳到舞台窗口的下方，并调整大小，效果如图 13-72 所示。选中"舞台"图层的第 132 帧，插入关键帧，将图形"元件 5"垂直向上拖曳，效果如图 13-73 所示。用鼠标右键单击"舞台"图层的第 91 帧，在弹出的菜单中选择"创建传统补间"命令，生成动作补间动画，如图 13-74 所示。

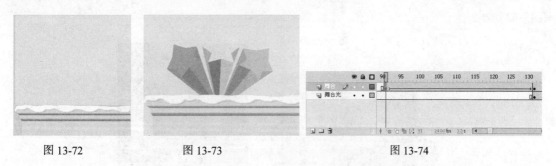

图 13-72　　　　　　图 13-73　　　　　　　　　图 13-74

（4）在"时间轴"面板中创建新图层并将其命名为"圣诞礼品"，将"库"面板中的"元件 4"拖曳到舞台窗口的下方，如图 13-75 所示。分别选中"圣诞礼品"图层的第 91 帧、第 132 帧，在选中的帧上插入关键帧。选中第 132 帧，在舞台窗口中选择"元件 4"实例，将其等比例缩小并向下拖曳，效果如图 13-76 所示。用鼠标右键单击"圣诞礼品"图层的第 91 帧，在弹出的菜单中选择"创建传统补间"命令，生成动作补间动画。

（5）在"时间轴"面板中创建新图层并将其命名为"上帝"，将播放头拖曳到第 1 帧处，将"库"面板中的图形"元件 1"拖曳到舞台窗口的上方，如图 13-77 所示。

图 13-75　　　　　　　　　　图 13-76　　　　　　　　　　图 13-77

（6）将"库"面板中的影片剪辑元件"铃铛动"拖曳到舞台窗口中，调出"变形"面板，在面板中进行设置，如图 13-78 所示，舞台效果如图 13-79 所示。再次拖曳"库"面板中的影片剪辑元件"铃铛动"到舞台窗口多次，并调整大小，放置在合适的位置，效果如图 13-80 所示。

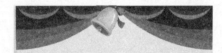

图 13-78　　　　　　　　　图 13-79　　　　　　　　　图 13-80

（7）在"时间轴"面板中创建新图层并将其命名为"幕布"，将"库"面板中的图形"元件 2"拖曳到舞台窗口中，如图 13-81 所示。分别选中"幕布"图层的第 45 帧、第 91 帧，在选中的帧上插入关键帧，选中"幕布"图层的第 91 帧，在舞台窗口中选择实例，将其垂直向上拖曳，如图 13-82 所示。

图 13-81　　　　　　　　　　图 13-82

（8）拖曳"幕布"图层到"上帘"图层的下方，并用鼠标右键单击"幕布"图层的第 45 帧，在弹出的菜单中选择"创建传统补间"命令，生成动作补间动画，如图 13-83 所示。在"上帘"图层的上方创建新图层并将其命名为"圣诞老人"，选中"圣诞老人"图层的第 132 帧，插入关键帧，将"库"面板中的影片剪辑元件"圣诞老人"拖曳到舞台窗口的右侧，效果如图 13-84 所示。

图 13-83　　　　　　　　　　　　　　　　　　图 13-84

（9）在"时间轴"面板中创建新图层并将其命名为"透明圆"，将"库"面板中的影片剪辑"圆动"向舞台窗口拖曳多次，并分别调整大小，效果如图 13-85 所示。在"时间轴"面板中创建新图层并将其命名为"圆盘"，选中"圆盘"图层的第 45 帧，在该帧上插入关键帧，将"库"面板中的"元件 6"拖曳到舞台窗口中，并调整其大小，效果如图 13-86 所示。

图 13-85　　　　　　　　　　　　　　　　　　图 13-86

（10）选中"圆盘"图层的第 91 帧，插入关键帧，在舞台窗口中将其垂直向下拖曳，效果如图 13-87 所示。用鼠标右键单击"圆盘"图层的第 45 帧，在弹出的菜单中选择"创建传统补间"命令，生成动作补间动画。将"圆盘"图层拖曳到"舞台"图层的下方，如图 13-88 所示。

图 13-87　　　　　　　　　　　　　　　　　　图 13-88

（11）在"时间轴"面板中创建新图层并将其命名为"礼物"，选中"礼物"图层的第 132 帧，插入关键帧，如图 13-89 所示。将"库"面板中的图形"元件 9"拖曳到舞台窗口中，选择"任意变形"工具，调整图形大小，效果如图 13-90 所示。

（12）分别选中"礼物"图层的第 157 帧、第 168 帧，在选中的帧上插入关键帧。选中"礼物"图层的第 157 帧，在舞台窗口中选中"元件 9"实例，在舞台窗口中移动图形的位置并调整大小，如图 13-91 所示。选中"礼物"图层的第 168 帧，在舞台窗口中选中"元件 9"实例，在舞台窗口中移动图形的位置并调整大小，如图 13-92 所示。分别用鼠标右键单击"礼物"图层的第 132 帧、第 157 帧，在弹出的菜单中选择"创建传统补间"命令，生成动作补间动画。

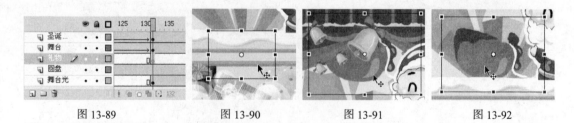

| 图 13-89 | 图 13-90 | 图 13-91 | 图 13-92 |

（13）在"透明圆"图层的上方创建新图层并将其命名为"字 1"。将"库"面板中的图形"字 1"拖曳到舞台窗口的下方，如图 13-93 所示。分别选中"字 1"图层的第 17 帧、第 32 帧、第 45 帧，在选中的帧上插入关键帧。选中第 1 帧，在舞台窗口中选中"字 1"实例，在图形"属性"面板中的"样式"选项下拉列表中选择"Alpha"，将其数值设为 0，如图 13-94 所示，文字效果如图 13-95 所示。

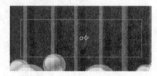

| 图 13-93 | 图 13-94 | 图 13-95 |

（14）选中"字 1"图层的第 45 帧，在舞台窗口中选择"字 1"实例，将其向舞台左外侧水平拖曳，效果如图 13-96 所示。分别用鼠标右键单击"字 1"图层的第 1 帧、第 32 帧，在弹出的菜单中选择"创建传统补间"命令，生成动作补间动画，如图 13-97 所示。

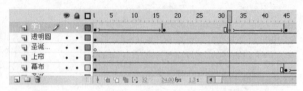

| 图 13-96 | 图 13-97 |

（15）单击"时间轴"面板下方的"新建图层"按钮 ，创建新图层并将其命名为"字 2"，选中"字 2"图层的第 45 帧，插入关键帧，将"库"面板中的"字 2"拖曳到舞台窗口中，如图 13-98 所示。分别选中"字 2"图层的第 63 帧、第 87 帧、第 99 帧，在选中的帧上插入关键帧。选中"字 2"图层的第 45 帧，在舞台窗口中选中"字 2"实例，将其垂直向下拖曳，如图 13-99 所示。

图 13-98

图 13-99

（16）选中"字 2"图层的第 99 帧，在舞台窗口中选中"字 2"实例，在图形"属性"面板中的"样式"选项下拉列表中选择"Alpha"，将其数值设为 0，如图 13-100 所示。分别用鼠标右键单击"字 2"图层的第 45 帧、第 87 帧，在弹出的菜单中选择"创建传统补间"命令，生成动作补间动画，如图 13-101 所示。

图 13-100

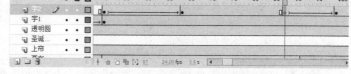

图 13-101

（17）单击"时间轴"面板下方的"新建图层"按钮，创建新图层并将其命名为"字 3"，选中"字 3"图层的第 100 帧，插入关键帧，将"库"面板中的"字 3"拖曳到舞台窗口中，如图 13-102 所示。分别选中"字 3"图层的第 117 帧、第 137 帧、第 149 帧，在选中的帧上插入关键帧。选中"字 3"图层的第 100 帧，在舞台窗口中选中"字 3"实例，在图形"属性"面板中的"样式"选项下拉列表中选择"Alpha"，将其数值设为 0，如图 13-103 所示。

图 13-102

图 13-103

（18）选中"字 3"图层的第 149 帧，在舞台窗口中选中"字 3"实例，将其垂直向下拖曳，如图 13-104 所示。分别用鼠标右键单击"字 3"图层的第 100 帧、第 137 帧，在弹出的菜单中选择"创建传统补间"命令，生成动作补间动画，如图 13-105 所示。

图 13-104   图 13-105

（19）单击"时间轴"面板下方的"新建图层"按钮 ，创建新图层并将其命名为"字 4"，选中"字 4"图层的第 149 帧，插入关键帧，将"库"面板中的图形"字 4"拖曳到舞台窗口中，并调整大小，效果如图 13-106 所示。选中"字 4"图层的第 168 帧，插入关键帧，选中"字 4"图层的第 149 帧，在舞台窗口中选中"字 4"实例，将其等比放大。用鼠标右键单击"字 4"图层的第 149 帧，在弹出的菜单中选择"创建传统补间"命令，生成动作补间动画，如图 13-107 所示。

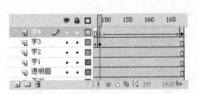

图 13-106   图 13-107

（20）单击"时间轴"面板下方的"新建图层"按钮 ，创建新图层并将其命名为"音乐"，将"库"面板中的声音文件"10"拖曳到舞台窗口中，"时间轴"面板如图 13-108 所示。选中"音乐"图层的第 1 帧，在帧"属性"面板中，选择"声音"选项组，在"同步"选项中选择"事件"，将"声音循环"选项设为"循环"。创建新图层并将其命名为"动作脚本"，选中"动作脚本"图层的第 168 帧，在该帧上插入关键帧，如图 13-109 所示。

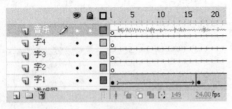

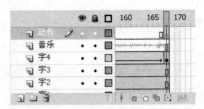

图 13-108   图 13-109

（21）在"动作"面板（其快捷键为 F9）的左上方下拉列表中选择"ActionScript 1.0 & 2.0"，单击"将新项目添加到脚本中"按钮 ，在弹出的菜单中选择"全局函数 > 时间轴控制 > stop"命令，如图 13-110 所示，在"脚本窗口"中显示出选择的脚本语言，如图 13-111 所示。设置好动作脚本后，关闭"动作"面板。在"动作脚本"图层的第 168 帧上显示出一个标记"a"。圣诞节贺卡制作完成，按 Ctrl+Enter 组合键即可查看效果。

图 13-110

图 13-111

课堂练习1——端午节贺卡

【案例知识要点】使用铅笔工具和颜料桶工具绘制小船倒影效果。使用任意变形工具制作图形动画效果。使用文本工具添加文字效果。端午节贺卡效果如图 13-112 所示。

【效果所在位置】光盘/Ch13/效果/端午节贺卡.fla。

图 13-112

课堂练习2——春节贺卡

【案例知识要点】使用椭圆工具绘制烛火图形。使用任意变形工具改变图形的大小。使用动作面板设置脚本语言。春节贺卡效果如图 13-113 所示。

【效果所在位置】光盘/Ch13/效果/春节贺卡.fla。

图 13-113

课后习题 1——友情贺卡

【案例知识要点】使用文本工具添加祝福语。使用传统补间命令制作动画效果。使用脚本语言设置按扭制作重播效果。友情贺卡效果如图 13-114 所示。

【效果所在位置】光盘/Ch13/效果/友情贺卡.fla。

图 13-114

课后习题 2——母亲节贺卡

【案例知识要点】使用传统补间命令制作线条动画效果。使用文本工具添加祝福语。使用喷涂刷工具绘制装饰圆点。母亲节贺卡效果如图 13-115 所示。

【效果所在位置】光盘/Ch13/效果/母亲节贺卡.fla。

图 13-115

13.3 温馨生活相册

13.3.1 案例分析

在我们的生活中，总会有许多的温馨时刻被相机记录下来。我们可以将这些温馨的生活照片制作成电子相册，通过新的艺术和技术手段给这些照片以新的意境。

在设计制作过程中，先设计出符合照片特色的背景图，再设置好照片之间互相切换的顺序，增加电子相册的趣味性。在舞台窗口中更换不同的生活照片，完美表现出生活的精彩瞬间。

本例将使用变形面板改变照片的大小并旋转角度；使用属性面板改变照片的位置；使用动作面板为按钮添加脚本语言。

13.3.2　案例设计

本案例的设计流程如图 13-116 所示。

添加小照片

添加大照片　　　　　最终效果

图 13-116

13.3.3　案例制作

1. 导入图片并制作小照片按钮

（1）选择"文件 > 新建"命令，在弹出的"新建文档"对话框中选择"Flash 文件"选项，单击"确定"按钮，进入新建文档舞台窗口。按 Ctrl+F3 组合键，弹出文档"属性"面板，单击面板中的"编辑"按钮 编辑... ，在弹出的"文档属性"对话框中进行设置，如图 13-117 所示，单击"确定"按钮，改变舞台窗口的大小。

（2）在"属性"面板中，单击"配置文件"选项右侧的按钮，弹出"发布设置"对话框，选择"播放器"选项下拉列表中的"Flash Player 8"，如图 13-118 所示，单击"确定"按钮。

图 13-117　　　　　　　　　　　　　　　　图 13-118

（3）将"图层 1"重新命名为"背景图"，如图 13-119 所示。选择"文件 > 导入 > 导入到舞台"命令,在弹出的"导入"对话框中选择"Ch13 > 素材 > 温馨生活相册 > 01"文件,单击"打开"按钮,文件被导入到舞台窗口中,效果如图 13-120 所示。选中"背景图"图层的第 75 帧,按 F5 键,在该帧上插入普通帧。

(4)调出"库"面板,在"库"面板下方单击"新建元件"按钮 ,弹出"创建新元件"对话框,在"名称"选项的文本框中输入"小照片 1",在"类型"选项的下拉列表中选择"按钮"选项,单击"确定"按钮,新建按钮元件"小照片 1",如图 13-121 所示,舞台窗口也随之转换为按钮元件的舞台窗口。

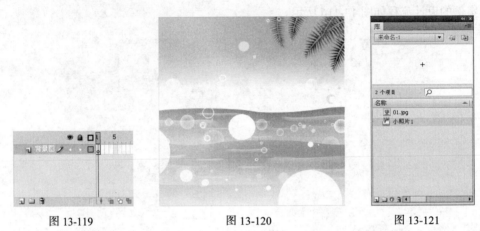

| 图 13-119 | 图 13-120 | 图 13-121 |

(5)选择"文件 > 导入 > 导入到舞台"命令,在弹出的"导入"对话框中选择"Ch13 > 素材 > 温馨生活相册 > 03"文件,单击"打开"按钮,弹出提示对话框,询问是否导入序列中的所有图像,如图 13-122 所示,单击"否"按钮,文件被导入到舞台窗口中,效果如图 13-123 所示。

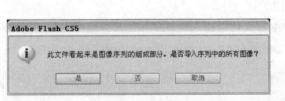

| 图 13-122 | 图 13-123 |

(6)新建按钮元件"小照片 2",如图 13-124 所示。舞台窗口也随之转换为按钮元件"小照片 2"的舞台窗口。用步骤 5 中的方法将"Ch13 > 素材 > 温馨生活相册 > 05"文件导入到舞台窗口中,效果如图 13-125 所示。新建按钮元件"小照片 3",舞台窗口也随之转换为按钮元件"小照片 3"的舞台窗口。

(7)将"Ch13 > 素材 > 温馨生活相册 > 07"文件导入到舞台窗口中,效果如图 13-126 所示。

图 13-124

图 13-125

图 13-126

（8）新建按钮元件"小照片 4"，舞台窗口也随之转换为按钮元件"小照片 4"的舞台窗口。将"Ch13 > 素材 > 温馨生活相册 > 09"文件导入到舞台窗口中，效果如图 13-127 所示。新建按钮元件"小照片 5"，舞台窗口也随之转换为按钮元件"小照片 5"的舞台窗口。将"Ch13 > 素材 > 温馨生活相册 > 11"文件导入到舞台窗口中，效果如图 13-128 所示。

图 13-127　　　　　　　图 13-128

（9）单击"库"面板下方的"新建文件夹"按钮，创建一个文件夹并将其命名为"照片"，如图 13-129 所示。在"库"面板中选中任意一幅位图图片，按住 Ctrl 键选中所有的位图图片，如图 13-130 所示。将选中的图片拖曳到"照片"文件夹中，如图 13-131 所示。

图 13-129

图 13-130

图 13-131

2. 在场景中确定小照片的位置

（1）单击舞台窗口左上方的"场景 1"图标 场景 1，进入"场景 1"的舞台窗口。单击"时间轴"面板下方的"新建图层"按钮，创建新图层并将其命名为"小照片"。将"库"面板中的按钮元件"小照片 1"拖曳到舞台窗口中，调出"变形"面板，将"旋转"选项设为 7，如图 13-132 所示。"小照片 1"实例顺时针旋转 7°，在按钮"属性"面板中，将"X"选项设为 8.3，"Y"选项设为 – 11，将实例放置在背景图的左上方，效果如图 3-133 所示。

图 13-132　　　　　　　　　　图 13-133

（2）将"库"面板中的按钮元件"小照片 2"拖曳到舞台窗口中，在"变形"面板中，将"旋转"选项设为 27。"小照片 2"实例顺时针旋转 27°，在按钮"属性"面板中，将"X"选项设为 67.5，"Y"选项设为 207，将实例放置在背景图的左下方，效果如图 13-134 所示。

（3）将"库"面板中的按钮元件"小照片 3"拖曳到舞台窗口中，在按钮"属性"面板中，将"X"选项设为 271，"Y"选项设为 – 10.5，将实例放置在背景图的右上方，效果如图 13-135 所示。

（4）将"库"面板中的按钮元件"小照片 4"拖曳到舞台窗口中，在"变形"面板中，将"旋转"选项设为 – 8，"小照片 4"实例逆时针旋转 8°，在按钮"属性"面板中，将"X"选项设为 115，"Y"选项设为 121，将实例放置在背景图的中心位置，效果如图 13-136 所示。

图 13-134　　　　　　　　图 13-135　　　　　　　　图 13-136

（5）将"库"面板中的按钮元件"小照片 5"拖曳到舞台窗口中，在"变形"面板中，将"旋转"选项设为 – 40，如图 13-137 所示。"小照片 5"实例逆时针旋转 40°，在按钮"属性"面板中，将"X"选项设为 204，"Y"选项设为 374.9，将实例放置在背景图的右下方，效果如图 13-138 所示。

（6）选中"小照片"图层的第 2 帧、第 16 帧、第 29 帧、第 45 帧、第 62 帧，按 F6 键，分别在选中的帧上插入关键帧，如图 13-139 所示。

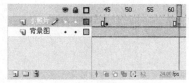

图 13-137　　　　　　　　　　　图 13-138　　　　　　　　　　　图 13-139

（7）选中"小照片"图层的第 2 帧，在舞台窗口中选中实例"小照片 1"，按 Delete 键将其删除，效果如图 13-140 所示。选中"小照片"图层的第 16 帧，在舞台窗口中选中实例"小照片 2"，按 Delete 键将其删除，效果如图 13-141 所示。选中"小照片"图层的第 29 帧，在舞台窗口中选中实例"小照片 3"，按 Delete 键将其删除，效果如图 13-142 所示。

图 13-140　　　　　　　　　　　图 13-141　　　　　　　　　　　图 13-142

（8）选中"小照片"图层的第 45 帧，在舞台窗口中选中实例"小照片 4"，按 Delete 键将其删除，效果如图 13-143 所示。选中"小照片"图层的第 62 帧，在舞台窗口中选中实例"小照片 5"，按 Delete 键将其删除，效果如图 13-144 所示。

图 13-143　　　　　　　　　　　图 13-144

3. 输入文字并制作大照片按钮

（1）单击"时间轴"面板下方的"新建图层"按钮，创建新图层并将其命名为"文字"，如图 13-145 所示。选择"文本"工具，在文本"属性"面板中进行设置，在舞台窗口中输入草绿色（#CCCC00）字母"Summer"，将字母放置在背景图的左下角，效果如图 13-146 所示。

（2）在"库"面板下方单击"新建元件"按钮，弹出"创建新元件"对话框，在"名称"选项的文本框中输入"大照片 1"，在"类型"选项的下拉列表中选择"按钮"选项，单击"确定"按钮，新建按钮元件"大照片 1"，如图 13-147 所示，舞台窗口也随之转换为按钮元件的舞台窗口。

图 13-145　　　　　图 13-146　　　　　图 13-147

（3）选择"文件 > 导入 > 导入到舞台"命令，在弹出的"导入"对话框中选择"Ch13 > 素材 > 温馨生活相册 > 02"文件，单击"打开"按钮，弹出提示对话框，询问是否导入序列中的所有图像，如图 13-148 所示，单击"否"按钮，文件被导入到舞台窗口中，效果如图 13-149 所示。

（4）新建按钮元件"大照片 2"，舞台窗口也随之转换为按钮元件"大照片 2"的舞台窗口。用相同的方法将"Ch13 > 素材 > 温馨生活相册 > 04"文件导入到舞台窗口中，效果如图 13-150 所示。新建按钮元件"大照片 3"，舞台窗口也随之转换为按钮元件"大照片 3"的舞台窗口。将"Ch13 > 素材 > 温馨生活相册 > 06"文件导入到舞台窗口中，效果如图 13-151 所示。

图 13-148　　　　　图 13-149　　　　　图 13-150　　　　　图 13-151

（5）新建按钮元件"大照片 4"，舞台窗口也随之转换为按钮元件"大照片 4"的舞台窗口。将"Ch13 > 素材 > 温馨生活相册 > 08"文件导入到舞台窗口中，效果如图 13-152 所示。新建按钮元件"大照片 5"，舞台窗口也随之转换为按钮元件"大照片 5"的舞台窗口。将"Ch13 > 素材 > 温

馨生活相册 > 10"文件导入到舞台窗口中，效果如图 13-153 所示。按住 Ctrl 键，在"库"面板中选中所有"照片"文件夹以外的位图图片并将其拖曳到"照片"文件夹中，如图 13-154 所示。

图 13-152　　　　　　　图 13-153　　　　　　　图 13-154

4．在场景中确定大照片的位置

（1）单击舞台窗口左上方的"场景 1"图标，进入"场景 1"的舞台窗口。在"时间轴"面板中创建新图层并将其命名为"大照片 1"。选中"大照片 1"图层的第 2 帧和第 16 帧，按 F6 键，在选中的帧上插入关键帧，如图 13-155 所示。选中第 2 帧，将"库"面板中的按钮元件"大照片 1"拖曳到舞台窗口中。选中实例"大照片 1"，在"变形"面板中单击"约束"按钮，将"缩放宽度"和"缩放高度"的比例分别设为 56，"旋转"选项设为 7，如图 13-156 所示。

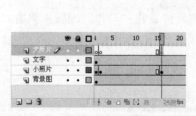

图 13-155　　　　　　　　　　　图 13-156

（2）将实例缩小并旋转，在按钮"属性"面板中，将"X"选项设为 8.2，"Y"选项设为 0.6，将实例放置在背景图的左上方，效果如图 13-157 所示。选中"大照片 1"图层的第 8 帧和第 15 帧，按 F6 键，在选中的帧上插入关键帧。

（3）选中第 8 帧，选中舞台窗口中的"大照片 1"实例，在"变形"面板中将"缩放宽度"和"缩放高度"选项分别设为 100，将"旋转"选项设为 0，将实例放置在舞台窗口的中心位置，效果如图 13-158 所示。选中第 9 帧，按 F6 键，在该帧上插入关键帧。用鼠标右键分别单击第 2 帧和第 9 帧，在弹出的菜单中选择"创建传统补间"命令，创建传统动作补间动画，如图 13-159 所示。

图 13-157

图 13-158

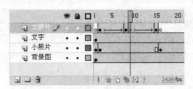
图 13-159

（4）选中"大照片 1"图层的第 8 帧，选择"窗口 > 动作"命令，弹出"动作"面板（其快捷键为 F9）。在面板中单击"将新项目添加到脚本中"按钮 🔩，在弹出的菜单中选择"全局函数 > 时间轴控制 > stop"命令，如图 13-160 所示，在"脚本窗口"中显示出选择的脚本语言，图 13-161 所示。设置好动作脚本后，在"大照片 1"图层的第 8 帧上显示出标记"a"。

图 13-160

图 13-161

（5）选中舞台窗口中的"大照片 1"实例元件，在"动作"面板中单击"将新项目添加到脚本中"按钮 🔩，在弹出的菜单中选择"全局函数 > 影片剪辑控制 > on"命令，如图 13-162 所示，在"脚本窗口"中显示出选择的脚本语言，在下拉列表中选择"press"命令，如图 13-163 所示。

图 13-162

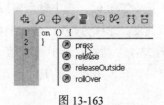
图 13-163

（6）脚本语言如图 13-164 所示。将鼠标光标放置在第 1 行脚本语言的最后，按 Enter 键，光标显示到第 2 行，如图 13-165 所示。

（7）单击"将新项目添加到脚本中"按钮，在弹出的菜单中选择"全局函数 > 时间轴控制 > gotoAndPlay"命令，在"脚本窗口"中显示出选择的脚本语言，在第 2 行脚本语言"gotoAndPlay（ ）"后面的括号中输入数字 9，如图 13-166 所示（脚本语言表示：当用鼠标单击"大照片 1"实例时，跳转到第 9 帧并开始播放第 9 帧中的动画）。

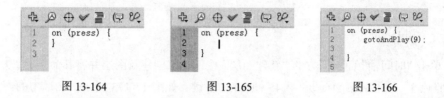

图 13-164　　　　　　　　图 13-165　　　　　　　　图 13-166

（8）在"时间轴"面板中创建新图层并将其命名为"大照片 2"。选中"大照片 2"图层的第 16 帧和第 29 帧，按 F6 键，在选中的帧上插入关键帧，如图 13-167 所示。选中第 16 帧，将"库"面板中的按钮元件"大照片 2"拖曳到舞台窗口中。

（9）选中实例"大照片 2"，在"变形"面板中将"缩放宽度"选项设为 56，"缩放高度"选项也随之转换为 56，"旋转"选项设为 27，将实例缩小并旋转，在按钮"属性"面板中，将"X"选项设为 61，"Y"选项设为 221。将实例放置在背景图的左下方，效果如图 13-168 所示。选中"大照片 2"图层的第 21 帧和第 28 帧，按 F6 键，在选中的帧上插入关键帧，如图 13-169 所示。

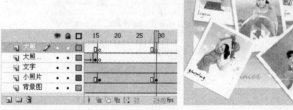

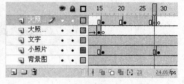

图 13-167　　　　　　　　图 13-168　　　　　　　　图 13-169

（10）选中第 21 帧，选中舞台窗口中的"大照片 2"实例，在"变形"面板中将"缩放宽度"和"缩放高度"选项分别设为 100，"旋转"选项设为 0，实例扩大，将实例放置在舞台窗口的中心位置，效果如图 13-170 所示。选中第 22 帧，按 F6 键，在该帧上插入关键帧。用鼠标右键分别单击第 16 帧和第 22 帧，在弹出的菜单中选择"创建传统补间"命令，创建传统动作补间动画。

（11）选中"大照片 2"图层的第 21 帧，按照（4）的方法，在第 21 帧上添加动作脚本，该帧上显示出标记"a"，如图 13-171 所示。选中舞台窗口中的"大照片 2"实例，按照（5）～（7）的方法，在"大照片 2"实例上添加动作脚本，并在脚本语言"gotoAndPlay（ ）"后面的括号中输入数字 22，如图 13-172 所示。

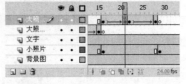

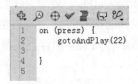

图 13-170   图 13-171   图 13-172

（12）单击"时间轴"面板下方的"新建图层"按钮 ，创建新图层并将其命名为"大照片3"。选中"大照片3"图层的第29帧和第45帧，按F6键，如图13-173所示。在选中的帧上插入关键帧。选中第29帧，将"库"面板中的按钮元件"大照片3"拖曳到舞台窗口中。

（13）选中实例"大照片3"，在"变形"面板中将"缩放宽度"选项设为56，"缩放高度"选项也随之转换为56，如图13-174所示，将实例缩小。在按钮"属性"面板中，将"X"选项设为273，"Y"选项设为0，将实例放置在背景图的右上方，效果如图13-175所示。选中"大照片3"图层的第36帧和第44帧，按F6键，在选中的帧上插入关键帧。

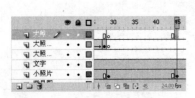

图 13-173   图 13-174   图 13-175

（14）选中第36帧，选中舞台窗口中的"大照片3"实例，在"变形"面板中将"缩放宽度"和"缩放高度"选项分别设为100，如图13-176所示，实例扩大。将实例放置在舞台窗口的中心位置，效果如图13-177所示。

图 13-176   图 13-177

（15）选中第37帧，按F6键，在该帧上插入关键帧。用鼠标右键分别单击第29帧和第37帧，在弹出的菜单中选择"创建传统补间"命令，创建传统动作补间动画，如图13-178所示。选中"大照片3"图层的第36帧，按照（4）的方法，在第36帧上添加动作脚本，该帧上显示出标记"a"。选中舞台窗口中的"大照片3"实例，按照（5）～（7）的方法，在"大照片3"实例上添加动作脚本，并在脚本语言"gotoAndPlay（）"后面的括号中输入数字37，如图13-179所示。

（16）单击"时间轴"面板下方的"新建图层"按钮，创建新图层并将其命名为"大照片4"。选中"大照片4"图层的第45帧和第62帧，按F6键，在选中的帧上插入关键帧，如图13-180所示。选中第45帧，将"库"面板中的按钮元件"大照片4"拖曳到舞台窗口中。

图 13-178　　　　　　　　图 13-179　　　　　　　　图 13-180

（17）选中实例"大照片4"，在"变形"面板中将"缩放宽度"选项设为56，"缩放高度"选项也随之转换为56，将"旋转"选项设为－8，如图13-181所示。将实例缩小并旋转，在按钮"属性"面板中，将"X"选项设为119，"Y"选项设为132.2，将实例放置在背景图的中心位置，如图13-182所示。选中"大照片4"图层的第53帧和第61帧，按F6键，在选中的帧上插入关键帧。

（18）选中第53帧，选中舞台窗口中的"大照片4"实例，在"变形"面板中将"缩放宽度"和"缩放高度"选项分别设为100，"旋转"选项设为0，实例扩大。将实例放置在舞台窗口的中心位置，效果如图13-183所示。选中第54帧，按F6键，在该帧上插入关键帧。

图 13-181　　　　　　　　图 13-182　　　　　　　　图 13-183

（19）用鼠标右键分别单击第45帧和第54帧，在弹出的菜单中选择"创建传统补间"命令，创建传统动作补间动画，如图13-184所示。选中"大照片4"图层的第53帧，按照（4）的方法，在第53帧上添加动作脚本，该帧上显示出标记"a"。选中舞台窗口中的"大照片4"实例，按照（5）～（7）的方法，在"大照片4"实例上添加动作脚本，并在脚本语言"gotoAndPlay（）"后面的括号中输入数字54，如图13-185所示。

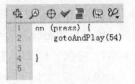

图 3-184   图 13-185

（20）单击"时间轴"面板下方的"新建图层"按钮 <img>，创建新图层并将其命名为"大照片 5"，如图 13-186 所示。选中"大照片 5"图层的第 62 帧，按 F6 键，在该帧上插入关键帧，如图 13-187 所示。将"库"面板中的按钮元件"大照片 5"拖曳到舞台窗口中。

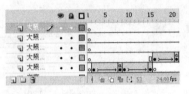

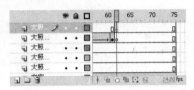

图 13-186   图 13-187

（21）选中实例"大照片 5"，在"变形"面板中将"缩放宽度"选项设为 56，"缩放高度"选项也随之转换为 56，"旋转"选项设为 – 40，如图 13-188 所示。将实例缩小并旋转，在按钮"属性"面板中，将"X"选项设为 212，"Y"选项设为 384，将实例放置在背景图的右下方，效果如图 13-189 所示。选中"大照片 5"图层的第 68 帧和第 75 帧，按 F6 键，在选中的帧上插入关键帧。

（22）选中第 68 帧，选中舞台窗口中的"大照片 5"实例，在"变形"面板中将"缩放宽度"和"缩放高度"选项分别设为 100，"旋转"选项设为 0，如图 13-190 所示。实例扩大，将实例放置在舞台窗口的中心位置，效果如图 13-191 所示。选中第 69 帧，按 F6 键，在该帧上插入关键帧。

图 13-188   图 13-189   图 13-190   图 13-191

（23）用鼠标右键分别单击第 62 帧和第 69 帧，在弹出的菜单中选择"创建传统补间"命令，创建传统动作补间动画，如图 13-192 所示。选中"大照片 5"图层的第 68 帧，按照（4）的方法，在第 68 帧上添加动作脚本，该帧上显示出标记"a"。选中舞台窗口中的"大照片 5"实例，按照步骤（5）~（7）的方法，在"大照片 5"实例上添加动作脚本，并在脚本语言"gotoAndPlay（ ）"后面的括号中输入数字 69，如图 13-193 所示。

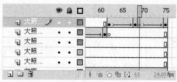

图 13-192　　　　　　　　　　　　　图 13-193

（24）单击"时间轴"面板下方的"新建图层"按钮，创建新图层并将其命名为"动作脚本 1"。选中"动作脚本 1"图层的第 2 帧，按 F6 键，在该帧上插入关键帧，如图 13-194 所示。选中第 1 帧，在"动作"面板中单击"将新项目添加到脚本中"按钮，在弹出的菜单中选择"全局函数 > 时间轴控制 > stop"命令，在"脚本窗口"中显示出选择的脚本语言，如图 13-195 所示。设置好动作脚本后，在图层"动作脚本 1"的第 1 帧上显示出一个标记"a"。

图 13-194　　　　　　　　　　　　　图 13-195

5．添加动作脚本

（1）单击"时间轴"面板下方的"新建图层"按钮，创建新图层并将其命名为"动作脚本 2"。选中"动作脚本 2"图层的第 15 帧，按 F6 键，在该帧上插入关键帧。选中第 15 帧，在"动作"面板中单击"将新项目添加到脚本中"按钮，在弹出的菜单中选择"全局函数 > 时间轴控制 > gotoAndStop"命令，如图 13-196 所示。在"脚本窗口"中显示出选择的脚本语言，在脚本语言"gotoAndStop（）"后面的括号中输入数字 1，如图 13-197 所示（脚本语言表示：动画跳转到第 1 帧并停留在第 1 帧）。

图 13-196　　　　　　　　　　　　　图 13-197

（2）用鼠标右键单击"动作脚本 2"图层的第 15 帧，在弹出的菜单中选择"复制帧"命令。用鼠标右键分别单击"动作脚本 2"图层的第 28 帧、第 44 帧、第 61 帧、第 75 帧，在弹出的菜单中选择"粘贴帧"命令，效果如图 13-198 所示。

（3）选中"小照片"图层的第 1 帧，在舞台窗口中选中实例"小照片 1"，在"动作"面板中单击"将新项目添加到脚本中"按钮，在弹出的菜单中选择"全局函数 > 影片剪辑控制 > on"命令，在"脚本窗口"中显示出选择的脚本语言，在下拉列表中选择"press"命令，如图 13-199

所示。将鼠标光标放置在第 1 行脚本语言的最后，按 Enter 键，光标显示到第 2 行。

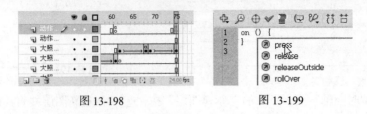

图 13-198　　　　　　　　　　　图 13-199

（4）单击"将新项目添加到脚本中"按钮 ，在弹出的菜单中选择"全局函数 > 时间轴控制 > gotoAndPlay"命令，如图 13-200 所示，在"脚本窗口"中显示出选择的脚本语言，在第 2 行脚本语言"gotoAndPlay（）"后面的括号中输入数字 2，如图 13-201 所示（脚本语言表示：当用鼠标单击"小照片 1"实例时，跳转到第 2 帧并开始播放第 2 帧中的动画）。

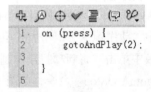

图 13-200　　　　　　　　　　　图 13-201

（5）选中"脚本窗口"中的脚本语言，复制脚本语言。选中舞台窗口中的实例"小照片 2"，在"动作"面板的"脚本窗口"中单击鼠标，出现闪动的光标，将复制过的脚本语言粘贴到"脚本窗口"中。在第 2 行脚本语言"gotoAndPlay（）"后面的括号中重新输入数字 16，如图 13-202 所示。

（6）选中舞台窗口中的实例"小照片 3"，在"动作"面板的"脚本窗口"中单击鼠标，出现闪动的光标，按 Ctrl+V 组合键，将（3）~（4）中复制过的脚本语言粘贴到"脚本窗口"中。在第 2 行脚本语言"gotoAndPlay（）"后面的括号中重新输入数字 29，如图 13-203 所示。

（7）选中舞台窗口中的实例"小照片 4"，在"动作"面板的"脚本窗口"中单击鼠标，出现闪动的光标，按 Ctrl+V 组合键，将（3）~（4）中复制过的脚本语言粘贴到"脚本窗口"中。在第 2 行脚本语言"gotoAndPlay（）"后面的括号中重新输入数字 45，如图 13-204 所示。

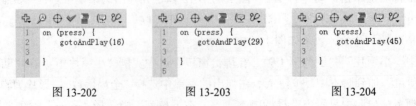

图 13-202　　　　　　　　图 13-203　　　　　　　　图 13-204

（8）选中舞台窗口中的实例"小照片 5"，在"动作"面板的"脚本窗口"中单击鼠标，出现闪动的光标，按 Ctrl+V 组合键，将（3）~（4）中复制过的脚本语言粘贴到"脚本窗口"中。在第 2 行脚本语言"gotoAndPlay（）"后面的括号中重新输入数字 62，如图 13-205 所示。温馨生活相册效果制作完成，按 Ctrl+Enter 组合键即可查看效果，如图 13-206 所示。

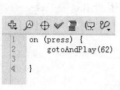

```
1  on (press) {
2      gotoAndPlay(62)
3
4  }
```

图 13-205    图 13-206

课堂练习 1——珍贵亲友相册

【案例知识要点】使用动作面板设置脚本语言。使用粘贴到当前位置命令复制按钮图形。使用变形面板改变图片的大小。珍贵亲友相册效果如图 13-207 所示。

【效果所在位置】光盘/Ch13/效果/珍贵亲友相册.fla。

图 13-207

课堂练习 2——浪漫婚纱相册

【案例知识要点】使用多角星形工具绘制浏览按钮。使用动作面板添加脚本语言。使用遮罩层命令制作照片遮罩效果。浪漫婚纱相册效果如图 13-208 所示。

【效果所在位置】光盘/Ch13/效果/浪漫婚纱相册.fla。

图 13-208

课后习题 1——儿童照片电子相册

【案例知识要点】使用变形面板改变照片的大小。使用属性面板改变照片的不透明度。使用矩形工具制作边框元件。使用属性面板改变边框元件的属性来制作照片底图效果。儿童照片电子相册效果如图 13-209 所示。

【效果所在位置】光盘/Ch13/效果/儿童照片电子相册.fla。

图 13-209

课后习题 2——情侣照片电子相册

【案例知识要点】使用钢笔工具绘制按钮图形。使用创建传统补间命令制作动画效果。使用遮罩层命令制作挡板图形。使用 Deco 工具制作背景效果。使用动作面板添加脚本语言，如图 13-210 所示。

【效果所在位置】光盘/Ch13/效果/情侣照片电子相册.fla。

图 13-210

13.4　健身舞蹈广告

13.4.1　案例分析

近年来，广大人民群众的生活水平日益提高，健康意识深入人心，健身热潮持续升温。健身舞蹈是一种集体性健身活动形式，编排新颖，动作简单，易于普及，已经成为现代人热衷的健身娱乐方式。健身舞蹈广告要表现出健康、时尚、积极、进取的主题。

在设计制作过程中，以蓝色的背景和彩色的圆环表现生活的多彩。以正在舞蹈的人物剪影表现出运动的生机和活力。以跃动的节奏图形和主题文字激发人们参与健身舞蹈的热情。

本例将使用矩形工具和任意变形工具制作声音条动画效果；使用逐帧动画制作文字动画效果；使用创建传统补间命令制作人物变色效果。

13.4.2　案例设计

本案例的设计流程如图 13-211 所示。

制作人物动画　　添加底图圆形

健康生活
由我做主

编辑文字　　最终效果

图 13-211

13.4.3 案例制作

1. 导入图片并制作人物动画

（1）选择"文件 > 新建"命令，弹出"新建文档"对话框，单击"确定"按钮，进入新建文档舞台窗口。按 Ctrl+F3 组合键，弹出文档"属性"面板，单击面板中的"编辑"按钮 编辑...，弹出"文档属性"对话框，将舞台窗口的宽设为 350，高设为 500，将背景颜色设为蓝色（#00CBFF），单击"确定"按钮，改变舞台窗口的大小。

（2）选择"文件 > 导入 > 导入到库"命令，在弹出的"导入到库"对话框中选择"Ch13 > 素材 > 健身舞蹈广告 > 01、02、03"文件，单击"打开"按钮，文件被导入到"库"面板中，如图 13-212 所示。

（3）单击"新建元件"按钮，新建影片剪辑元件"人动"。将"库"面板中的图形元件"元件 1"拖曳到舞台窗口左侧，选择"任意变形"工具，按住 Shift 键将"元件 1"实例等比例缩小。单击"时间轴"面板下方的"新建图层"按钮，生成新的"图层 2"。将"库"面板中的图形"元件 2"拖曳到舞台窗口右侧，选择"任意变形"工具，按住 Shift 键将"元件 2"实例等比例缩小，效果如图 13-213 所示。

图 13-212　　　　　　　　图 13-213

（4）分别选中"图层 1"、"图层 2"的第 8 帧，按 F6 键，在选中的帧上插入关键帧，在舞台窗口中选中对应的人物，按住 Shift 键，分别将其向舞台中心水平拖曳，效果如图 13-214 所示。

（5）分别用鼠标右键单击"图层 1"、"图层 2"的第 1 帧，在弹出的菜单中选择"创建传统补间"命令，生成传统动作补间动画，如图 13-215 所示。

（6）分别选中"图层 1"、"图层 2"的第 30 帧，按 F5 键，在选中的帧上插入普通帧。分别选中"图层 1"的第 13 帧、第 14 帧，在选中的帧上插入关键帧。

（7）选中"图层 1"的第 13 帧，在舞台窗口中选中"元件 1"实例，在图形"属性"面板中选择"色彩效果"选项组，在"样式"选项的下拉列表中选择"色调"，将颜色设为白色，其他选项为默认值，舞台窗口中的效果如图 13-216 所示。

图 13-214　　　　　　　　　图 13-215　　　　　　　　　图 13-216

（8）选中"图层 1"的第 13 帧和第 14 帧，用鼠标右键单击被选中的帧，在弹出的菜单中选择"复制帧"命令，将其复制。用鼠标右键单击"图层 1"的第 20 帧，在弹出的菜单中选择"粘贴帧"命令，将复制过的帧粘贴到第 20 帧中。

（9）分别选中"图层 2"的第 12 帧、第 13 帧，在选中的帧上插入关键帧。选中"图层 2"的第 12 帧，在舞台窗口中选中"元件 2"实例，用（7）中的方法对其进行同样的操作，效果如图 13-217 所示。选中"图层 2"的第 12 帧和第 13 帧，将其复制，并粘贴到"图层 2"的第 19 帧中，如图 13-218 所示。

 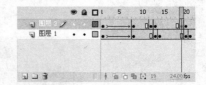

图 13-217　　　　　　　　　　　图 13-218

2. 制作影片剪辑元件

（1）单击"新建元件"按钮，新建影片剪辑元件"声音条"。选择"矩形"工具，在工具箱中将笔触颜色设为无，填充色设为白色，在舞台窗口中竖直绘制多个矩形，选中所有矩形，选择"窗口 > 对齐"命令，弹出"对齐"面板，单击"底对齐"按钮，将所有矩形底对齐，效果如图 13-219 所示。

（2）选中"图层 1"的第 8 帧，按 F5 键，在选中的帧上插入普通帧。分别选中第 3 帧、第 5 帧、第 7 帧，在选中的帧上插入关键帧。选中"图层 1"的第 3 帧，选择"任意变形"工具，在舞台窗口中随机改变各矩形的高度，保持底对齐。用（2）的方法分别对"图层 1"的第 5 帧、第 7 帧所对应舞台窗口中的矩形进行操作。

（3）单击"新建元件"按钮 ，新建影片剪辑元件"文字"。选择"文本"工具 ，在文本"属性"面板中进行设置，分别在舞台窗口中输入需要的蓝色（#00A0E9）文字，效果如图 13-220 所示。

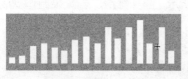

图 13-219   图 13-220

（4）选中文字，按 Ctrl+B 组合键将其打散。分别选择"健康生活"和"由我做主"，选择"任意变形"工具 ，单击工具箱下方的"扭曲"按钮 ，拖动控制点将文字变形，并放置到合适的位置，效果如图 13-221 所示。

（5）选中"图层 1"的第 4 帧，按 F5 键，在选中的帧上插入普通帧。选中第 3 帧，在该帧上插入关键帧。在工具箱中将填充色设为白色，舞台窗口中的效果如图 13-222 所示。

图 13-221   图 13-222

（6）单击"新建元件"按钮 ，新建影片剪辑元件"圆动"。将"库"面板中的图形元件"元件 3"拖曳到舞台窗口中，效果如图 13-223 所示。分别选中"图层 1"的第 9 帧、第 16 帧，在选中的帧上插入关键帧。选中"图层 1"图层的第 9 帧，在舞台窗口中选中"元件 3"实例，选择"任意变形"工具 ，按住 Shift 键拖动控制点，将其等比缩小，效果如图 13-224 所示。

（7）分别用鼠标右键单击"图层 1"的第 1 帧、第 9 帧，在弹出的菜单中选择"创建传统补间"命令，生成传统动作补间动画，如图 13-225 所示。

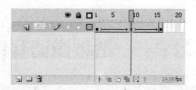

图 13-223   图 13-224   图 13-225

3．制作动画效果

（1）单击舞台窗口左上方的"场景 1"图标 ，进入"场景 1"的舞台窗口。将"图层 1"重新命名为"圆"。将"库"面板中的影片剪辑元件"圆动"向舞台窗口中拖曳 3 次，选择"任意变形"工具 ，按需要分别调整"圆动"实例的大小，并放置到合适的位置，如图 13-226 所示。

（2）在"时间轴"面板中创建新图层并将其命名为"文字"。将"库"面板中的影片剪辑元件"文字"拖曳到舞台窗口中，效果如图 13-227 所示。

（3）在"时间轴"面板中创建新图层并将其命名为"声音条"。将"库"面板中的影片剪辑元件"声音条"拖曳到舞台窗口中，选择"任意变形"工具 ，将其调整到合适的大小，并放置到合适的位置，效果如图 13-228 所示。

（4）在"时间轴"面板中创建新图层并将其命名为"人物"。将"库"面板中的影片剪辑元件"人动"拖曳到舞台窗口中，效果如图 13-229 所示。健身舞蹈广告效果制作完成，按 Ctrl+Enter 组合键即可查看效果。

图 13-226   图 13-227   图 13-228   图 13-229

课堂练习1——时尚戒指广告

【案例知识要点】使用钢笔工具绘制飘带图形并制作动画效果。使用铅笔工具和颜色面板制作戒指的高光图形。使用文本工具添加广告语。时尚戒指广告效果如图 13-230 所示。

【效果所在位置】光盘/Ch13/效果/时尚戒指广告.fla。

图 13-230

课堂练习2——滑板邀请赛广告

【案例知识要点】使用遮罩层命令制作遮罩动画效果。使用矩形工具和颜色面板制作渐变矩形。使用动作面板设置脚本语言。在制作过程中，要处理好遮罩图形，并准确设置脚本语言。滑板邀请赛广告效果如图 13-231 所示。

【效果所在位置】光盘/Ch13/效果/滑板邀请赛广告.fla。

图 13-231

课后习题 1——旅游网站广告

【案例知识要点】使用变形面板改变元件的大小并旋转角度。使用属性面板改变图形的位置。使用动作面板为按钮添加脚本语言，旅游网站广告效果如图 13-232 所示。

【效果所在位置】光盘/Ch13/效果/旅游网站广告.fla。

图 13-232

课后习题 2——瑜伽中心广告

【案例知识要点】使用椭圆工具和颜色面板绘制圆形按钮。使用文本工具添加文字。使用动作面板设置脚本语言。瑜伽中心广告效果如图 13-233 所示。

【效果所在位置】光盘/Ch13/效果/瑜伽中心广告.fla。

图 13-233

13.5 时装节目包装动画

13.5.1 案例分析

本例的时装节目是展现现代都市女性服装潮流的专栏节目，节目宗旨是追踪时装的流行趋势，引导着装的品位方向。在节目包装中要强化时装的现代感和潮流感。

在设计制作过程中，背景的处理采用多色彩的点状构图和美丽的花朵，表现出现代感和生活气息。漂亮的都市女性身穿靓丽的时装，体现时装节目的主题。路标的运用意在说明这个节目将引导女性着装的品位方向。

本例将使用矩形工具和椭圆工具绘制图形制作动感的背景效果，使用文本工具添加主题文字，使用任意变形工具施转文字的角度，使用动作面板设置脚本语言。

13.5.2 案例设计

本案例的设计流程如图 13-234 所示。

图 13-234

13.5.3 案例制作

1. 导入素材

（1）选择"文件 > 新建"命令，弹出"新建文档"对话框，单击"确定"按钮，进入新建文档舞台窗口。按 Ctrl+F3 组合键，弹出文档"属性"面板，单击面板中的"编辑"按钮 编辑…，在弹出的对话框中将舞台窗口的宽度设为 550，高度设为 400，单击"确定"按钮，改变舞台窗口的大小。将"FPS"选项设为 12。

（2）选择"文件 > 导入 > 导入到库"命令，在弹出的"导入到库"对话框中选择"Ch13 > 素材 > 时装节目包装动画 > 01、02、03、04、05、06"文件，单击"打开"按钮，文件被导入到库面板中，效果如图 13-235 所示。将"库"面板中的位图"01"文件拖曳到舞台窗口中，效果如图 13-236 所示。

库
未命名-1
11 个项目
名称
01.png
02.png
03.png
04.png
05.png
06.wav
元件 1
元件 2
元件 3

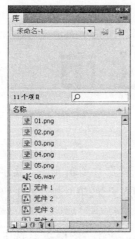

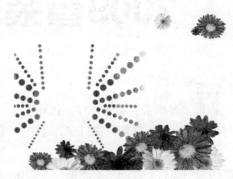

图 13-235

图 13-236

2．创建文字元件

（1）在“库”面板下方单击“新建元件”按钮，新建图形元件“文字 1”。选择“文本”工具，在文本“属性”面板中进行设置，在舞台窗口中输入需要的红色（#FF0000）文字，如图 13-237 所示。选择“文本 > 样式 > 仿斜体”命令，转换文字为斜体，效果如图 13-238 所示。

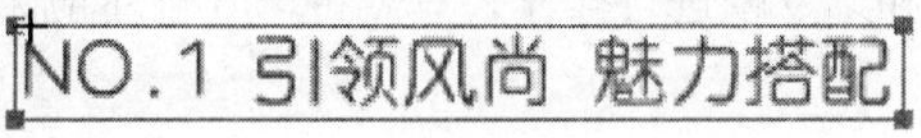
NO.1 引领风尚 魅力搭配

图 13-237

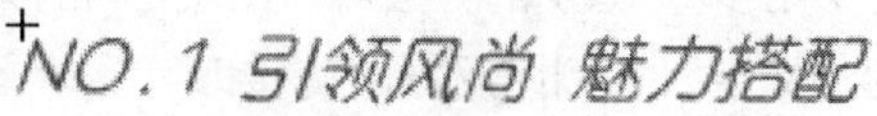
NO.1 引领风尚 魅力搭配

图 13-238

（2）在“库”面板下方单击“新建元件”按钮，新建图形元件“文字 1”。选择“文本”工具，在文本“属性”面板中进行设置，在舞台窗口中输入需要的红色（#FF0000）文字，如图 13-239 所示。选择“文本 > 样式 > 仿斜体”命令，转换文字为斜体，效果如图 13-240 所示。

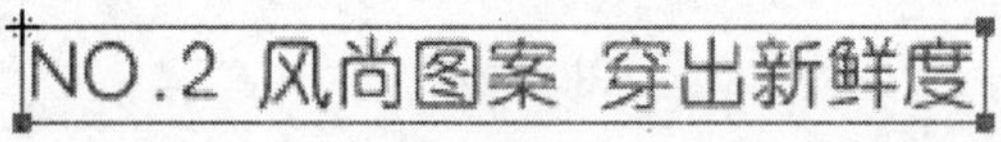
NO.2 风尚图案 穿出新鲜度

图 13-239

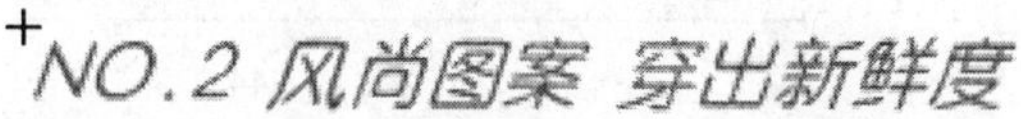
NO.2 风尚图案 穿出新鲜度

图 13-240

（3）在“库”面板下方单击“新建元件”按钮，新建图形元件“文字 1”。选择“文本”工具，在文本“属性”面板中进行设置，在舞台窗口中输入需要的红色（#FF0000）文字，如图 13-241 所示。选择“文本 > 样式 > 仿斜体”命令，转换文字为斜体，效果如图 13-242 所示。

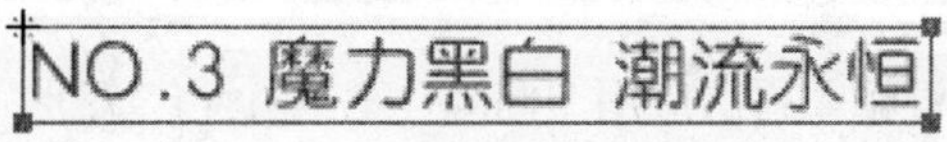
NO.3 魔力黑白 潮流永恒

图 13-241

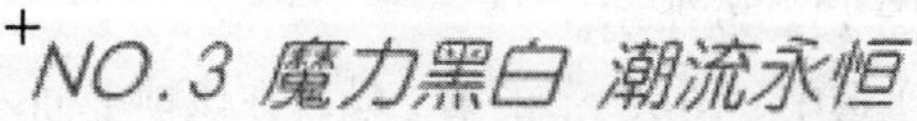
NO.3 魔力黑白 潮流永恒

图 13-242

（4）在“库”面板下方单击“新建元件”按钮，新建图形元件“文字”。选择“文本”工具，在文本“属性”面板中进行设置，在舞台窗口中输入需要的黑文字，如图 13-243 所示。

选择"文本 > 样式 > 仿斜体"命令，转换文字为斜体。

2009春装上市

图 13-243

3. 制作文字动画

（1）在"库"面板下方单击"新建元件"按钮，新建影片剪辑元件"文字动"。将"库"面板中的图形元件"文字"拖曳到舞台窗口中，选中"图层 1"的第 9 帧，按 F5 键，在该帧上插入普通帧。

（2）单击"时间轴"面板下方的"新建图层"按钮，新建"图层 2"。选中"图层 2"的第 3 帧，在该帧上插入关键帧。将"库"面板中的图形元件"文字"拖曳到舞台窗口中与原来"文字"实例重合的位置。

（3）分别选中"图层 2"的第 6 帧和第 9 帧，在选中的帧上插入关键帧。

（4）选中"图层 2"的第 3 帧，在舞台窗口中选中"文字"实例，选择"任意变形"工具，将其旋转到合适的角度，效果如图 13-244 所示。

（5）用步骤（4）的方法对"图层 2"的第 6 帧和第 9 帧进行操作，只需将第 6 帧对应舞台窗口中的"文字"实例向反方向旋转即可。

（6）分别选中"图层 2"的第 4 帧和第 7 帧，在选中的帧上插入空白关键帧。将"图层 2"拖曳到"图层 1"的下方，如图 13-245 所示。

图 13-244

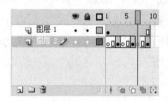

图 13-245

4. 绘制图形动画

（1）单击"新建元件"按钮，新建影片剪辑元件"图形动画"。选择"矩形"工具，调出"颜色"面板，在面板中进行设置，如图 13-246 所示。在舞台窗口中分别绘制透明矩形，效果如图 13-247 所示。

（2）选择"椭圆"工具，按住 Shift 键的同时在舞台窗口绘制透明圆形，如图 13-248 所示。将填充色设为无，笔触颜色设为灰色（#CCCCCC），按住 Shift 键的同时在舞台窗口绘制圆形边线，效果如图 13-249 所示。

（3）选中"图层 1"的第 2 帧，在该帧上插入关键帧。再次应用"椭圆"工具和"矩形"工具绘制图形，效果如图 13-250 所示。用相同的方法，分别在第 3 帧、第 4 帧、第 5 帧、第 6 帧、第 7 帧和第 8 帧上插入关键帧，并绘制出需要的图形，"时间轴"面板上的效果如图 13-251 所示。

 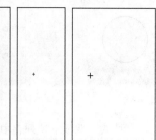  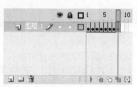

图 13-246　图 13-247　图 13-248　　图 13-249　　　图 13-250　　　　图 13-251

5. 制作动画效果

（1）单击舞台窗口左上方的"场景 1"图标，进入"场景 1"的舞台窗口。将"图层 1"重新命名为"底图"。将"库"面板中的影片剪辑元件"图形动画"拖曳到舞台窗口中，按 Ctrl+↓组合键，下移一层，效果如图 13-252 所示。

（2）选中"底图"图层的第 95 帧，在该帧上插入普通帧，如图 13-253 所示。

 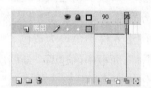

图 13-252　　　　　　　　　　图 13-253

（3）在"时间轴"面板中创建新图层并将其命名为"文字 1"。选中第 5 帧，在该帧上插入关键帧，将"库"面板中的图形元件"文字 1"拖曳到舞台窗口中，如图 13-254 所示。

（4）选中"文字 1"图层的第 30 帧，在该帧上插入关键帧，在舞台窗口中将元件"文字 1"垂直向下拖曳，如图 13-255 所示。在"文字 1"图层的第 31 帧上插入空白关键帧。

图 13-254　　　　　　　　　　图 13-255

（5）用鼠标右键单击"文字 1"的第 5 帧，在弹出的菜单中选择"创建传统补间"命令，生成动作补间动画，如图 13-256 所示。

（6）在"时间轴"面板中创建新图层并将其命名为"人物 1"。将"库"面板中的元件"元件 2"拖曳到舞台窗口中，效果如图 13-257 所示。分别在第 2 帧、第 3 帧、第 4 帧、第 5 帧和第 30 帧上插入关键帧，在第 31 帧上插入空白关键帧，如图 13-258 所示。

图 13-256　　　　　　　图 13-257　　　　　　　图 13-258

（7）选中第 1 帧，调出图形"属性"面板，选中"样式"选项下拉列表中的"色调"，各选项的设置如图 13-259 所示，舞台窗口中的效果如图 13-260 所示。用相同的方法设置"人物 1"图层的第 4 帧。

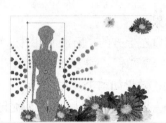

图 13-259　　　　　　　　　　图 13-260

（8）在"时间轴"面板中创建两个新图层并分别命名为"文字 2"和"人物 2"，用步骤（3）~步骤（7）的方法分别对"文字 2"和"人物 2"图层进行操作，只需将"人物 2"图层的第 31 帧、第 34 帧所对应的图形元件颜色设为黄色（#FFFF00）即可，如图 13-261 所示。

（9）在"时间轴"面板中创建两个新图层并分别命名为"文字 3"和"人物 3"，用步骤（3）~步骤（7）的方法分别对"文字 3"、"人物 3"图层进行操作，将"人物 3"图层的第 61 帧所对应的图形元件颜色设为天蓝色（#99FFFF），第 64 帧所对应的图形元件颜色设为黑色，如图 13-262 所示。

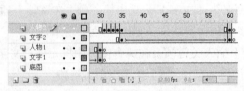
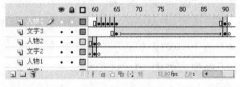

图 13-261　　　　　　　　　　图 13-262

（10）在"时间轴"面板中创建新图层并将其命名为"木纹"。选中"木纹"图层的第 90 帧，在该帧上插入关键帧。将"库"面板中的图形元件"元件 5"拖曳到舞台窗口的下方，选择"任意变形"工具，调整其大小，效果如图 13-263 所示。

（11）选中"木纹"图层的第 95 帧，在该帧上插入关键帧。选中"木纹"图层的第 95 帧，在舞台窗口中选中"元件 5"实例，将其垂直向上拖曳，如图 13-264 所示。

图 13-263　　　　　　　图 13-264

（12）用鼠标右键单击"木纹"图层的第 90 帧，在弹出的菜单中选择"创建传统补间"命令，生成动作补间动画，如图 13-265 所示。

（13）在"时间轴"面板中创建新图层并将其命名为"文字"。选中"片名动"图层的第 95 帧，在该帧上插入关键帧。将"库"面板中的图形元件"文字"拖曳到舞台窗口中，应用"任意变形"工具  调整其角度和大小，效果如图 13-266 所示。

（14）在"时间轴"面板中创建新图层并将其命名为"文字动"。选中"文字动"图层的第 95 帧，在该帧上插入关键帧。将"库"面板中的影片剪辑元件"文字动"拖曳到舞台窗口中，应用"任意变形"工具  调整其角度和大小，将其放置在与"文字"实例重合的位置，效果如图 13-267 所示。

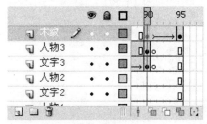

图 13-265

图 13-266

图 13-267

（15）在"时间轴"面板中创建新图层并将其命名为"声音"。将"库"面板中的声音文件"06"拖曳到舞台窗口中。单击"声音"图层，调出帧"属性"面板，选中"同步"选项后面下拉列表中的"循环"选项，如图 13-268 所示。

（16）在"时间轴"面板中创建新图层并将其命名为"动作脚本"。选中"动作脚本"图层的第 95 帧，在该帧上插入关键帧。选择"窗口 > 动作"命令，弹出"动作"面板，在面板的左上方将脚本语言版本设置为"Action Script 1.0 & 2.0"，在面板中单击"将新项目添加到脚本中"按钮，在弹出的菜单中选择"全局函数 > 时间轴控制 > stop"命令，如图 13-269 所示，在"脚本窗口"中显示出选择的脚本语言。设置好动作脚本后，关闭"动作"面板，在"动作脚本"图层的第 95 帧上显示出一个标记"a"。

（17）时装节目包装动画制作完成，按 Ctrl+Enter 组合键预览，效果如图 13-270 所示。

图 13-268

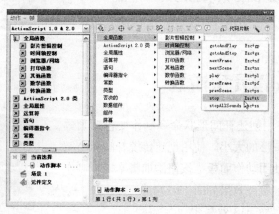

图 13-269

图 13-270

课堂练习 1——卡通歌曲 MTV

【案例知识要点】使用变形面板改变图形的大小和位置。使用钢笔工具绘制不规则图形效果。使用文本工具添加主题文字并制作动画效果。卡通歌曲 MTV 效果如图 13-271 所示。

【效果所在位置】光盘/Ch13/效果/卡通歌曲 MTV.fla。

图 13-271

课堂练习 2——射击游戏

【案例知识要点】使用逐帧动画制作小鸟飞翔效果。使用椭圆工具和颜色面板绘制瞄准镜图形。使用脚本语言制作瞄准镜跟随鼠标效果和提示信息效果。射击游戏效果如图 13-272 所示。

【效果所在位置】光盘/Ch13/效果/射击游戏.fla。

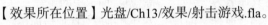

图 13-272

课后习题 1——打地鼠游戏

【案例知识要点】使用矩形工具绘制按钮图形。使用文本工具添加文字。使用动作面板设置脚本语言。打地鼠游戏效果如图 13-273 所示。

【效果所在位置】光盘/Ch13/效果/打地鼠游戏.fla。

图 13-273

课后习题 2——接元宝游戏

【案例知识要点】使用创建补间形状命令制作变色动画效果。使用变形面板改变图形的大小。使用创建传统补间命令制作动作补间动画效果。使用动作面板为按钮添加脚本语言制作接元宝游戏效果。接元宝游戏效果如图 13-274 所示。

【效果所在位置】光盘/Ch13/效果/接元宝游戏.fla。

图 13-274